张忠良 毛先颉

中国茶文化

编著

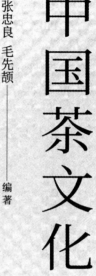

时事出版社

北京

图书在版编目（CIP）数据

中国茶文化/张忠良，毛先颉编著．—北京：
时事出版社，2022.10
ISBN 978-7-5195-0511-0

Ⅰ．①中…　Ⅱ．①张…②毛…　Ⅲ．①茶文化—中国
Ⅳ．①TS971.21

中国版本图书馆 CIP 数据核字（2022）第 161719 号

出 版 发 行：时事出版社
地　　　　址：北京市海淀区彰化路 138 号西荣阁 B 座 G2 层
邮　　　　编：100097
发 行 热 线：（010）88869831　88869832
传　　　　真：（010）88869875
电 子 邮 箱：shishichubanshe@ sina. com
网　　　　址：www. shishishe. com
印　　　　刷：北京良义印刷科技有限公司

开本：787×1092　1/16　印张：16.75　字数：280 千字
2022 年 10 月第 1 版　2022 年 10 月第 1 次印刷
定价：58.00 元
（如有印装质量问题，请与本社发行部联系调换）

前　言

　　提起中国，世人都会自然地联想到中华民族悠久的文明。我们智慧的祖先在这块富有灵气的土地上生活了千百万年，以勤劳的双手，利用天公赐予的丰富自然资源，为人类的生存、文明与进步做出了不朽的贡献，而世人皆知的四大发明就给全世界都带来了新的福音。其实，中国人对世界的贡献又何止于此呢？就说"中国茶"吧，翻开中华民族五千年的文明史，我们几乎在每一页都可以嗅到茶香。茶滋润了中国人几千年，并且走出国门，遍及世界各地，大大提高了人类的生活质量，对于推动人类文明的进步发挥了不可替代的作用。

　　茶在我国被誉为"国饮"。古语说："文人七件宝，琴棋书画诗酒茶。"茶通六艺，是我国传统文化艺术的载体。喝茶乃雅事，自古以来就是文人墨客的专利。盛唐时流行文士茶道，也就是这个原因。中国人为什么爱茶？因为喝茶有益、喝茶有礼、喝茶有道。同样有意思的是：饮茶在我国亦是最俗之事。君不见，开门七件事：柴米油盐酱醋茶。这同时也说明了茶之本性：宽容、平和而随意，亦俗亦雅，各有其趣。不似日本茶道所要求的那般刻板。

　　因此，在中国诸多的优良传统里，客来敬茶是每一个中国人都知道的礼节。无论你是身处乡野，还是跻身于都市，茶的影子可以说是无处不在，并且喝法更是各有千秋。由此可见，茶在中华民族的生活中占有怎样的一席之地。难以想象，这世界如果突然没有了茶，将会是怎样一番仓惶的景象。

　　饮茶还有益于身心健康。人们通过茶事活动可以增长知识、修身养性。"和"是茶文化主体精神之一，所谓"和"是强调人与自然、人与社会、人与人之间的和谐统一。这又与维护生态平衡和人们在工作、生活中互相协作、互相理解、团结奋进的精神相吻合。所以说，茶文化是培养当代青年良好素质的不可缺少的精神营养。

　　茶重在品，所以茶有茶的文化。而我们的民族，也正是被茶文化浸润了几千年的民族。饮茶的哲学使我们轻松、宁静、自在，洗涤心中的忧虑与尘垢，清除一下俗念，既可在香清味甘中自得其乐，也可共同分享，借清茗做一下心灵的沟通。在喧嚣繁杂的尘世里，我们需要一杯好茶！

"诗写梅花月，茶煎谷雨春"，品茶亦如品诗，真正的妙处是说不出的。中国作为茶的故乡，制茶、饮茶已有几千年历史，名品荟萃，主要品种有绿茶、红茶、乌龙茶、花茶、白茶、黄茶、黑茶等几大类。茶既有健身、治病之药物疗效，又富于欣赏情趣，可陶冶情操。品茶待客更是中国人高雅的娱乐和社交活动，坐茶馆、茶话会则是中国人的社会性群体茶艺活动。中国茶艺在世界享有盛誉，在唐代就传入日本，是日本茶道的始祖。

当然，饮茶的目的又各有不同，有的是三五好友相聚一堂煮茗叙旧、品茶抒情；有的是为了洽谈业务、发展事业；更多的则是为工作之余愉悦心情而已。现在有更多女士也加入了饮茶的行列，大多数都是为了同一目的：青睐茶的消食除腻、减肥、美容之功效。当然，随着社会的发展，进茶馆品茶的女性也会越来越多。而在英国人眼中，茶是"健康之液，灵魂之饮"。法国在这一方面亦是不乏浪漫，将茶看成"最温柔、最浪漫、最富有诗意的饮品"。

中国是茶的故乡。茶文化根植于华夏文化，其系统内渗透了古代哲学、美学、伦理学及文化艺术等理论，并与各种宗教的思想、教义产生了千丝万缕的联系。源远流长的中国茶文化假如从神农时代算起，已有四五千年的悠悠岁月；假如从"茶圣"陆羽撰写世界上第一部茶书《茶经》算起，也有一千多年的漫长时光，可依然历久弥新、生生不已。茶文化不老，是因为它具有厚重的内涵、传承的载体和流动的血脉。正因为如此，茶文化才成为"不老的精灵"；正因为如此，茶文化才成为说不尽的话题；正因为如此，茶文化才成为写不完的锦绣文章。有关茶文化的文学体裁有诗词、小说、散文等，茶文化的艺术表现形式有茶画、茶歌、茶舞，在中国及其他国家都形成了各具特色的茶文化。

自陆羽的《茶经》问世之后，相继出现了许多茶文化专著。在宋徽宗赵佶的《大观茶论》中，对点茶技法做了精辟而详尽的描述。值得一提的是他还把茶道精神概括为"祛襟涤滞，致清导和"八个字。这些内容丰富而深刻的茶道著作同明清时代的茶文献一起，丰富了举世无双的中华茶文化宝库。古代众多的茶道著作，尽管年代不同、流派不同，在泡饮技艺上却有一个共同点，即一切外部表现形式都是为反映茶的自然美，反映茶的"鲜香甘醇"，绝非为表演而表演。众所周知，茶最早是作为药物在民间使用的，后来由于有了文人墨客的参与，茶才渐渐地有了它所特有的文化内涵，从而具备了形成茶道的必要条件，这就是当今茶道的本源。茶与禅，看似不相关联，但其源皆在中国。以茶喻禅，更是古代中国禅师的创举。佛法是因缘法，茶之为茶也是一大事因缘。佛法在茶汤中。茶心与佛心，何异又何殊？这无疑是对茶文化的进一步升华。

回溯历史，茶叶的传播是这样开始的。公元前 2737 年，神农氏揭示了这种略带苦味，但香气袭人的饮料之功效。4—5 世纪，茶叶逐渐风行全中国，人们开始在长江流域的丘陵地带建立新的茶叶种植园。繁荣的唐王朝时期（618—907 年）被认为是茶的"黄金时代"，茶不再仅仅作为滋补品饮用，由于其具有提精安神之功效，而更多地用作愉悦身心。所以，这种饮料逐渐在全世界流行开来。当时日本不种植茶叶，其加工好的茶叶都来自中国。而被认为最早把茶叶种子带到日本栽种的是日本僧人最澄大师。

17 世纪初期，不知是荷兰人还是葡萄牙人第一次把茶带到了欧洲。当时两个国家都与中国有着海上贸易——葡萄牙通过中国澳门，而荷兰通过爪哇岛。他们起初是进行丝绸、锦缎和香料贸易，后来又开始了茶叶贸易。18 世纪，茶又成了英国最为流行的饮料，在早晚餐时代替啤酒，在其余的时候代替杜松子酒。后来茶进入北美市场，最终成为世界的三大饮品之一。目前，全世界茶的饮用量已经超过其他饮料，仅次于水。

如今，国内外已掀起了研究茶文化的热潮，茶在人们的长期饮用过程中已渐渐与物质文明和精神文明越来越紧密地联系在一起，成为见证人类文明的饮料之一。茶文化开始显示出旺盛的生命力。正是这种力量对饮茶之风起到了推波助澜的作用，使之吹遍全国，波及全世界。目前，茶文化仍是日本、韩国、英国和葡萄牙等国茶叶消费经久不衰的支柱。实践证明，茶文化是促进茶业发展的原动力之一。

时间飞驰，人类已经进入了 21 世纪。与人类相伴相依的茶文化也进入到一个极为重要的发展新时期。伴随经济的全面腾飞，各种传统文化迎来了复兴的浪潮。而茶俗、茶艺、茶道是我们探寻茶文化内核的三条必通之途，其中"俗"为根本、"艺"为表征、"道"是精髓。至此，中国茶文化定会稳健、结实地矗立于世界文化之林。

　　　新的世纪，茶文化将更加深入地走进人们的生活。
　　　新的世纪，茶文化将以更加艳丽多姿的身影曼舞在艺术的殿堂。
　　　新的世纪，茶文化将以更为深邃的内涵、经典的思想吸引大家的目光。

　　为了让更多的读者了解中国茶文化，了解中国和世界的经典文化，我们特地编撰了这套经典文化系列丛书，以飨读者。本书作为其中的重要组成部分，让读者在了解中国茶文化的同时，作为华夏子孙，也为中国传统文化的传承担起重任。

　　　　　　　　　　　　　　　　　　　编　者
　　　　　　　　　　　　　　　　　　2016 年 7 月

目 录

第 一 章
悠 悠 茶 史

第一节 茶之起源

中国历史上有很长的饮茶纪录，虽无法确切地查明到底是在什么年代，但关于大致的时代是有说法的。并且，据可以查到的证据显示，世界上很多地方的饮茶习惯确实是从中国传过去的。所以，很多人都认为饮茶就是中国人首创的，世界其他地方的饮茶、种植茶叶的习惯也都是直接或间接地从中国传过去的。

但是也有人说：饮茶的习惯不仅仅是中国人发明的，世界上的其他一些地方也是饮茶的发明地，例如印度、非洲等。1823 年，一个英国侵略军的少校在印度发现了野生的大茶树，从而有人开始认定茶的发源地在印度，或至少是其中之一。学术界有不一样的观点。

一、饮茶的发源时间

茶和其他事物一样，从发现到利用需要经过一个漫长的历史岁月。客观地讲，我们的祖先是从什么时候开始饮茶是很难精确的。对于这个问题，我们只能根据相关史料的记载，并结合事物的客观规律，见仁见智地进行推测了。

（一）神农时期

据陆羽《茶经》载："茶之为饮，发乎神农氏，闻于鲁周公。"其意思是：早在神农时期，人们就采集茶树的叶子作为饮料，至周公时期便有记载。民间自古就流传着这样一个传说："神农尝百草，日遇七十二毒，得茶而解之。"在中国的文化发展史上，人们往往是把一切与农业、植物相关事物的起源最终都归结于神农氏，归到这里以后就再也不能向上推了。也正因为如此，神农才成为农之神。

（二）西周时期

晋代常璩《华阳国志·巴志》记载：巴国境内"园有芳蒻香茗"。这一记载表明西周（公元前1046年）时候就有人工栽培的茶园了。

《华阳国志·巴志》中还记载："周武王伐纣，实得巴蜀之师，……茶蜜……皆纳贡之。"这表明在周朝的武王伐纣时（公元前1046年），巴国就已经以茶与其他珍贵产品纳贡于周武王了。

（三）春秋战国时期

晋代郭璞《尔雅注疏》载："槚，苦荼。"又注："树小如栀子，冬生，叶可作羹饮，今呼早采者为荼，晚取者为茗。或一曰，蜀人名之为荼。"《晏子春秋》记载："婴相齐景公时，食脱粟之饭，炙三弋、五卵，茗菜而已。"唐代陆羽在其《茶经》中，根据《尔雅注疏》和《晏子春秋》两书对有关茶事的记载，把传说的两书作者周公和晏婴列为我国最先知道饮茶的人。近代一些研究茶和茶文化的人据此认为饮茶始于春秋战国时期（公元前770—前221年）。

（四）秦汉时期

公元前221—前206年，饮茶和茶的有关知识开始由巴蜀向外传播。清代顾炎武《日知录》记载："自秦人取蜀而后，始有茗饮之事。"即认为我国茶叶作为饮料始于秦汉时期。

公元前59年，西汉时茶已成为商品进入市场。西汉王褒《僮约》中记载的"烹茶尽具""武阳买茶"，经考该茶即今茶。这说明西汉已经有茶叶专卖市场，在士大夫阶层茶已成为日常商品。

不管饮茶起源于曾经的何时，我们现在慢品一杯与古老的祖先如姜太公之流相同的饮料，确实是件令人心潮澎湃的事，能够给我们以无限美好的遐想。

二、饮茶发源的地点考证

学者对这一点的探求，往往集中于对茶树发源地的研究。关于茶树的发源地，有这么几种说法：

（一）西南说

我国西南部是茶树的原产地和茶叶发源地。这一说法所指的范围很大，所以可靠性就比较高了。

（二）四川说

清代顾炎武《日知录》载："自秦人取蜀而后，始有茗饮之事。"言下之意为：秦人入蜀前，今四川一带已知饮茶。其实四川就在西南，四川说成立，那么西南说就成立了。四川说要比西南说更"精确"一些，但是风险性反而更大些。

（三）云南说

有人认为云南的西双版纳一带是茶树的发源地。因为这一带是植物的王国，有原生的茶树种类存在完全是可能的，但是这一说法具有"人文"方面的原因，因为茶树是可以原生的，但茶则是活化劳动的成果。

（四）川东鄂西说

陆羽《茶经》："其巴山峡川，有两人合抱者。"巴山峡川即今川东鄂西。该地有如此出众的茶树，是否就有人将其制成了茶叶呢，目前还没有确切的证据。

（五）江浙说

最近有人提出茶始于以河姆渡文化为代表的古越族文化。江浙一带目前是我国茶叶行业最为发达的地区，历史若能够在此生根，倒是个很有意义的话题。其实有人认为在远古时期肯定不止一个地方有自然起源的茶树存在，而且有茶树的地方也不一定就能够发展出饮茶的习俗来。前文提到传说茶是神农发明的，那么他在哪一带活动呢？如果我们能求得"茶树原生地"与"神农活动地"的交集，也许就有答案了，至少是缩小了答案的"值域"。

三、发明饮茶的方式

人类是怎样固定饮茶习惯的？或者说茶是怎样起源的？对这个问题的研究始终是茶学的一个"基本问题"。因为作为一名茶学业者或茶业工作者，如果连"茶是怎样来的"都不能解释的话，那就太欠缺了。而现在对这一问题也有了多种答案：

祭品说

这一说法认为茶与一些其他植物最早是做祭品用，后来有人尝食之发现食而无害，便"由祭品，而菜食，而药用"，最终成为饮料。

药物说

这一说法认为茶"最初是作为药用进入人类社会的"。《神农百草经》中写道："神农尝百草，日遇七十二毒，得茶而解之。"

食物说

"古者民茹草饮水""民以食为天""食在先"符合人类社会的进化规律。

同步说

"最初利用茶的方式方法，可能是作为口嚼的食料，也可能作为烤煮的食物，同时也逐渐为药料饮用。"这几种方式的比较和积累最终就发展成为"饮"这一最好的方式。

现在，我们可以认定茶在中国很早就被认识和利用，也很早就有了茶树的种植和茶叶的采制。但是，也可以考证茶在社会各阶层被广泛普及品饮，大致还是在陆羽的《茶经》传世以后。所以宋代有诗云"自从陆羽生人间，人间相学事春茶"。也就是说，茶自发明以后，至少有1000年以上的时间并不为大众所熟知。

四、茶树的起源

中国是最早发现和利用茶树的国家，被称为茶的祖国。文字记载表明：我们祖先在3000多年前已经开始栽培和利用茶树。然而，同任何物种的起源一样，茶的起源和存在必然是在人类发现茶树和利用茶树之前，直到相隔很久之后，才被人们发现和利用的。人类的用茶经验也是经过代代相传，从局部地区慢慢扩大开来，又隔了很久之后才逐渐见诸文字记载的。关于茶树的起源问题，历来争论较多，后来随着考证技术的发展和新发现才逐渐达成共识，即中国是茶树的原产地，并确认中国西南地区，包括云南、贵州、四川是茶树原产地的中心。由于地质变迁及人为栽培，茶树开始由此向全国普及，并逐渐传播至世界各地。

茶树起源于何时？必是远远早于有文字记载的3000多年前。历史学家无从考证的问题，最后由植物学家解决了。他们按植物分类学方法来追根溯源，经一系列分析研究，认为茶树起源至今已有6000—7000万年的历史了。

茶树原产于中国，自古以来一向为世界所公认。只是在1824年之后，印度发现有野生茶树，因此国外学者中有人对中国是茶树原产地提出异议，并在国际学术界引发了争论。这些持异议者均以印度野生茶树为依据，同时认为中国没有野生茶树。其实中国在公元前 200 年左右的《尔雅》中就提到了野生大茶树。且现今的资料表明：全国有 10 个省区 198 处发现了野生大茶树，其中云南的一株树龄已达 1700 年左右，且仅在云南省内树干直径在 1 米以上的茶树就有 10 多株。有的地区甚至野生茶树群落大至数千亩。所以从古至今，我国已发现的野生大茶树，时间之早、树体之大、数量之多、分布之广、性状之异，堪称世界之最。此外，又经考证，印度发现的野生茶树与从中国引入印度的茶树属中国茶树之变种。由此，中国是茶树的原产地遂成定论。

近几十年来，茶学和植物学研究相结合，从树种及地质变迁、气候变化等不同角度出发，对茶树原产地做了更加细致深入的分析和论证，进一步证明了我国西南地区是茶树原产地。其主要论据简单地讲有三个方面：

（一）从茶树的自然分布来看

目前所发现的山茶科植物共有23属，380余种，而我国就有 15 属，260 余种，且大部分分布在云南、贵州和四川一带。已发现的山茶属有 100 多种，云贵高原就有 60 多种，其中以茶树种占最重要的地位。从植物学的角度看，许多属的起源中心在某一个地区集中，即表明该地区是这一植物区系的发源中心。山茶科、山茶属植物在我国西南地区的高度集中，说明我国西南地区就是山茶属植物的发源中心，当属茶的发源地。

（二）从地质变迁来看

西南地区群山起伏、河谷纵横交错、地形变化多端，以至形成许许多多的小地貌区和小气候区，因而在低纬度和海拔高低相差悬殊的情况下导致气候差异大，使原来生长在这里的茶树慢慢分布在热带、亚热带和温带不同的气候中，从而导致茶树种内变异，发展成了热带型和亚热带型的大叶种和中叶种茶树，以及温带的中叶种及小叶种茶树。植物学家认为：某种物种变异最多的地方，就是该物种起源的中心地。我国西南三省是我国茶树变异最多、资源最丰富的地方，当是茶树起源的中心地。

（三）从茶树的进化类型来看

茶树在其系统发育的历史长河中，总是趋于不断进化之中。因此，凡是原始型茶树比较集中的地区，当属茶树的原产地。我国西南三省及其毗邻地区的野生大茶树具有原始茶树的形态特征和生化特性，也证明了我国的西南地区是茶树原产地的中心地带。

第二节　茶的传播史

中国是茶树的原产地，然而中国在茶业上对人类的贡献主要在于最早发现和利用茶这种植物，并把它发展成为我国和东方乃至整个世界的一种灿烂独特的茶文化。

中国茶业最初兴于巴蜀，其后向东部和南部逐渐传播开来，以致遍及全国。到了唐代，又传至日本和朝鲜，16 世纪后被西方引进。所以，茶的传播史分为国内及国外两条线路。

一、茶在国内的传播

（一）巴蜀是中国茶业的摇篮（先秦两汉）

由前文的叙述我们可知中国的饮茶是秦统一巴蜀之后才慢慢传播开来，也就是说中国和世界的茶叶文化最初是在巴蜀发展为业的。这一说法，已为现在绝大多数学者认同。

巴蜀产茶，据文字记载和考证至少可追溯到战国时期，此时巴蜀已形成一定规模的茶区，并以茶为贡品之一。

关于巴蜀茶业在我国早期茶业史上的突出地位，直到西汉成帝时王褒的《僮约》才始见诸记载，内有"烹茶尽具"及"武阳买茶"两句。前者反映成都一带在西汉时不仅饮茶成风，而且出现了专门用具。从后一句可以看出：茶叶已经商品化，出现了如"武阳"一类的茶叶市场。

西汉时，成都不但已成为我国茶叶的一个消费中心，且由后来的文献记载看：很可能也已成为最早的茶叶集散中心。不仅仅是在秦之前，秦汉乃至西晋，巴蜀仍是我国茶叶生产的重要中心。

（二）长江中游或华中地区成为茶业中心（三国西晋）

秦汉统一中国后，茶业随巴蜀与各地经济文化交流而增强。尤其是茶的加工、种植，首先向东部、南部传播。如湖南茶陵的命名，就很能说明问题。茶陵是西汉时设的一个县，以出茶而名，且邻近江西、广东边界，表明西汉时期茶的生产已经传到了湘、粤、赣毗邻地区。

三国、西晋阶段，随着荆楚茶业和茶叶文化在全国传播的日益发展，也由于地理上的有利条件，长江中游或华中地区在中国茶文化传播上的地位，逐渐取代巴蜀而明显重要起来。

三国时，孙吴占据了现在苏、皖、赣、鄂、湘、桂一部分和广东、福建、浙江全部陆地的东南半壁江山，这一地区也是这时我国茶业传播和发展的主要区域。此时，南方栽种茶树的规模和范围有很大的发展，且茶的饮用也流传到了北方高门豪族。

西晋时长江中游茶业的发展，可从《荆州土记》得到佐证。其载曰："武陵七县通出茶，最好。"说明荆汉地区茶业的明显发展，而巴蜀独冠全国的优势，似已不复存在。

（三）长江下游和东南沿海茶业的发展（东晋南朝）

西晋南渡之后，北方豪门过江侨居，建康（今江苏南京）成为我国南方的政治中心。这一时期，由于上层社会崇茶之风盛行，使得南方尤其是江东饮茶和茶叶文化有了较大的发展，也进一步促进了我国茶业向东南推进。这一时期，我国东南植茶由浙西进而扩展到了现今的温州、宁波沿海一线。不仅如此，如《桐君录》所载，"西阳、武昌、晋陵皆出好茗。"晋陵即常州，其茶出于宜兴。表明在东晋和南朝时，长江下游宜兴一带的茶业也著名起来。

三国两晋之后，茶业重心东移的趋势，更加明显化了。

（四）长江中下游地区成为中国茶叶生产和技术中心（唐代）

如前所言，六朝以前，茶在南方的生产和饮用已有了一定发展，但北方饮者还不多。唐朝中期后，如《膳夫经手录》所载，"今关西、山东，闾阎村落皆吃之，累日不食犹得，不得一日无茶。"中原和西北少数民族地区都嗜茶成俗，于是南方茶的生产随之空前蓬勃地发展了起来。尤其是与北方交通便利的江南、淮南茶区，茶的生产更是得到了格外发展。

唐代中叶后，长江中下游茶区不仅茶产量大幅度提高，而且制茶技术也达到了当时的最高水平。这种高水准的结果使湖州紫笋和常州阳羡茶成为贡茶，从此茶叶生产和技术的中心正式转移到了长江中游和下游。

江南茶叶生产，集一时之盛。当时的史料记载：安徽祁门周围，千里之内，各地种茶，山无遗土，业于茶者七八。现在赣东北、浙西和皖南一带，在唐代时其茶业确实有一个特大的发展。同时由于贡茶设置在江南，大大促进了江南制茶技术的提高，也带动了全国各茶区的生产和发展。

由《茶经》和唐代其他文献记载来看：这时期茶叶产区已遍及今之四川、陕西、湖北、云南、广西、贵州、湖南、广东、福建、江西、浙江、江苏、安徽、河南 14 个省区，几乎达到了与我国近代茶区大致相当的局面。

（五）茶业重心由东向南移（宋代）

从五代和宋朝初年起，全国气候由暖转寒，致使中国南方南部的茶业较北部更加迅速地发展起来，并逐渐取代长江中下游茶区而成为宋朝茶业的重心。主要表现在：贡茶从顾渚紫笋改为福建建安茶，唐时还不曾形成气候的闽南和岭南一带的茶业明显地活跃和发展了起来。

宋朝茶业重心南移的主要原因是气候的变化，江南早春茶树因气温降低，发芽推迟，不能保证茶叶在清明前贡到京都。福建气候较暖，如欧阳修所说，"建安三千里，京师三月尝新茶。"作为贡茶，建安茶的采制必然精益求精，名声也愈来愈大，成为中国团茶、饼茶制作的主要技术中心，进而带动了闽南和岭南茶区的崛起和发展。

由此可见，到了宋代，茶已传播到全国各地。宋朝的茶区基本上已与现代茶区范围相符。明清以后，就只是茶叶制法和茶类兴衰的演变问题了。

二、茶在国外的传播

我国茶叶生产的日益成熟及人们饮茶风尚的发展，还对外国产生了巨大的影响。一方面，朝廷在沿海的一些港口专门设立了市舶司管理海上贸易，包括茶叶贸易，准许外商购买茶叶，运回自己的国土。唐顺宗永贞元年，日本最澄禅师到我国研究佛学后回国，把带回的茶种种在近江（滋贺县）。815 年，日本嵯峨天皇到滋贺县梵释寺，寺僧便献上香气怡人的茶水。天皇饮后非常高兴，遂大力推广饮茶，于是茶叶在日本得到大面积栽培。在宋代，日本荣西禅师来我国学习佛经，归国时不仅带回茶籽播种，并根据我国寺院的饮茶方法制定了自己的饮茶仪式。他晚年所著的《吃茶养生记》一书，被称为日本第一部茶书。书中称茶是"圣药""万灵长寿剂"，这对推动日本社会饮茶风尚的发展起了重大作用。

宋元期间，我国对外贸易的港口增加到了八九处，这时的陶瓷和茶叶已成为我国的主要出口商品。尤其在明代，政府采取积极的对外政策，曾七次派遣郑和下西洋。他游遍东南亚、阿拉伯半岛，直达非洲东岸，加强了与这些地区的经济联系与贸易往来，使茶叶输出大量增加。

在此期间，西欧各国的商人先后东来，从这些地区转运中国茶叶，并在本国上层社会推广饮茶。明神宗万历三十五年（1607 年），荷兰海船自爪哇来我国澳门贩茶转运欧洲，这是我国茶叶直接销往欧洲的最早纪录。以后，茶叶成为荷兰人最时髦的饮料。由于荷兰人的宣传与影响，饮茶之风迅速波及英、法等国。

1631 年，英国一个名叫威忒的船长专程率船队东行，首次从中国直接运回大量茶叶。

清代以后，饮茶之风逐渐波及欧洲一些国家。茶叶最初传到欧洲时，价格昂贵，荷兰人和英国人都将其视为"贡品"和奢侈品。后来，随着茶叶输入量的不断增加，价格逐渐降下来，成为民间的日常饮料。此后，英国人成了世界上最大的茶客。

印度是红碎茶生产和出口最多的国家，其茶种源于中国。印度虽也有野生茶树，但是印度人不知种茶和饮茶。直到 1780 年，英国和荷兰人才开始从中国输入茶籽在印度种茶。现今最有名的红碎茶产地阿萨姆，即是在 1835 年由中国引进茶种开始种茶的。中国专家曾前往指导种茶制茶方法，其中包括小种红茶的生产技术。后发明了切茶机，红碎茶才开始出现，成了全球性的大宗饮料。

19 世纪，我国茶叶的传播几乎遍及全球，1886 年茶叶出口量达268 万担。西方各国语言中"茶"一词，大多源于当时海上贸易港口福建厦门及广东方言中"茶"的读音。可以说，中国给了世界茶的名字、茶的知识、茶的栽培加工技术，世界各国的茶叶都直接或间接地与我国茶叶有着千丝万缕的联系。总之，我国是茶叶的故乡，我国勤劳智慧的人民给世界创造了茶叶这一香美的饮料，这是值得我们后人引以为豪的。

第三节　茶的发展史

在我国，茶被誉为"国饮"，古代文献中更将茶赞为"南方之嘉木"。茶叶生产和饮用在我国已经历了几千年的历史过程，现在随着人们对保健和文化生活方面需求的日益多元化，人们对茶叶的需求也出现了新的要求。

一、远古时期

追溯中国人饮茶的源流，最早可上溯至公元前2737年中古时代的神农氏。陆羽在他的《茶经》中有云："茶之为饮，发于神农氏。"相传在公元前2737年时，他意外地喝到了加了野生茶树叶子所煮沸的水，觉得神清气爽；另有一说是他尝百草中了毒，嚼茶树叶方能化解，从此中国人日渐懂得茶的药用、食用及饮用价值。《神农百草经》有"神农尝百草，日遇七十二毒，得茶而解之"。之说，当为茶叶药用之始。

且在公元前1122—前1116年，我国巴蜀就有以茶叶为"贡品"的记载。

二、周秦两汉时期

在西周时期，据《华阳国志》载：约公元前一千年的周武王伐纣时，巴蜀一带已用所产的茶叶作为"纳贡"珍品，是茶作为贡品的最早记述。

在东周时期，春秋时期婴相齐景公时（公元前547—前490年）记有，"食脱粟之饭，炙三弋、五卵、茗菜而已。"表明茶叶已作为菜肴汤料，供人食用。

在春秋战国后期及西汉初年，我国历史上曾发生几次大规模战争，人口大迁徙，特别是秦统一四川促进了四川和其他各地的货物交换和经济交流，四川的茶树栽培、制作技术及饮用习俗，开始向当时的经济、政治、文化中心——陕西、河南等地传播。陕西、河南成为我国最古老的北方茶区之一，其后沿长江逐渐向中、下游推移，再次传播到南方各省。

三、三国时期

江南初次饮茶的记录始于三国。史书《三国志》述吴国君主孙皓（孙权的后代）有"密赐茶荈以代酒"，叙述孙皓以茶代酒飨客的故事，是"以茶代酒"最早的记载。

四、两晋南北朝时期

这个时期茶产渐多，关于饮茶的记载也多见于史册。及至晋后，茶叶的商品化已达到相当高的程度，茶叶产量有所增加，不再被视为珍贵的奢侈品了。

南北朝初期，以上等茶作为贡品的历史在南朝宋代山谦之所著的《吴兴记》中载有："浙江乌程县（即今吴兴县）西二十里，有温山，所产之茶，专作进贡之用。"汉代，佛教自西域传入我国，到了南北朝时更为盛行。佛教提倡坐禅，饮茶可以镇定精神，利于清心修行，夜里饮茶可以驱睡，因此茶叶又和佛教结下了不解之缘，从而使饮茶之风渐渐风行起来，茶之声誉驰名于世。因此，一些名山大川、僧道寺院所在山地和封建庄园都开始种植茶树。我国许多名茶有相当一部分最初是在佛教和道教圣地种植的，如四川蒙顶、庐山云雾、黄山毛峰，以及天台华顶、雁荡毛峰、天目云雾、天目青顶、径山茶、龙井茶等，都是从名山大川的寺院附近出产的。从这方面看，佛教和道教信徒对茶的栽种、采制、传播也起到了一定的作用。不过在当时，茶并不普及，饮茶只是上层统治阶级的一种高尚生活享受和文人墨客益思助文的好办法。

南北朝以后，所谓士大夫之流逃避现实、终日清谈、品茶赋诗，促使茶叶消费更大，茶在江南成为一种"比屋皆饮"和"坐席竞下饮"的普通饮料，这说明在江南"客来敬茶"早已成为一种礼节。

五、唐代时期

唐代是茶作为饮料扩大普及的时期，并从社会的上层开始走向全民。

唐代宗大历五年（770 年）开始在顾渚山（今浙江长兴）建贡茶院，每年清明前兴师动众督制"顾渚紫笋"饼茶，进贡皇朝。

唐德宗建中元年（780 年）开始征收茶税。

780 年左右，陆羽将他对茶相关的考察和经验集结成《茶经》，这是世上第一部茶书。他把诸家精华及诗人的气质和艺术思想渗透其中，奠定了中国茶文化的理论基础。而在此之前，人们对茶的名称莫衷一是，而陆羽在书中则统一用"茶"字，这对于后世确立"茶"为总称是一大关键。此时，饮茶的风气已经颇为盛行，不仅贵族们喜爱啜饮，民间的饮茶之风也开始大为流行。

唐顺宗永贞元年（805 年），日本僧人最澄禅师从中国带茶籽茶树回国，是茶叶传入日本的最早记载。

唐懿宗咸通元年（860 年）出现专用的茶具。

总之，唐朝一统天下，修文息武、重视农作，促进了茶叶的生产发展。由于国内太平、社会安定，随着农业、手工业生产的发展，茶叶的生产和贸易也迅速兴盛起来了，成为我国历史上第一个发展高峰。饮茶的人遍及全国，有的地方户户饮茶已成为习俗。茶叶产地分布长江、珠江流域和陕西、河南等 14 个区的许多州郡，当时以武夷山茶采制而成的蒸青团茶极负盛名。中唐以后，全国有 70 多个州产茶，辖 340 多个县，分布在现今的 14 个省、直辖市和自治区。

六、宋代时期

宋太宗太平兴国年间（976 年）开始在建安（今福建建瓯）设宫焙，专造北苑贡茶，从此龙凤团茶有了很大发展。

宋徽宗赵佶在大观元年间（1107 年）亲著《大观茶论》一书，以帝王之尊，倡导茶学，弘扬茶文化。

两宋的茶叶生产，在唐代至五代的基础上逐步发展。全国茶叶产区又有所扩大，各地精制的名茶繁多，茶叶产量也有所增加。宋人则拓宽了茶文化的社会层面和文化形式，历史上就有"茶兴于唐，盛于宋"之说。宋人的饮茶风格非常精致，他们争相讲求茶品、火候、煮法和饮效等，使得这时的茶事十分兴旺，但也使茶艺走向了繁复、琐碎和奢侈。

七、元代时期

到了元代，我国茶叶生产有了更大发展，至元代中期，做茶技术不断提高，讲究制茶功夫，有些形成了具有地方特色的名茶，当时被视为珍品，在南方极受欢迎。元代在茶叶生产上的另一成就是用机械来制茶叶。据王桢《农书》记载：当时有些地区采用了水转连磨即利用水力带动茶磨和椎具碎茶，显然较宋代的碾茶技艺又前进了一步。

八、明代时期

明太祖洪武六年（1373年），设茶司马，专门司茶贸易事。

明太祖朱元璋于洪武二十四年（1391年）九月发布诏令，废止过去某些弊制，废团茶，兴叶茶。从此贡茶由团饼茶改为芽茶（散叶茶），对炒青叶茶的发展起了积极作用。因此明代是我国古代制茶发展最快、成就最大的一个重要时期，它为现代制茶工艺的发展奠定了良好的基础。

1607年，荷兰人自中国澳门贩茶，并转运入欧洲。1616年，中国茶叶远销丹麦。

1618年，明朝派钦差大臣入俄，并向俄皇馈赠茶叶。

总之，明代茶肆经营已经很普遍，此时的饮茶方法由煮茶逐渐改为泡茶，品茶活动也由户内转向了户外。此时，社会上非常流行"点茶""斗茶"之会，互相比较技术高低，一时蔚为奇观，饮茶之风颇有日渐风行之势。明代制茶的发展，首先反映在茶叶制作技术上的进步。元代茗茶杀青是用蒸青，茗茶揉捻只是"略揉"而已。至明代一般都改为炒青，少数地方采用了晒青，并开始注意到茶叶的外形美观，把茶揉成条索。所以后来一般饮茶就不再煎煮，而逐渐改为泡茶了。

九、清代时期

清初之时，精细的茶文化再次出现，制茶、烹饮等茶事虽然未回到宋代的繁琐，但茶风已开始趋向纤弱。

1657 年，中国茶叶在法国市场销售。

康熙八年（1669 年），印属东印度公司开始直接从万丹运华茶入英。

康熙二十八年（1689 年），福建厦门出口茶叶 150 担，开中国内地茶叶直接销往英国市场之先声。

1690 年中国茶叶获得美国波士顿的出售特许执照。

1896 年福州市成立机械制茶公司，是中国最早的机械制茶业。

光绪三十一年（1905 年），中国首次组织茶叶考察团赴印度、锡兰（今斯里兰卡）考察茶叶产制，并购得部分制茶机械，后开始在国内宣传茶叶机械制作技术和方法。

总之，在清代，我国茶叶生产已相当发达，江南栽茶更加普及。据资料记载：1880 年，我国出口茶叶达 254 万担（1 担 = 50 千克），1886 年最高达到 268 万担，这是当时我国茶叶出口的最高记录。

十、当今发展

如今，茶已经发展成为世界三大无酒精饮料之一，爱好饮茶的人遍及全球。随着茶叶的传播，目前茶叶的生产和消费几乎遍及世界各国和地区，因此世界茶业的发展速度也很快。目前，世界五大洲中已有 50 个国家种植茶叶，茶区主要集中在亚洲，茶叶产量约占世界茶叶产量的 80% 以上。

我国是茶叶的故乡，加之人口众多、幅员辽阔，因此茶叶的生产和消费居世界之首。我国地跨 6 个气候带，地理区域东起台湾基隆，南沿海南琼崖，西至藏南察隅河谷，北达山东半岛，绝大部分地区均可生产茶叶，全国大致可分为四大茶区，包括江南茶区、江北茶区、华南茶区和西南茶区。全国茶叶产区的分布主要集中在江南地区，尤以浙江和湖南产量最多，其次为四川和安徽。甘肃、西藏和山东则是新发展起来的茶区，年产量还不太多。

现代社会十分重视茶叶的生产，建设了许多茶叶生产基地，发展了茶业的教学和科研工作，使我国茶叶事业得到了蓬勃发展，全国名茶似锦且千姿百态、各具特色，如西湖龙井、庐山云雾、君山银针、黄山毛峰、洞庭碧螺春、蒙顶甘露、安溪铁观音等都香飘万里、驰名中外。全国共有 16 省（区）、600 多个县（市）产茶，面积为 100 多万公顷，居世界产茶国首位，占世界茶园面积的 44%，产量已超过 800 万担，居世界第二位，占世界总产量的 17%。1984 年全国出口茶叶 280 多万担，约占世界茶叶出口总量的 16%，创外汇超 2 亿美元。这为我国茶叶生产的发展奠定了坚实的基础。

第四节　制茶史

中国制茶历史悠久，自发现野生茶树，从生煮羹饮到饼茶散茶、从绿茶到多茶类、从手工操作到机械化制茶，期间经历了复杂的变革。各种茶类品质特征的形成，除了茶树品种和鲜叶原料的影响外，加工条件和制造方法是重要的决定因素。

一、从生煮羹饮到晒干收藏

茶之为用，最早从咀嚼茶树的鲜叶开始，发展到生煮羹饮。生煮者，类似现代的煮菜汤。如云南基诺族至今仍有吃"凉拌茶"的习俗。鲜叶揉碎放碗中，加入少许黄果叶、大蒜、辣椒和盐等作配料，再加入泉水拌匀。茶作羹饮，有《晋书》记："吴人采茶煮之，曰茗粥。"甚至到了唐代，仍有吃茗粥的习惯。

三国时，魏朝已出现了茶叶的简单加工，采来的叶子先做成饼后晒干或烘干，这是制茶工艺的萌芽。

二、从蒸青造形到龙团凤饼

初步加工的饼茶仍有很浓的青草味，后经反复实践，人们发明了蒸青制茶。即将茶的鲜叶蒸后碎制，饼茶穿孔，贯串烘干，去其青气。但仍有苦涩味，于是又通过洗涤鲜叶，蒸青压榨，去汁制饼，使茶叶苦涩味大大降低。

自唐至宋，贡茶兴起，成立了贡茶院，即制茶厂，组织官员研究制茶技术，从而促使茶叶生产不断改革。

唐代蒸青作饼已经逐渐完善，陆羽在《茶经·之造》记述："晴，采之。蒸之，捣之，拍之，焙之，穿之，封之，茶之干矣。"即此时完整的蒸青茶饼制作工序为：蒸茶、解块、捣茶、装模、拍压、出模、列茶晾干、穿孔、烘焙、成穿、封茶。

宋代制茶技术发展很快，新品不断涌现。北宋年间，做成团片状的龙凤团茶盛行。宋代《宣和北苑贡茶录》记述："宋太平兴国初，特置龙凤模，遣使即北苑造团茶，以别庶饮，龙凤茶盖始于此。"

龙凤团茶的制造工艺，据宋代赵汝励《北苑别录》记述有六道工序：蒸茶、榨茶、研茶、造茶、过黄、烘茶。茶芽采回后，先浸泡水中，挑选匀整芽叶进行蒸青，蒸后冷水清洗，然后小榨去水，大榨去茶汁，去汁后置瓦盆内兑水研细，再入龙凤模压饼、烘干。

龙凤团茶的工序中，冷水快冲可保持绿色，提高了茶叶质量；而水浸和榨汁的做法，由于夺走真味，使茶香极大损失，且整个制作过程耗时费工，这些均促使了蒸青散茶的出现。

三、从团饼茶到散叶茶

在蒸青团茶的生产中，为了改善苦味难除、香味不正的缺点，逐渐采取蒸后不揉不压、直接烘干的做法，将蒸青团茶改造为蒸青散茶，保持了茶的香味，同时还出现了对散茶的鉴赏方法和品质要求。

这种改革出现在宋代。元代王桢在《农书·卷十·百谷谱》中对当时制蒸青散茶工序有详细记载："采讫，一甑微蒸，生熟得所。蒸已，用筐箔薄摊，乘湿揉之，入焙，匀布火，烘令干，勿使焦。"

由宋至元，饼茶、龙凤团茶和散茶同时并存。到了明代，由于明太祖朱元璋于1391年下诏废龙团兴散茶，使得蒸青散茶大为盛行。

四、从蒸青到炒青

相比于饼茶和团茶，茶叶的香味在蒸青散茶得到了更好的保留。然而使用蒸青方法却依然存在香味不够浓郁的缺点，于是出现了利用干热发挥茶叶优良香气的炒青技术。

炒青绿茶自唐代已始而有之。唐代刘禹锡《西山兰若试茶歌》中言道："山僧后檐茶数丛……斯须炒成满室香。"又有"自摘至煎俄顷余"之句，说明嫩叶经过炒制而满室生香，又说明炒制时间不长，这是至今发现的关于炒青绿茶最早的文字记载。

经唐、宋、元代的进一步发展，炒青茶逐渐增多，到了明代炒青制法日趋完善，在《茶录》《茶疏》《茶解》中均有详细记载。其制法大体为：高温杀青、揉捻、复炒、烘焙至干，这种工艺与现代炒青绿茶制法非常相似。

五、从绿茶发展至其他茶类

在制茶的过程中，由于人们注重确保茶叶香气和滋味，通过不同的加工方法，并从不发酵、半发酵到全发酵一系列不同发酵程序所引起的茶叶内质的变化中探索到了一些规律，从而使茶叶从鲜叶到原料制成了各类色、香、味、形品质特征不同的六大茶类，即绿茶、黄茶、黑茶、白茶、红茶、青茶。

（一）黄茶的产生

绿茶的基本工艺是杀青、揉捻、干燥。若绿茶炒制工艺掌握不当，如炒青杀青温度低，蒸青杀青时间长，或杀青后未及时摊凉、及时揉捻，或揉捻后未及时烘干炒干，堆积过久，就会使叶子变黄，产生黄叶黄汤，类似后来出现的黄茶。因此，黄茶的产生可能是从绿茶制法不当演变而来的。明代许次纾的《茶疏》（1597年）就记载了这种演变历史。

（二）黑茶的出现

绿茶杀青时叶量过多、火温低，使叶色变为近似黑色的深褐绿色，或以绿毛茶堆积后发酵，渥成黑色，这便是产生黑茶的过程。黑茶的制造始于明代中叶。明御史陈讲疏记载了黑茶的生产（1524 年）："商茶低伪，悉征黑茶，产地有限……"

（三）白茶的由来和演变

唐、宋时所谓的白茶是指偶然发现的白叶茶树采摘而成的茶，与后来发展起来的不炒不揉而成的白茶不同。而到了明代，出现了类似现在的白茶。田艺蘅的《煮泉小品》记载："茶者以火作者为次，生晒者为上，亦近自然……清翠鲜明，尤为可爱。"现代白茶是从宋代绿茶三色细芽、银丝水芽开始逐渐演变而来的。最初是指干茶表面密布白色茸毫、色泽银白的"白毫银针"，后来经发展又产生了白牡丹、贡眉、寿眉等其他花色品种。

（四）红茶的产生和发展

红茶起源于 16 世纪。在茶叶制造发展过程中，人们发现用日晒代替杀青，揉捻后叶色红变会产生红茶。最早的红茶生产从福建崇安的小种红茶开始。清代刘靖在《片刻余闲集》中记述："山之第九曲处有星村镇，为行家萃聚。外有本省邵武、江西广信等处所产之茶，黑色红汤，土名江西乌，皆私售于星村各行。"自星村小种红茶出现后，逐渐演变产生了工夫红茶。20 世纪 20 年代，印度生产出将茶叶切碎加工的红碎茶，我国则于 20 世纪 50 年代也开始试制红碎茶。

（五）青茶的起源

青茶介于绿茶、红茶之间，先绿茶制法，再红茶制法，从而悟出了青茶制法。对于青茶的起源，学术界尚有争议：有的推论出现在北宋，有的推定于清咸丰年间，但都认为最早在福建创制。清初王草堂《茶说》记："武夷茶……茶采后，以竹筐匀铺，架于风日中，名曰晒青，俟其青色渐收，然后再加炒焙……烹出之时，半青半红，青者乃炒色，红者乃焙色也。"现福建武夷岩茶的制法仍保留了这种传统工艺的特点。

（六）从素茶到花香茶

茶加香料或香花的做法已有很久的历史。宋代蔡襄在《茶录》就提到加香料茶"茶有真香，而入贡者微以龙脑和膏，欲助其香"。南宋已有茉莉花焙茶的记载，施岳《步月·茉莉》词注："茉莉岭表所产……古人用此花焙茶。"

到了明代，窨花制茶技术日益完善，且可用于制茶的花品种繁多。据《茶谱》记载有桂花、茉莉、玫瑰、蔷薇、兰蕙、桔花、栀子、木香、梅花，达9种之多。现代窨制花茶除了上述花种外，还有白兰、珠兰等。

由于制茶技术不断改革，各类制茶机械相继出现，先是小规模手工作业，接着出现了各道工序机械化。现在，除了少数名贵茶仍由手工加工外，绝大多数茶叶的加工均采用机械化生产。

第五节　饮茶史

中国饮茶历史最早，陆羽《茶经》云："茶之为饮，发乎神农氏，闻于鲁周公。"早在神农时期，茶及其药用价值已被发现，并由药用逐渐演变成日常生活饮料。我国历来对选茗、取水、备具、佐料、烹茶、奉茶以及品尝方法都颇为讲究，因而逐渐形成丰富多采、雅俗共赏的饮茶习俗和品茶技艺。

春秋以前，茶叶作为药用而受到关注。古代人类直接含嚼茶树鲜叶汲取茶汁而感到芬芳、清口并富有收敛性快感，久而久之，茶的含嚼成为人们的一种嗜好。该阶段可以说是茶之为饮的前奏。

随着人类生活的进步，生嚼茶叶的习惯转变为煎服。即鲜叶洗净后置陶罐中加水煮熟，连汤带叶服用。煎煮而成的茶虽苦涩，然而滋味浓郁，风味与功效均胜几筹，日久，自然养成煮煎品饮的习惯，这是茶作为饮料的开端。

而且，茶由药用发展为日常饮料，还经过了食用阶段作为中间过渡，即以茶当菜，煮作羹饮。茶叶煮熟后，与饭菜调和一起食用。此时，用茶的目的一是增加营养，另一是为食物解毒。如：《尔雅》中，"苦荼"一词注释云"叶可炙作羹饮"；《桐君录》等古籍中则有茶与桂姜及一些香料同煮食用的记载。此时，茶叶的利用方法前进了一步，运用了当时的烹煮技术，并已注意到茶汤的调味。

秦汉时期，茶叶的简单加工已经开始出现。鲜叶用木棒捣成饼状茶团，再晒干或烘干以存放。饮用时先将茶团捣碎放入壶中，注入开水并加上葱姜和桔子调味。此时，茶叶不仅是日常之解毒药品，且成为待客之食品。另外，由于秦统一了巴蜀促进饮茶知识与风俗向东延伸。西汉时，茶已是宫廷及官宦人家的一种高雅消遣。三国时期，崇茶之风进一

步发展，开始注意到茶的烹煮方法，还出现了"以茶当酒"的习俗
（见《三国志·吴志》），说明华中地区当时饮茶已比较普遍。到了两
晋、南北朝，茶叶由原来珍贵的奢侈品逐渐成为普通饮料。

隋唐时，茶叶多加工成饼茶。饮用时，加调味品烹煮汤饮。随着茶
事的兴旺，贡茶出现了，茶叶栽培和加工技术也进一步发展，并涌现了
许多名茶，品饮之法也有了较大改进。尤其到了唐代，饮茶蔚然成风，
饮茶方式也有了较大进步。此时，为改善茶叶的苦涩味，开始加入薄
荷、盐、红枣调味。此外，已使用专门之烹茶器具，论茶专著也已出
现。此时，对茶和水的选择、烹煮方式以及饮茶环境和茶的质量也越来
越讲究，逐渐形成了茶道。由唐前之"吃茗粥"到唐时人视茶为"越
众而独高"，是我国茶叶文化的一大飞跃。

"茶兴于唐而盛于宋"，在宋代，制茶方法出现改变，给饮茶方式
带来了深远影响。宋初茶叶多制成团茶、饼茶，饮用时碾碎，加调味品
烹煮，也有不加的。随着茶品的日益丰富与品茶的日益考究，人们逐渐
重视茶叶原有的色香味，调味品逐渐减少。同时，出现了用蒸青法制成
的散茶，且不断增多，茶类生产由团饼为主趋向以散茶为主。此时烹饮
手续逐渐简化，传统的烹饮习惯正是由宋开始而至明清出现了巨大的
变更。

明代后，由于制茶工艺的革新，团茶、饼茶已较多改为散茶，烹茶
方法由原来的煎煮为主逐渐向冲泡为主发展。茶叶冲以开水，然后细品
缓啜，清正、袭人的茶香，甘冽、醇醇的茶味以及清澈的茶汤，更能令
人领略到茶天然之色香味品性。

明清之后，随着茶类的不断增加，饮茶方式出现两大特点：一是品
茶方法日臻完善而讲究。茶壶茶杯要用开水先洗涤，干布擦干，先将茶
渣倒掉，再斟。器皿也"以紫砂为上，盖不夺香，又无熟汤气"。二是
出现了六大茶类，品饮方式也随茶类不同而有很大变化。同时，各地区
由于风俗不同，开始选用不同茶类。如两广喜好红茶，福建多饮乌龙
茶，江浙则好绿茶，北方人喜花茶或绿茶，边疆少数民族多用黑茶、
砖茶。

纵观饮茶风习的演变，尽管千姿百态，但是若以茶与佐料、饮茶环
境等为基点，则当今茶之饮主要可区分为三种类型。

一是讲究清雅怡和的饮茶习俗：茶叶冲以煮沸的水（或沸水稍凉

后），顺乎自然、清饮雅尝，寻求茶之原味，重在意境，与我国古老的"清净"传统思想相吻合，这是茶的清饮之特点。我国江南的绿茶、北方的花茶、西南的普洱茶、闽粤一带的乌龙茶以及日本的蒸青茶均属此列。

二是讲求兼有佐料风味的饮茶习俗：其特点是烹茶时添加各种佐料。如边陲的酥油茶、盐巴茶、奶茶以及侗族的打油茶、土家族的擂茶，又如欧美的牛乳红茶、柠檬红茶、多味茶、香料茶等等，均兼有佐料的特殊风味。

三是讲求多种享受的饮茶风俗：即指饮茶者除品茶外，还备以精致茶点，伴以歌舞、音乐、书画、戏曲等。如北京的老舍茶馆。

此外，因生活节奏的加快，还出现了茶的现代变体：速溶茶、冰茶、液体茶以及各类袋泡茶，充分体现了现代文化务实的精髓。虽不能称之为品，却不能否认这是茶的发展趋势之一。

第二章
茶中珍品

第一节　茶叶的分类

我国对于茶之类别的区分，众说纷纭。有的根据我国出口茶的类别将茶叶分为绿茶、红茶、乌龙茶、白茶、花茶、紧压茶和速溶茶等几大类；有的根据我国茶叶加工分为初、精制两个阶段的实际情况，将茶叶分为毛茶和成品茶两大部分，其中毛茶分绿茶、红茶、乌龙茶、白茶和黑茶五大类，将黄茶归入绿茶一类；成品茶包括精制加工的绿茶、红茶、乌龙茶、白茶和再加工而成的花茶、紧压茶和速溶茶等；有的还从产地划分将茶叶称作川茶、浙茶、闽茶等等，这种分类方法一般仅是俗称。还可据其生长环境分为：平地茶、高山茶、丘陵茶。

另外还有一些"茶"其实并不是真正意义上的茶，但是饮用方法与一般的茶一样，故而人们常常以茶来命名之，如虫茶、鱼茶。将上述几种常见的分类方法综合起来，中国茶叶则可分为基本茶类和再加工茶类两大部分。

如此的说法不一而足。其实，我们研究"茶"应当详细区别其精粗、优劣、品质、外形、季节、制法而予以归类。依科学之分类，可分以下几类，详述如下：

一、依制造发酵程度分类

在科学上分类，普通均按制造的发酵程度加以区别，约可分为三种：全发酵茶、半发酵茶、不发酵茶。茶叶中发酵程度的轻重不是绝对的，应当有小幅度的误差，依其发酵程度大约为：红茶，95%发酵；黄茶，85% 发酵；黑茶，80% 发酵；乌龙茶，60%—70% 发酵；包种茶，30%—40% 发酵；青茶，15%—20% 发酵；白茶，约 5%—10% 发酵；绿茶完全不发酵；而青茶之毛尖并不发酵；绿茶之黄汤仅有部分发酵。

　　国际上较为通用之分类法是按不发酵茶、半发酵茶、全发酵茶来做简单分类。

不发酵茶	半发酵茶						全发酵茶
绿茶	青茶（乌龙茶）						红茶
0%	15%	20%	30%	40%	70%		100%
龙井、碧螺春等	清茶	茉莉花茶	冻顶茶	铁观音	白毫乌龙		红茶

二、依制造萎凋程度分类

　　茶按发酵与否来分类，就科学观点来讲并不很正确，如乌龙、包种、春茶等茶在制造过程中并未经过正式发酵过程，而名曰半发酵茶，兼有含混之处。故有人主张按萎凋与否来分类，将茶叶分为"萎凋茶"与"不萎凋茶"两大类。

　　萎凋是茶叶在杀青之前消散水分的过程，分为日光萎凋与室内萎凋。萎凋不一定会引起发酵现象，制茶过程中，静置而不去搅拌或促使叶缘细胞膜破裂产生化学变化则不会引发发酵现象。一般而言，绿茶是不萎凋不发酵；黑茶是不萎凋后发酵；而黄茶是不萎凋不发酵（黄茶是杀青后闷黄再补足发酵）；白茶为重萎凋不发酵；青茶、包种茶、乌龙茶为萎凋部分发酵。

不萎凋茶	绿茶、黑茶、黄茶
萎凋茶	白茶、青茶、包种茶、乌龙茶、红茶

三、依产茶季节分类

中国及日本许多产区茶，均按季节性来分类：

春茶

又名头帮茶或头水茶，为清明节至夏至节（农历 3 月上旬至 5 月中旬）所采的茶。茶叶至嫩、品质甚佳，日本及中国制造情形皆如是。中国台湾省则春季制绿茶及包种茶，至于红茶及乌龙茶，则以夏茶品质为佳）。采摘期间约 20 至 40 余日，随各地气候而异。春季温度适中、雨量充沛，加上茶树经冬季的休养生息，使得春梢芽叶肥硕、色泽翠绿、叶质柔软，特别是其中富含的氨基酸及相应的全氮量和多种维生素，不但使春茶滋味鲜活、香气扑鼻，更富保健作用。

夏茶

又称二帮茶或二水茶，为夏至节前后（农历 5 月中下旬所采的茶），即春茶采后二三十日所萌发茶叶采制者。中国台湾省夏季采两次，第一次称夏茶，第二次称"六月白"。夏季天气炎热，茶树新梢芽叶生长迅速，使得能溶解茶汤的水浸出物含量相对减少，特别是氨基酸及含氮量减少，使得茶汤滋味、香气多不如春茶强烈。由于带苦涩味的花青素、咖啡因、茶多酚含量比春茶高，不但使紫色芽叶增加，色泽不一，而且滋味较为苦涩。

秋茶

又称三水茶或三番茶，即夏茶采后一个月所采制者。第一次称秋茶，第二次称"白露徇"。秋季气候条件介于春夏之间，茶树经春夏二季生长、摘采新梢芽内含物质相对减少，叶片大小不一，叶底发脆，叶色发黄，滋味、香气显得比较平和。

冬茶

又名四番茶，即秋分节以后所采制者。我国东南茶区甚少采制，仅云南及台湾地区因气候较为温暖，故尚有采制者。冬茶、秋茶采完气候逐渐转凉，冬茶新梢芽生长缓慢，内含物质逐渐堆积，滋味醇厚、香气浓烈。

除此之外，尚有所谓明前茶，是清明节前采制者；雨前茶，是谷雨节前所采制者；六月白，是第一次夏茶之后秋茶之前，于农历 6 月间采制者；白露茶，是白露节后所采制者；霜降茶，是霜降节后所采制者。
以上茶叶皆按季节来分类。

月　份	节　气	名　称
4—5 月	清明、谷雨、立夏	春茶
5—6 月	小满、芒种、夏至、小暑	第一次夏茶（二水茶）
7—8 月	大暑、立秋、处暑	第二次夏茶（三水茶）
8—9 月	白露、秋分、寒露	秋茶
10—11 月	霜降、立冬	冬茶
11—12 月	小雪	冬片茶
12 月—来年 4 月	大雪、冬至、小寒、大寒、立春、惊蛰、春分	天寒茶叶不长芽，实际上这几个月之中还可能会有雨水茶出产（冬三水、不知春）

四、依制茶形状分类

依制茶形状可分成：散茶、条茶、碎茶、圆茶、正茶、副茶、砖茶、束茶等类。

五、依制造程序分类

依茶制造程序，可分为毛茶与精茶两大类。

（一）毛茶

或称粗制茶或初制茶。各种茶叶经初制后的成品，统称毛茶。其外形比较粗放。

（二）精茶

或称精制茶、再制茶、成品茶，是毛茶再经精制的手续后，使其形状整齐、品质划一的成品。

六、依薰花种类分类

茶依薰花与否，可分为花茶与素茶二种。各种茶叶仅绿茶、包种茶与红茶有薰花者，其余各种茶叶鲜有薰花。这种茶除茶名外，尚冠以花名，如用茉莉花薰制的包种茶称为茉莉花茶，用桂花薰制者称为桂花茶……

七、依茶树品种分类

有些地方茶是按其茶树之品种分类的，如阿萨姆茶、小叶种茶、大叶种茶。除极具特殊地位之茶树品种如水仙、铁观音等普遍采用外，并不多采用。

因为中国地大物博，茶树种类繁多。这里选择我国台湾地区常见品种做一介绍：青心乌龙（软枝乌龙、小叶乌龙）、台茶 27 号（金萱）、台茶 29 号（翠玉）、铁观音、水仙、四季春等品种，在这里仅以台湾地区的茶树品种来分类。又因茶树为杂交之灌木植物，故其变化也很大。

青心乌龙	属于小叶种，适合制造部分发酵的晚生种。由于本品种是一个极有历史并且被广泛种植的品种，因此有种仔、种茶、软枝乌龙等别名。树型稍小，属于开张型。枝叶较密生，幼芽成紫色。叶片狭长椭圆形，叶肉稍厚、柔软富弹性，叶色浓绿富光泽。本品种所制成的包种茶不但品质优良，且广受消费者喜爱，故成为本地区栽植面积最广的品种，可惜树势较弱，易患枯枝病且产量低

续表

青心	属于小叶种，适制性极广的中生种茶树。树型中等属于稍横张型。幼芽肥大而密生洱毛，呈紫红色。叶片为狭长略成披针型到长椭圆形，以正中央部位最阔，叶缘锯齿较锐利，叶色呈暗绿色，叶肉稍厚带硬。本品种因树势强，产量高且适制性广，因此种植面积经常居该地区第一，其中以制造乌龙及俗称风茶的台湾乌龙茶品质最高。但近年来的种植面积则居第二，主要分布于桃园、新竹、苗栗三县
台茶十二号	别名金萱，系统代号"－2027"，是经过43年的选育后，才在1981年命名的新品种。由于所制造的包种茶具有独特的香味，因此广受消费者的喜好，加上其中早生、强健、高产且适合机采的特性，因此该地区各茶区均有种植，种植面积也在稳定的增加中。台茶十二号树型较大，属于稍具直立性的横张型。芽密度高，幼芽大、绿中带紫，洱毛密度略少于青心乌龙，但制造时较不易脱落，故成茶上可看到明显的洱毛。叶片大型呈椭圆型，叶缘锯齿较疏，叶肉稍厚，浓绿且富有光泽
台茶十三号	别名翠玉，系统代号"－2029"，与台茶十二号同一时期选育所得，属于中早生种，适制包种茶的新品种。树型较大、芽色较紫、洱毛密度略低。叶片则较狭长，略大且厚，叶片两侧较上卷，叶缘锯齿较大且粗钝，叶色较绿且更具光泽。本品种较疏且不易机采，加上产量略低于台茶十二号，故初期种植不多，但由于滋味奇佳，并具强烈花香，因此日渐受到欢迎
硬枝红心	别名大广红心，是从福建引进的该地区四大名种之一，属于早生种，适合制造包种茶之品种。树型大且直立，枝叶稍疏，幼芽肥大且密生洱毛，呈紫红色。叶片形状与台茶十二号及台茶十三号接近，但锯齿较锐利，树势强健，产量中等。本品种大部分分布在台北县淡水茶区，目前以石门乡居多。所制成的条型或半球型包种茶，具有特殊香味，但因成茶色泽较差而售价较低。制造铁观音茶泽外观优异且滋味良好，品质与市场需求有直追铁观音种茶树所制造产品的趋势
大叶乌龙	该地区四大名种之一。属于早生种，适合制造绿茶及包种茶品种。树型高大直立，枝叶较疏。芽肥大、洱毛多，呈淡红色。叶片大且呈椭圆形，叶色暗绿，叶肉厚树势强，但收成量中等。本品种目前则零星散布于台北县汐止、深坑、石门等地区，种植面积逐年减少

续表

铁观音	属于小叶种，晚生种适制铁观音茶。树型大枝条粗，但枝叶及芽密度很疏，幼芽稍带红色。叶型长椭圆至狭长型，平铺，叶缘起伏大，呈波浪状，锯齿大但不锐利，叶肉极厚且富有光泽。树势较弱且收成量少。本品种目前仅栽培于台北市文山区的木栅地区，是最佳的铁观音茶种
四季春	是由木栅地区茶农选出之茶种，属小叶型，极早生之包种茶品种。树型中大型且开张，枝叶及芽密生。幼芽呈淡红色，叶型较近纺锤型，两端较尖锐，叶色淡绿，具细且锐之锯齿，叶肉厚且具光泽。树势强，采摘期极长且收成量高。本品种因萌芽期极早，采收期长，春茶所制成之茶叶具有特殊香味，故种植面积一度增加，但因生长习性及生产制造方法，均未进行有系统之试验，故难以评估优劣
青心柑仔	别名柑仔，属于小叶早生种，适制绿茶尤其是龙井茶之品种。树型中到大，稍具直立性，但分枝疏，芽绿色带茸毛，因此所制成之高级龙井茶均带白毫。叶片大似柑叶，叶绿明显向上卷，花瓣数目特多。本品种是最重要的龙井茶品种，主要分布于台北县新店及三峡地区
黄柑	别名白心或白叶，属小叶茶种晚生适制红茶的品种。树型中等，枝叶密生，芽色偏黄，叶片呈椭圆型到倒卵型，花较多。本品种早期大量种植于桃园、新竹、苗栗三县，但自该地区红茶外销市场丧失后，已极速减少
其他	中国台湾地区种植的茶树品种，另有武夷茶、红心大、黄心大、红心乌龙、黄心乌龙、水仙、软枝红心、台茶十四号（白文）、台茶十五号、台茶十六号、台茶十七号（白鹭）、淡水青心、佛手、乌枝、梅占等品种但面积较小，且不普遍

八、依产茶地分类

依照此法可粗略划分为高山茶和平地茶。一般来说高山茶比平地茶品质好，是因为高山有气候、土壤、树木等适合茶树生长的天然条件。其实，凡是在气候温和、雨量充沛、湿度高、光照适中、土壤肥沃的地方采制的茶叶，品质都不错。

高山茶	海拔高度在 1000 米以上的地区，芽叶肥硕、颜色绿、茸毛多。加工后之茶叶条索紧结、肥硕、白毫显露、香气馥郁、耐冲泡
平地茶	芽叶较小、叶底坚薄、叶张平展、叶色黄绿欠光润。加工后之茶叶条索较细瘦、骨身轻、香气低、滋味淡

另外，世界上有些产茶很有名的地区常以该产茶地名冠于茶名之上，例如武夷岩茶、安溪铁观音、祁门红茶、六安瓜片、福州香片、杭州龙井、大吉岭红茶、星村小种、冻顶乌龙等，名称繁多、不胜枚举。

九、按焙火程度分类

成茶精制过程中的焙火是改变茶汤品质的重要步骤，正确的焙火可以有效提高茶汤品质。

生　　茶	轻焙火仅焙干水分于 5% 以下
半　　熟	焙火稍高，干时间稍长
熟　　茶	高温长时间焙火

十、按茶色不同分类

依据茶叶品质和色泽不同可划分为以下几类，将在本章第三节"风韵佳茗"中进行详细介绍。

绿茶	炒青绿茶	眉茶（炒青、特珍、珍眉、凤眉、秀眉、贡熙等）
		珠茶（珠茶、雨茶、秀眉等）
		细嫩炒青（龙井、大方、碧螺春、雨花茶、松针等）
	烘青绿茶	普通烘青（闽烘青、浙烘青、徽烘青、苏烘青等）
		细嫩烘青（黄山毛峰、太平猴魁、华顶云雾、高桥银峰等）
	晒青绿茶（滇青、川青等）	
	蒸青绿茶（煎茶、玉露等）	
红茶	小种红茶（正山小种、烟小种等）	
	工夫红茶（滇红、祁红、川红、闽红等）	
	红碎茶（叶茶、碎茶、片茶、末茶）	
青茶	闽北乌龙（武夷岩茶、水仙、大红袍、肉桂等）	
	闽南乌龙（铁观音、奇兰、水仙、黄金桂等）	
	广东乌龙（凤凰单枞、凤凰水仙、岭头单枞等）	
	台湾乌龙（冻顶乌龙、包种、乌龙等）	
白茶	白芽茶（银针等）	
	白叶茶（白牡丹、页眉等）	
黄茶	黄芽茶（君山银针、蒙顶黄芽等）	
	黄小茶（北毛尖、沩山毛尖、温州黄汤等）	
	黄大茶（霍山黄大茶、广东大叶青等）	
黑茶	湖南黑茶（安化黑茶等）	
	湖北老青茶（蒲圻老青茶等）	
	四川边茶（南路边茶、西路边茶等）	
	滇桂黑茶（普洱茶、六堡茶等）	

第二节　茶叶的选购与鉴别

一、茶叶的选购

茶叶的选购并非易事，要想得到好茶叶，需要掌握大量知识，如各类茶叶的等级标准、价格与行情，以及茶叶的审评、检验方法等。茶叶的好坏主要从色、香、味、形四个方面鉴别，但是普通人购买茶叶时一般只能观看干茶的外形和色泽，闻干香，使得判断茶叶的品质更加不易。这里就粗略介绍一下鉴别干茶的方法。

干茶的外形主要从五个方面来看，即嫩度、条索、色泽、整碎和净度。

（一）嫩度

嫩度是决定品质的基本因素，所谓"干看外形，湿看叶底"，就是指嫩度。一般嫩度好的茶叶容易符合该茶类的外形要求（如龙井之"光、扁、平、直"）。此外，还可以从茶叶有无锋苗去鉴别。锋苗好，白毫显露，表示嫩度好，做工也好。如果原料嫩度差，做工再好，茶条也无锋苗和白毫。但是，不能仅从茸毛多少来判别嫩度，因各种茶的具体要求不一样，如极好的狮峰龙井是体表无茸毛的。再者，茸毛容易假冒，有部分是人工做上去的。芽叶嫩度以多茸毛做判断依据，只适合于毛峰、毛尖、银针等"茸毛类"茶。

这里需要提到的是：最嫩的鲜叶也得一芽一叶初展，片面采摘芽心的做法是不恰当的。因为芽心是生长不完善的部分，内含成分不全面，特别是叶绿素含量很低，所以不应单纯为了追求嫩度而只用芽心制茶。

（二）条索

条索是各类茶具有的一定外形规格，如炒青条形、珠茶圆形、龙井扁形、红碎茶颗粒形等等。条形茶看松紧、弯直、壮瘦、圆扁、轻重；圆形茶看颗粒的松紧、匀正、轻重、空实；扁形茶看平整光滑程度和是否符合规格。一般来说，条索紧、身骨重、圆（扁形茶除外）而挺直，说明原料嫩、做工好、品质优；如果外形松、扁（扁形茶除外）、碎，并有烟焦味，说明原料老、做工差、品质劣。

（三）色泽

茶叶的色泽与原料嫩度、加工技术有密切关系。各种茶均有一定的色泽要求，如红茶乌黑油润、绿茶翠绿、乌龙茶青褐色、黑茶黑油色等。但是无论何种茶类，好茶均要求色泽一致、光泽明亮、油润鲜活。如果色泽不一、深浅不同、暗而无光，说明原料老嫩不一、做工差、品质劣。制茶过程中，如果技术不当，也往往使色泽劣变。

茶叶的色泽还和茶树的产地以及季节有很大关系。如高山绿茶色泽绿而略带黄、鲜活明亮；低山茶或平地茶色泽深绿有光。

购茶时，应根据具体购买的茶类来判断。比如：最好的狮峰龙井，其明前茶并非翠绿，而是天然的糙米色，呈嫩黄。这是狮峰龙井的一大特色，在色泽上明显区别于其他龙井。因狮峰龙井卖价奇高，茶农会制造出这种色泽以冒充狮峰龙井。方法是在炒制茶叶过程中稍稍炒过头而使叶色变黄。真假之间的区别是：真狮峰匀称光洁、淡黄嫩绿，茶香中带有清香；假狮峰则角松而空、毛糙、偏黄色，茶香带炒黄豆香。不经多次比较，确实不太容易判断出来。但是一经冲泡，区别就非常明显了。炒制过火的假狮峰，完全没有龙井应有的馥郁鲜嫩的香味。

（四）整碎

整碎就是茶叶的外形和断碎程度，以匀整为好，断碎为次。

比较标准的茶叶审评是：将茶叶放在盘中（一般为木质），使茶叶在旋转力的作用下，依形状大小、轻重、粗细、整碎形成有次序的分层。其中粗壮的在最上层，紧细重实的集中于中层，断碎细小的沉积在最下层。各茶类都以中层茶多为好。上层一般是粗老叶子多、滋味较淡、水色较浅；下层碎茶多，冲泡后往往滋味过浓、汤色较深。

（五）净度

主要看茶叶中是否混有茶片、茶梗、茶末、茶籽，以及制作过程中混入的竹屑、木片、石灰、泥沙等夹杂物的多少。净度好的茶，不含任何夹杂物。

此外，还可以通过茶的干香来鉴别。无论哪种茶都不能有异味，每种茶都应有特定的香气，干香和湿香也有不同，需根据具体情况来定，青气、烟焦味和熟闷味均不可取。

上述文字只是非常笼统的介绍。最易判别茶叶质量的还是冲泡之后的口感滋味、香气以及叶片茶汤色泽。所以如果允许，购茶时尽量冲泡后尝试一下。若是特别偏好某种茶，最好查找一些该茶的资料，准确了解其色香味形的特点。比较一下每次买到的茶，这样次数多了，就会很快掌握好茶关键之所在。国内茶叶品种车载斗量，非专业人士不太可能判断出每种茶的好坏来，也只是取自己喜欢的几种罢了。原产地的茶总得来说较纯正，但也由于制茶技艺的差别，使得茶叶质量有高低之分。茶艺馆里茶叶的价钱比外面的贵出许多，但这里比较容易找到好茶：一则是可以品尝，知其好坏，二则比较好的茶艺馆的茶，本身就是经过认真挑选的。若无法到产地购茶，也不失为一个选择。还有就是一些比较大的茶庄，可以当场试茶。如果对某种茶很有鉴别能力，则可以到茶叶批发市场去购买，那里的茶比较新，且可选的种类多，价格也比较便宜。但是一般不太容易找得到非常好的茶，特别是绿茶。因为特级绿茶价钱偏高，茶叶批发市场和小茶叶店因成本的缘故都较少经营，好茶多数已被大的茶庄和茶叶公司收购。

二、茶叶的鉴别

要选购好茶叶，就必须会识别茶叶质量的好坏以及陈茶与新茶，真茶与假茶，高山茶与平地茶，窨花茶与拌花茶，春茶、夏茶与秋茶等。对茶叶质量可通过视觉、嗅觉、味觉、触觉来判断，即采用眼看、鼻闻、嘴尝、手摸的方法。

（一）陈茶与新茶

人们通常把当年清明前后采摘加工而成的茶叶叫新茶。新绿茶清汤绿叶，新红茶红艳明亮，滋味较醇厚鲜爽。而陈茶由于受到光和空气的作用，茶叶的品质降低，色泽无光、茶汤浑浊、滋味淡薄。

但是有一些品种的茶叶贮存一段时间后反而比刚加工制成的茶叶好，如西湖龙井、洞庭碧螺春等。这些茶叶在干燥条件下存放一段时间后，汤色依然清澈明亮，滋味同样鲜醇回甘，叶底青翠润绿，闻起来清香幽雅。

另外，隔年武夷岩茶比新的武夷岩茶香气更馥郁、滋味更醇厚。这是因为茶叶的贮存过程中形成了两种气味：一是因霉菌形成的霉气，二是因陈化形成的陈气。两气相混后和谐协调，反而产生了一种受消费者欢迎的特异气味。

此外，用感官测定水分含量也可判断新茶与陈茶。新茶含水量一般较低，茶干硬较松，用手指轻轻捻之能成粉末，其含水量约在 7% 以内，品质较稳定，变化较小。陈茶含水量一般较高，茶湿软而重，捏之不成粉末，茶梗也不易折断，茶叶含水量在 10% 以上。霉菌在温暖湿润的环境会很快繁殖，以致引起茶叶霉变，选购茶叶时应当注意。

（二）真茶与假茶

真茶与假茶在形态特征和特点上都是有明显区别的。真茶的叶子边缘有锯齿，主脉明显，叶背有茸毛，叶子茎上呈螺旋状互生。而假茶虽形似茶树芽叶，实则为其他植物的嫩叶，如女贞树叶、桑树芽叶、金银茶芽叶等。假茶不但没有保健功效，甚至会影响人体健康。所以，在购买茶叶时最好到茶叶专卖店或商场购买。

茶叶一般有它固有的色泽，如红茶呈褐黑色，品质上乘者乌而油润；绿茶为灰绿（似银灰绿）或翠绿色；青茶青翠或青乌而油光。真茶的条索较紧结，身骨较重实，假茶较松轻。真茶含有茶素和芳香油，干嗅时有茶香，开汤后香味舒适、爽口；假茶没有茶香，而且有青草味、异味或杂味。这是因为假茶中有的用草、柳、槐、枣等树叶制成。

（三）高山茶与平地茶

高山茶具有香气特别高、滋味特别浓的特色，其茶芽叶肥壮、节间长、色泽绿、茸毛多，其成品茶条索紧结、肥硕，白毫显露，香气馥郁，滋味浓厚，且耐冲泡。平地茶芽叶较小，叶底坚而薄，叶张平展，叶色黄绿而欠光润，其成品茶则条索较细瘦、身骨较轻、香气稍低、滋味平淡。

（四）窨花茶与拌花茶

花茶是我国特有的香型茶，既有茶叶的爽口浓醇之味，又有鲜花的纯清雅香之气，属于再加工茶。

我国生产花茶的地区主要有福建、山东、浙江、湖南、湖北、江西、广东、广西、云南、贵州、四川、河南等地。品种以茉莉花茶产量最多，其他还有玫瑰花茶、珠兰花茶、玳玳花茶、玉兰花茶、菊花茶、桂花茶、金银花茶等。

花茶的茶坯一般都用绿茶，也可用红茶或乌龙茶作茶坯制成玫瑰红茶和茉莉乌龙茶。花茶经窨花后，还要将已被茶叶吸取香气的花剔除出来。拌花茶是由低级茶叶与已被窨制过的干花拌和而成。

区别窨制花茶与拌花茶的方法如下：

凡是既有茶叶的清香，又有浓郁的花香者，为窨花茶；如果只有茶味却无花香者，开汤后闻香尝味，也没有花香气味者，为拌花茶。

真正的花茶是用茶坯（原茶）与香花窨制而成的。先是将茶坯烘干后冷却，再加进香花（如新鲜的茉莉花等）拌匀，经过一段时间的窨制，使茶叶充分吸进花的香气，然后把香花筛出，再次烘干，即为花茶。高级花茶要窨三到五次，甚至七次。筛出的香花已无香气，称为干花。高级的花茶没有花干，低档花茶为了好看，里面掺进了少量花干（或称干花）。自由市场上低档花茶中拌有大量茉莉花干，那是有人故意加进了茶厂筛出的废弃花干，以假乱真，冒充好花茶。这种冒牌花茶没有真正的花香，只要一嗅一饮立刻就可以鉴别真伪。

（五）春茶、夏茶与秋茶

春茶、夏茶和秋茶的划分主要依季节变化和茶树新梢生长的间歇性而定。由于我国大部分地区四季较分明，所以茶叶有春茶、夏茶和秋茶之分。春茶是当年 5 月底之前采制的茶叶，夏茶是 6 月初至 7 月初采制的茶叶，秋茶是 7 月中旬以后采制的茶叶。

由于季节不同，采制而成的茶叶其外形和内质都有较大差异。由于春季气温适中、雨量充沛、养分充足，所以春梢芽叶肥壮、色泽翠绿、叶质柔软。幼嫩芽叶白毫显露，芳香物质和维生素含量较高，茶滋味鲜爽、香气浓烈。夏茶由于茶树新梢芽叶生长迅速，茶叶中的氨基酸、维生素的含量明显下降，相反咖啡碱、花青素、茶多酚含量明显增加，使得茶叶汤味不及春茶鲜爽，并且滋味苦涩。秋茶由于茶树营养欠缺，所以茶叶滋味淡薄、香气欠高、叶色较黄。

在春茶、夏茶和秋茶中，春茶品质最好，秋茶品质最次。但对红茶而言，夏茶色泽更为红润，滋味也较强烈，只是鲜爽滋味不及春茶。

（六）外形与内质

在购买茶叶时可以根据茶叶的外形与内质来辨别茶叶质量的好坏，即"干看外形，湿品内质"。

干看外形：如果茶叶的形状和粗细一致、大小和色泽均匀、条索或颗粒紧实、碎末茶少、香气清高，则该茶是优质茶；如果条形茶叶色泽不一、叶表粗老、条索松散、叶脉突出、碎末茶多、珠形茶叶大小不一、颗粒松泡、色泽花杂、香气低闷，则该茶是劣质茶。

湿品内质：当开汤后，首先闻茶香，凡清高纯正则为上等茶。如绿茶中有清香鲜爽之感，或有果香或花香味的为上等茶；红茶中有清香或花香味，香气浓烈持久的为上等茶；乌龙茶中具有浓郁的熟桃香味的为上等茶；花茶中有清纯芳香味的为上等茶，其余的均为次品或劣质品。

闻过茶香再来看汤色，凡是汤色明亮有光，则为上等茶。如绿茶汤色应呈浅绿或黄绿，清澈明亮；红茶汤色应乌黑油润、红艳明亮；乌龙茶汤色应青褐光润；花茶汤色应黄绿明亮。

看了汤色后，再尝茶汤滋味。通常绿茶以茶汤浓醇爽口为上等绿茶；红茶以茶汤滋味浓厚、强烈、鲜爽为上等红茶；乌龙茶以茶汤浓醇回甘、清甜爽口为上等乌龙茶；花茶以茶汤醇厚、鲜爽为上等花茶。

第三节　风韵佳茗

一、绿茶

绿茶是历史上最早的茶类，距今至少已有 3000 多年的历史。它也是我国产茶量最大的茶类，产区分布于许多省、市、自治区，其中又以浙江、安徽、江西三省的产量最高、质量最优，是我国绿茶生产的主要基地。

绿茶属于不发酵茶，其最主要的特征为"清汤绿叶"。它以适宜的茶树新梢为原料，是人类制茶史上最早出现的加工茶，其鲜叶不经过发酵工序，杀青后揉捻干燥，脱镁叶绿素较少，成品干茶呈绿色。

绿茶的鲜叶采摘下来后要经过杀青、揉捻、干燥三道基本工序。杀青的目的是为了杀死鲜叶中的催化酶，使之失去部分水分，变得柔软，以便成型。杀青分加热杀青和蒸汽杀青两种，现代主要以加热杀青为主；揉捻的目的是为了使茶叶形成一定的形状并使茶叶汁附在叶表，待冲泡时茶汁能溶解于水；干燥的目的是为了防止茶叶变质，便于贮藏。其中炒干的绿茶称为"炒青"，烘干的绿茶称为"烘青"，晒干的绿茶称为"晒青"。

绿茶生产在我国有悠久的历史。早在唐代，我国已盛行用蒸青的方法制造绿茶，之后传入日本，到现在还被许多国家所采用。明朝年间，我国又发明了用炒青的方法制造绿茶。在悠久的岁月里，我国积累了丰富的经验，并逐渐形成花色品种的多样化，成为世界产茶国中绿茶产品最为丰富的国家。我国现在生产的绿茶类，供应出口外销的炒青绿茶有眉茶（特珍、珍眉）、贡熙、珠茶、雨茶、特针、秀眉、茶片；供国内消费的炒青绿茶有龙井茶、大方茶、碧螺春茶、条茶；烘青绿茶有烘青、毛峰、尖茶、瓜片、绿大茶、普洱茶；半烘半炒的绿茶有辉白茶等（其中，龙井茶、碧螺春、毛峰、普洱茶还供出口）。

我国品质优良的炒青绿茶，外形条索较细紧圆直，香气清雅，滋味醇和，汤色清澈、明亮、碧绿，叶底嫩绿、明亮。烘青绿茶则外形条细紧匀直、香气清芬、汤味鲜爽而不浓涩、叶底黄绿嫩匀。我国人民消费茶叶以绿茶为主，年消费量达 400 万担，是世界上最大的绿茶产区和销售区。由于茶树品种优良，又有科学栽培茶树的技术，亦享有高山云雾，以及适宜各种茶树生长的土壤、气候等得天独厚的优越自然环境条件；且采摘鲜叶原料细嫩，制茶方法考究，因而风味别致、品质优异，所以我国绿茶在国际绿茶市场上以香高味浓爽的特点获得畅销优势而风靡于全世界。

（一）都匀毛尖

贵州是我国古老茶区之一，茶树品种资源丰富、种茶历史悠久。据《都匀县志》记载：明代以来，"毛尖"即为贡茶。都匀毛尖外形玲珑精巧、内质香高味醇、风格独特、品质超群，是我国名茶宝库中的一朵绚丽的奇葩。

都匀毛尖，外形条索紧卷，如银白色的钓鱼钩，毫毛显露有如覆盖一层雪花。一经开水冲泡，可见芽叶渐沉杯底，而绒毫浮游杯中，色泽瑰丽，香气清嫩，滋味鲜爽、浓醇、回甜，汤色清澈，叶底嫩匀，素有"三绿三黄"的品质风格：干茶绿中带黄、汤色绿中透黄、叶底绿中显黄。

都匀毛尖又名"白毛尖""细毛尖""鱼钩茶"，产于贵州都匀县，属布衣族、苗族自治州。都匀毛尖主要产地在团山、哨脚、大槽一带，这里山谷起伏、海拔千米、峡谷溪流、林木苍郁、云雾笼罩、冬无严寒、夏无酷暑、四季宜人，年平均气温 16℃，年平均降水量在 1400 多毫米。加之土层深厚、土壤疏松湿润，土质偏酸性或微酸性，内含大量铁质和磷酸盐，这些特殊的自然条件不仅适宜茶树的生长，而且也造就了都匀毛尖的独特风格。

据史料记载，早在明代，都匀出产的"鱼钩茶""雀舌茶"就已被列为贡品进献朝廷。1925 年《都匀县志》记载："格山，位城西二十里，高可三百丈，亘十余里……产茶最佳。团山，位县城西南二十七里，产茶最佳。……茶，四乡多产之，产于青山者尤佳，以有密林防护也，民国四年巴拿马赛会曾得金奖。输销边粤各县，远近争购，惜产少耳。自清明至立秋均可采，谷雨前采者曰雨前茶，最佳，细者曰毛尖茶。"

都匀毛尖采用清明前后数天内刚长出的一叶或二叶未展开的叶片，要求叶片细小短薄，长度不超过 2 厘米，嫩绿匀齐。嫩度和长度超过标准的、受病虫害和色紫的都不能用来制作毛尖茶。通常，其经过高温杀青、低温揉捻、搓团提毫、及时焙干四道工序精心制作而成。通常炒制 1 千克高级毛尖，需采选 11 万个芽头。

其品质优佳，形可与太湖碧螺春并提，质能同信阳毛尖媲美。著名茶界前辈庄晚芳先生曾写诗赞曰："雪芽芳香都匀生，不亚龙井碧螺春。饮罢浮花清鲜味，心旷神怡公关灵！"

（二）蒙顶甘露

"扬子江中水，蒙山顶上茶。"蒙顶茶产于地跨四川省名山、雅安两县的蒙山，是中国最古老的名茶，被尊为"茶中故旧""名茶先驱"。蒙山位于四川省邛崃山脉之中，东有峨眉山，南有大相岭，西靠夹金山，北临成都盆地，青衣江从山脚下绕过。立足峰顶，"仰则天风高畅，万象萧瑟；俯则羌水环流，众山罗绕；茶畦杉径，异石奇花，足称名胜"，因此有"蒙山之巅多秀岭，恶草不生生淑茗"的说法。清代徐元禧有诗云："五顶参差比，真是一朵莲。"如此秀丽的蒙山，孕育出了这里的名茶，由于蒙山茶主要产于山顶，故被称作"蒙顶茶"。

蒙山种茶历史悠久。据有关史料记载：西汉时一位名叫吴理真的农民"携灵茗之种，植于五峰之中，高不盈尺，不生不灭，迥异寻常"；"其叶细长，网脉对分，味甘而清，色黄而碧"，故名"仙茶"。唐代元和年间，蒙顶五峰被辟为"皇茶园"，列为贡茶，奉献皇室享用，此传统一直沿袭至清代，1000 多年代代如此，在茶史上甚为罕见。

蒙顶茶之所以名贵，除了独特的自然条件外，便是采摘和加工的精细。"蒙顶甘露"是蒙顶茶中品质最佳的一种，其名最早见于明代嘉靖年间，是在总结宋代创制的"玉叶长春"和"万春银叶"两种茶炒制经验的基础上研制成功的。其采摘要求细嫩，一般须在清明前后 5 天采摘，标准为采摘一芽一叶初展的嫩尖，制茶时需经过杀青、初揉、炒二青、二揉、炒三青、三揉、炒形、烘干等多道工序精制而成。

蒙顶甘露茶形状纤细、叶整芽全、身披银毫、叶嫩芽壮；色泽嫩绿油润；汤色黄碧、清澈明亮；香馨高爽、味醇甘鲜，沏二遍水时越发鲜醇，使人齿颊留香，历代文人墨客留下了不少赞颂蒙顶茶的文章：白居易在《琴茶》一诗中写道："琴里知闻惟《渌水》，茶中故旧是蒙山"；唐代黎阳王在《蒙山白云岩茶》诗中称颂："若教陆羽持公论，应是人间第一茶"；宋代文人《谢人寄蒙顶新茶诗》："蜀土茶称圣，蒙山味独珍。"从这些文辞优美的词句中，我们不难体会到历代文人对蒙顶茶的酷爱程度之深。

蒙顶甘露的冲泡宜采用上投法，也就是先在玻璃杯或白瓷茶杯中注入75℃—85℃的热开水，然后取茶投入，茶叶便会徐徐下沉，待茶叶条条伸展开来，一芽一叶便清晰可见，细细品尝，便能够感受到高山茶所具有的独特风格。

而且，关于蒙顶甘露还有这样一个传说：相传在西汉末年，甘露寺普慧禅师在蒙山上清峰栽了七棵茶树，直至清朝雍正年间尚在，茶树期间经历1000多年，树高一丈，"不生（枯）不灭（死）"，采制加工成茶，饮后能治百病，这七株茶树被人称为"仙茶"。古书中还有这样一个故事记载：说是一个老和尚得了重病，吃了很多药，治了很长时间，都没能把病治好。有一天，一个长者告诉他，说春分前后春雷初响时，采得蒙顶清峰茶，和泉水煎服，能治宿疾。老和尚照老者的吩咐办理，在清峰上筑起石屋，请人采制加工，煎服蒙顶茶后，疾病祛除，眉发绀绿、体力精健，年轻了许多，众人纷说蒙顶茶有返老还童的妙效。

（三）庐山云雾茶

庐山云雾茶古称"闻林茶"，宋时奉为"贡茶"，后因庐山的茶树生长在云雾缭绕的山腰而从明代起始称"庐山云雾茶"，至今已有300多年历史。

据史料称：庐山云雾茶最早起源于东汉年间。《庐山志》记载：东汉时代，佛教传入我国，当时庐山梵宫寺院多至300多座，僧侣云集。他们在寺院周围种茶、采茶、制茶。至晋代，东林寺名僧慧远在山上居住30余年，聚集僧徒，讲授佛学，并在山中发展茶园，研究茶叶加工技术。相传慧远还曾以自种自制之庐山云雾茶款待过诗人陶渊明。

在唐代庐山茶已经很著名了。唐代诗人白居易曾在庐山峰上挖药种茶，并赋诗一首："长松树下小溪头，班鹿胎巾白布裘，药圃茶园为产业，野麝林鹤是交游"。到宋代，庐山已有了洪州鹤岭茶、洪州双井茶、"白露"、"鹰爪"等名茶。这时虽然还没有明确地查证到云雾茶的出现，但从北宋诗人黄庭坚的诗中，隐约可见宋时已有云雾茶了。诗云：

"我家江南摘云腴，落硙霏霏雪不如。"这里所写的"云腴"是指白而肥润的茶叶；"落硙霏霏雪不如"说明磨中碾成粉末的茶叶，因多白毫，其白胜于雪。到了明代，庐山云雾茶名称已出现在明代的《庐山志》中了。

庐山云雾茶的主要产区在海拔 800 米以上的含鄱口、五老峰、汉阳峰、小天池、仙人洞等地。这里由于江湖水汽蒸腾而形成云雾，常见云海茫茫，一年中有雾的日子可达 195 天之多。由于这里升温比较迟缓，因此茶树萌发多在谷雨后，即 4 月下旬至 5 月初。又由于萌芽期正值雾日最多之时，因此造就了云雾茶的独特品质，尤其是五老峰与汉阳峰之间，终日云雾不散，所产之茶为最佳。

由于独特的气候条件，云雾茶比其他茶的采摘时间晚，一般在谷雨后至立夏之间才开始采摘。采摘时以一芽一叶初展为标准，长约 3 厘米。云雾茶的制法，历代以来迭经改进，品质也日趋提高。宋代时由蒸青团茶变为蒸青散茶，明代又改为炒青散茶。而当今的制法又有所改进，共分为：杀青、抖散、揉捻、炒二青、理条、搓条、拣剔、提毫、烘干等九道工序。杀青工序在铁锅中进行，所需锅温为 160℃—180℃，投入鲜叶量为 1 斤左右，时间为 3—5 分钟；杀青叶出锅后即需要将其抖散，防止芽叶黄变。抖散后便要进行揉捻，在圆簸箕内用双手回转滚揉，成条后，再将它排散。炒二青、理条和搓条均在锅中进行，利用掌力将茶叶相互磨擦，使芽叶中的茸毛竖起，白毫显露，这个过程就叫做提毫。最后将茶叶烘干，待茶叶用手捻能成粉末，即含水量达 6% 时下烘，稍经摊凉后，装罐收藏。

庐山云雾茶芽肥绿润多毫、条索紧凑秀丽、香气鲜爽持久、滋味醇厚甘甜、汤色清澈明亮、叶底嫩绿匀齐，是绿茶中的精品，以"味醇、色秀、香馨、液清"而久负盛名。庐山山好、水好，茶也香，自古就有"峰奇山秀茶香"之说。若用庐山的山泉沏茶焙茗，其滋味更加香醇可口。

庐山云雾茶的冲泡也采用上投法，先在玻璃杯或白瓷茶杯中注入 75℃—85℃的热开水，然后取茶投入，当看到杯中的茶叶慢慢舒展开来，心情也会随之慢慢舒展。品时茶色绿润清亮、水色碧绿、香味醇厚、鲜甘耐泡。庐山云雾茶从 1971 年开始外销，受到消费者的好评。庐山云雾茶属高山茶，因此芽叶特别细嫩，所含蛋白质、氨基酸、维生素、咖啡碱、多酚类和芳香油等物质都比一般茶叶丰富，所以不仅品质好、营养价值高，而且药用价值也比较显著。难怪朱德曾赋诗赞曰："庐山云雾茶，味浓性泼辣，若得长时饮，延年益寿法。"

（四）雨花茶

雨花茶主要产于南京市中山陵和雨花台园林风景区，是为纪念解放前在南京雨花台遇难的革命先烈而创造的一种名茶，其形状似松针，寓意象征革命烈士坚贞不屈、英勇献身的伟大精神。

南京雨花茶的品质特点是：外形挺直如松针、条索紧结圆直、锋苗挺秀、色翠绿带白毫、汤色清澈明亮、滋味鲜爽纯正、香气清香高雅、叶底嫩绿匀净。品饮之下，回味无穷，心情激荡。雨花茶自 1958 年创制以来，畅销国内外市场，受到消费者的喜爱和欢迎。

"雨花茶"的生产历史十分悠久。约在 4 世纪的东晋，南京百姓就有饮早茶的习俗。陆羽在《茶经》中曾经记述了《广陵耆老传》的故事，说的是晋元帝时有一个老妇人，每天早晨提着一壶茶沿街叫卖，百姓都争先恐后地买她的"雨花茶"汤来喝。而奇怪的是这位老妇人自清早叫卖到晚上，壶中茶汤一直不减。老妇人把卖茶所得的钱全部分给孤苦贫穷的人，穷人都很感激她。这个消息被当时的官吏知道了，派人把老妇人抓了起来，关进牢里。第二天一清早，老妇人却不见了。后来，雨花台一带开始遍布葱郁碧绿的茶园。这虽然是传说故事，但说明南京有悠久的产茶历史。

关于雨花茶的记载，唐代诗人皇甫冉的《送陆鸿渐栖霞寺采茶》诗云："采茶非采录，远远上层崖。布叶春风暖，盈筐白日斜，旧知山寺路，时宿野人家。借部王孙草，何时放碗花"。明清时代的《六研斋二笔》《江南通志》《金陵特征录》等志书中均有南京名茶情况的记述："江宁县牛首山所产的'云雾茶'，其香色俱绝，上元东乡摄山茶、城内清凉山茶皆香甘，散生于山顶，寺僧采之以供贵宾。"

雨花茶在原料选择和工艺操作上都有严格的要求，一般需在谷雨前，采摘 2.5—3 厘米长一芽一叶的嫩叶，经过杀青、揉捻、整形、烘炒四道工序，全工序皆用手工完成。杀青在平锅中操作，锅温在 120℃—140℃，投叶量为 400—500 克。投叶前用制茶专用油润滑锅子，但不宜太多，否则会影响干茶色泽，杀青时间一般为 5—7 分钟。南京雨花茶独特外形的关键工序，在平锅中进行，当茶叶达到九成干时，即可起锅摊凉。摊凉后的茶叶经初步包装后放入石灰缸内待精制。精制时将毛茶用圆筛、抖筛分清长短、粗细，去片除末后分级。分级后的茶叶分别用烘笼烘干。烘笼温度约控制在50℃左右，至含水量为5%—6%时出笼，即为成品茶。成品茶应立即放入石灰缸内密封贮藏，以利于保鲜。

南京雨花茶多用沸水冲泡，冲泡后茶叶芽芽直立，上下沉浮于玻璃杯中犹如翡翠，清香四溢。汤色碧绿而清澈、香气清雅、滋味醇厚。品饮后回味甘甜、沁人肺腑、齿颊留芳。

（五）峨眉峨蕊

峨眉山位于四川盆地西南边缘，是我国著名的风景区和佛教胜地。峨眉纵横四百里、千岩万壑、重峦叠嶂、流云瀑布、雄伟险竣、苍松劲柏、翠竹冷杉、奇葩争艳、彩蝶竞舞、溪水潺潺、幽雅秀丽，素有"峨眉天下秀"之誉。名山产名茶，峨眉名茶已有1000多年的历史。苏轼有"我今贫病长苦饥，盼无玉碗捧峨眉"之诗句。据《峨眉志》记载："峨山多药草，茶尤好，异于天下"，"黑水寺后绝顶产种茶，味初苦终甘，不减江南春采"。峨眉山上有70多座庙宇，宋朝以来，寺庙附近种植茶树，采制茶叶，供祭神和游客饮用。现在正式生产销售的峨眉名茶主要有峨蕊、龙门、竹叶青三种。其中以峨蕊品质最优，因其形似花蕊，故得名"峨蕊"，是外销名茶之一。其品质外形条索紧结秀丽、全毫如眉、香气隽永、汤清味醇，具有独特风格，亦为绿茶之珍品。

传说峨眉山仙境之一的峨蕊崮中住着一位峨蕊仙子，她是一株得道一万年的茶树，专心为峨眉山培育仙茶。一日，一位勤劳善良的茶农偶入仙境茶林，不料惊动了仙子，仙境茶林瞬间消失，化为一捆沾露的茶苗。茶农将茶苗带回，种在峨眉山中，精心培植。历经岁月沧桑，峨蕊茶终于香飘千里。

峨蕊以每年清明节前采摘的峨眉山老茶树一芽一叶初展的鲜嫩芽叶为原料，用手工精制，经精细拣剔后摊放4—5小时，使鲜叶减重5%—7%，再置于小锅中高温杀青，快速抖炒，急剧冷却，经三炒三揉，整形提毫，文火慢烘，足火干燥而成。炒制时严格控制火温，由高到低，配以变化多样的炒揉手法，毛茶冷却后置于干燥容器中3—4天，方可清风割末、分级包装。

制成后的峨蕊外形紧结纤秀、全毫如眉，片片绿萼开放、朵朵花蕊吐香；冲泡后，叶底嫩芽明亮、汤色清澈，滋味馥郁清香、鲜嫩醇爽，饮后回甘。

（六）六安瓜片

六安瓜片是我国主要名茶之一，产于安徽省六安、金寨、霍山三县，以齐云山蝙蝠洞附近所产的"齐山瓜片"或"齐山云雾瓜片"为极品。瓜片茶由单叶片制成，不带芽和茶梗，因外形直顺完整、叶边背卷平摊，似葵花子又呈片状而得名。其色泽翠绿，附有白霜，汤色清绿明澈、味香醇回甜、叶底黄绿明亮，尤以高浓的清香沁人心肺，在名茶的类型中独具一格。

六安产茶有着悠久的历史。据史书记载：六安茶始于唐代，扬名于明清。早在唐代，"诗仙"李白就有"扬子江中水，齐山顶上茶"之赞语。宋代更有茶中"精品"之誉。明代曾一度作为贡品，献于宫廷。明朝闻龙《茶笺》一书称："六安精品，入药最佳。"清同治十一年（1872年）《六安州志·卷三》中的《山脉》载："齐头山，一名齐云，州西南九十里，高一千八百丈，层峦叠翠。"《六安县志》曰："在齐头山，峭壁数十丈，岩石覆檐，中空数韬，境极幽雅，又上二三十里为中庵，相传为梁僧志公说法处，产仙茶数株，香味异常，今称齐头山茶，品味最美，商人争购之。"在六安瓜片中，又以齐云山蝙蝠洞所产的瓜片为名品中的最佳。这里山高林密、泉水潺潺、云雾弥漫，空气相对湿度在70%以上，年降水量1200毫米左右；又因蝙蝠洞的周围全年有成千上万的蝙蝠云集在这里，排泄的粪便富含磷质，利于茶树生长，所以这里的瓜片最为清甜可口。

六安瓜片的采摘季节较其他高级茶迟约半月以上，高山区则更迟一些，多在谷雨至立夏时节之间。它工艺独特，长期流行手工生产的传统采制方法，生产技术和品质风味都带有明显的地域性特色。这种独特的采制工艺，形成了六安瓜片的独特风格。它的第一道工序就是采摘，标准为多采一芽二叶，可略带少许一芽三四叶；第二道工序为摘片，将采来的鲜叶与茶梗分开，摘片时要将断梢上的第一叶到第三四叶和茶芽用手——摘下，随摘随炒。第一叶制"提片"，二叶制"瓜片"，三叶或四叶制"梅片"，芽制"银针"；第三道工序的技术关键在于把叶片炒开。炒片起锅后再烘片，每次烘叶量仅2—3两，先"拉小火"，再"拉老火"，直到叶片白霜显露，色泽翠绿均匀，茶香充分发挥时趁热装入容器密封贮存。六安瓜片的采制正如宋代梅尧臣的《茗赋》所言："当此时也，女废蚕织，男废农耕，夜不得息，昼不得停。"

六安瓜片根据品质共分为名片与一、二、三级共四个等级。其成品与其他绿茶大不相同，叶缘向背面翻卷，呈瓜子形，自然平展，色泽宝绿，大小匀整。六安瓜片宜用开水沏泡，沏茶时雾气蒸腾、清香四溢；冲泡后茶叶形如莲花，汤色清澈晶亮，叶底绿嫩明亮，气味清香高爽，滋味鲜醇回甘。它还十分耐冲泡，其中尤以二道茶香味最好，浓郁清香。

清代诗人潘世美曾赋《云雾茶》诗来盛赞六安瓜片品味独特。前有小序："齐头绝顶常为云雾所封，其上产茶叶甚壮而味独淡，僧昔以奉处郡士夫，近余获尝因赋。高峰直与浮云齐，望人无峰天欲低；爱探惊雷新吐英，提筐争向雾中迷。六丁常遗获新香，有与凡夫浣俗肠；近日僧知平等法，粉榆居士得分尝。"

（七）信阳毛尖

常饮绿茶的人，无人不知"信阳毛尖"的大名。信阳位于河南省南部，"一座青山竖起一道风景，一潭碧水蕴含万般风情"概括了信阳的山清水秀与人杰地灵。信阳毛尖产于河南信阳大别山，以所采原料细嫩、制作工艺精巧、形美、香高与味长而闻名。

信阳地区产茶有着极为悠久的历史，至今已有2000多年，所产茶叶自唐代开始便成为供奉朝廷的"贡茶"。如今，信阳为全国八大产茶区之一，茶园主要分布在车云山、集云山、天云山、云雾山、震雷山、黑龙潭等群山的峡谷之间。这里地势高峻，一般海拔达800米以上，群峦叠翠溪流纵横、云雾颇多。清乾隆年间有人赞道："云去青山空，云来青山白，白云只在山，长伴山中客。"这里还有豫南第一泉"黑龙潭"和"白龙潭"，景色奇丽，诗人赞曰："立马层崖下，凌空瀑布泉。溅花飞雾雪，暄石向晴天。直讶银河泻，遥疑玉洞开。"王延世在《游白龙潭记》中描写道："扶掖至潭右一岩如广，大石离列可座而生计，敲石火温所携酒，炙烹蚧茗，色味俱绝。"这缕缕之雾滋生润育了肥壮柔嫩的茶芽，为制作独特风格的茶叶提供了天然条件。

"信阳毛尖"一名的得来是因为其芽叶细嫩有峰梢，精制后紧细有尖，并有白毫，所以叫毛尖，又因产地在信阳，故名"信阳毛尖"。茶农讲"欲得毛尖独特风格，须知细采巧烘炒"，所以采摘是制好毛尖的第一关。一般自 4 月中下旬开采，全年共采 90 天，分 20—25 批次，每隔两三天巡回采一次，以一芽一叶或一芽二叶初展的制为特级和一级毛尖，一芽二三叶的制二、三级毛尖。信阳毛尖中由于雨前所采芽叶嫩度高、数量少，因此被视为珍品。不过因为信阳地区气候温和，其夏茶和秋茶品质也很好。

芽叶采下后，需分级验收、分级摊放以及分别炒制。摊放的地方要通风干净，摊叶厚度不超过 20 厘米，摊放时间不超过 10 小时。鲜叶经摊放后，再进行炒制，信阳毛尖属于锅炒杀青的特种烘青绿茶，分生锅和熟锅两次炒。炒生锅的主要作用是杀青并轻揉。将鲜叶投入斜锅中，每次投叶 750 克，再用竹茅扎成束的扫把，有节奏地挑动翻炒。经 3—4 分钟，叶变软时，用扫把末端扫拢叶子，在锅中呈弧形地团团抖动，使叶子初步成条。炒熟锅是用扫把呈弧形来回抖动，予以紧条和理条，使茶叶外形达到紧、细、直、光，然后将茶叶摊放在焙笼上。约经半小时，再放到坑灶上烘焙，直至制成成品。

信阳毛尖风格独特，茶叶外形细、圆、紧、直，多白毫，干茶色泽翠绿或绿润；汤色、叶底均呈嫩绿明亮；香气芬芳清高，并不同程度地表现出毫香、鲜嫩香、熟板栗香；叶底芽叶完整、嫩绿肥壮、匀称。宋代大文学家苏轼曾尝遍名茶而挥毫赞道："淮南茶，信阳第一。"

品饮信阳毛尖通常使用白磁茶杯，投茶量在茶杯的 1/4 或 1/5，用 85℃ 左右的热水进行冲泡。古人品信阳毛尖时，多采用信阳当地的泉水，泉水清碧澄澈，绝无污染，以山泉沏山茶，慢斟细饮，乐在其中。明代罗廪在《茶解》中曾有这样的描述："山堂夜坐，汲泉煮茗，至水火相战，如听松涛，倾泻入杯，云光潋滟，此时幽趣，难与俗人言矣。"信阳毛尖滋味醇厚甘爽，品饮后回甘生津，冲泡四五次，尚保持有长久的栗香。

（八）太平猴魁

黄山不仅是举世闻名的风景旅游区，也是我国名茶的产地之一。这里不仅有闻名遐迩的黄山毛峰，更有享誉世界的太平猴魁。太平猴魁产于安徽省黄山市黄山区（原为太平县）新明乡的猴坑、凤凰山、狮彤山、鸡公山、鸡公尖一带，其中以猴坑所产质量最为上乘。猴坑在黄山县城东北 30 多里处，这里群山环抱、山清水秀、气候温和，茶园大多坐落在海拔 500—700 米以上的山岭上。由于雨量充沛、湿度大、日照短、土质肥沃，为猴魁茶树的生长创造了得天独厚的自然条件。

太平猴魁的采摘和加工十分精细严格。猴魁茶采自新梢芽叶，这种茶芽壮叶肥、色绿多毫、持嫩性好，保证了成品茶的质量。猴魁茶的采茶期在谷雨至立夏时节之间，采茶时还有"四拣八不采"的要求。"四拣"是指拣高山不拣低山；拣阴山不拣阳山；拣壮枝健枝不拣弱梢病枝；为了保证鲜叶大小整齐、老嫩一致，对采回的鲜叶要按一芽二叶的标准一朵朵进行选剔（也称为拣尖）。"八不采"即无芽不采、小不采、大不采、瘦不采、弯弱不采、虫食不采、色淡不采、紫芽不采。采制猴魁茶一般是上午采、中午拣、下午制。猴魁茶共分猴魁、魁尖、贡尖、天尖、地尖、人尖、和尖、元尖、弯尖共九个等级，其中以猴魁为极品，魁尖次之。太平猴魁茶的加工方法只有杀青和烘焙两道工序，不需揉捻。杀青时用手炒锅，炭火烘烤，火温在100℃以上，每杀青一次，仅投鲜叶100—150克，在锅内连炒三五分钟，制作的全过程长达四五个小时。太平猴魁的包装也很讲究，须趁热时装入锡罐或白铁筒，待茶稍冷后，以锡焊口封盖，使茶叶久不变质。

太平猴魁茶外形是两叶抱芽、平扁挺直、自然舒展、白毫隐伏，有"猴魁两头尖，不散不翘不卷边"之称，叶色苍绿匀润，叶脉绿中隐红，俗称"红丝线"。茶香高爽、滋味甘醇，有独特的"猴韵"。汤色清绿明净，叶底嫩绿匀亮，芽叶成朵肥壮。

太平猴魁在冲泡时应采用中投法，即先将茶置于白瓷杯或透明玻璃杯中，冲入90℃的热水至1/3杯，稍停待茶吸取水分舒展后再注满水。此茶初饮时，芽叶徐徐展开，舒放成朵，两叶抱一芽，或悬或沉，令人有"刀枪林立""龙飞凤舞"之感；品饮时茶汤色泽清绿、香气高爽，蕴有诱人的兰香，滋味醇厚爽口。太平猴魁即使冲泡三四次仍香美可口、余味深长，真可谓"头泡香高，二泡味浓，三泡四泡幽香犹存"。

二、红茶

红茶为发酵茶，在刚创制时原称为"乌茶"，是选取适宜的茶树新芽叶为原料，经过萎凋、揉捻、发酵、干燥等典型工艺过程精制而成。因其干茶色泽和冲泡的茶汤以红色为主调，故名"红茶"。

红茶在加工过程中发生了化学反应，鲜叶中的化学成分变化较大，茶多酚减少90%以上，并产生了茶黄素、茶红素等新成分。香气物质也比鲜叶有了明显增加，所以红茶具有红汤、红叶和香甜味醇的特征。

采摘下来的茶树嫩枝芽叶，经过萎凋、揉捻、发酵和烘干制成的成品，即为红茶。是全世界人民普遍喜爱的饮料之一，是生产、销售数量最多的茶类，印度、斯里兰卡和一些东非产茶国家都以生产红茶为主。我国生产的红茶大部分外销，年出口量超过30万吨。随着人民生活的逐步改善，红茶消费量也日益增加。

红茶以其制作方法不同可分为三类：一是工夫茶，这类茶叶呈条形，细长有锋苗，滋味醇和，叶底较完整。另一类是红碎茶（我国又称为初制分级红茶），外形细碎，茶汤红亮，滋味浓强鲜爽、富有刺激性，是国际市场上占数量最多的茶类。红碎茶按其外形不同又可分为叶茶、碎茶、片茶、末茶等。一般称呼为：（1）叶茶（外形呈条叶状），O. P. 橙黄白毫，F. O. P. 花橙黄白毫；（2）碎茶（外形呈颗粒状），F. B. O. P. 花碎橙黄白毫，B. O. P. 碎橙黄白毫，B. P. 碎白毫；（3）片茶（外形呈屑片或角片状），B. O. P. F. 碎片橙黄白毫，F. 片；（4）末茶（外形呈沙粒末状），D. 茶末。第三类是福建所产的大叶种工夫红茶，茶叶品质优异，经特殊加工带有烟味，称为小种红茶。我国红茶生产中以红碎茶发展最快，出口量超过3万吨。工夫红茶还是我国传统出口茶类，生产数量较大，主要销往西欧和东欧一些地区或国家，在外销市场上颇负盛誉。

我国生产红茶的省区有云南、四川、湖南、广东、广西、福建、安徽、江苏、浙江、江西、湖北、贵州和台湾地区。且所产红茶的名称在贸易习惯上是以产地命名的，如云南所产的工夫红茶统称为"滇红"，四川所产的简称为"川红"，安徽省祁门地区（包括贵池、东至等地区）生产的称为"祁红"。红碎茶也是以产地命名，如云南红碎茶、广东英德红碎茶。又如在同一个省区内再可分为几种名称，如工夫红茶在福建还有"白琳工夫""政和工夫"和"坦洋工夫"之分。

（一）祁门红茶

我国工夫红茶中以安徽省祁门红茶——"祁红"品质最为名贵，也是我国工夫红茶中的一块王牌，产品质量均名列前茅。祁门红茶由于具有得天独厚的自然条件，加上加工技术精细，博得了外形条索苗条娟秀、内质清新持久的兰花香气、醇厚甜润的滋味、红艳明亮的汤色及叶底，被誉为茶中"英豪"。同印度达吉岭茶、斯里兰卡的乌瓦茶一起，并列为世界三大名茶。祁门工夫红茶的品质特点：外形色泽乌润、锋苗秀丽、茶汤红艳透明、叶底鲜红明毫，深受国内外消费者的喜爱。如单独泡饮，最能领略它的独特香气和滋味，加入牛奶、白糖，其味爽甜可口。英国人最喜爱祁红，皇家贵族都以祁红作为时髦的饮品，用茶作为贺礼向女皇祝寿。西欧一些国家，也把祁红当作珍品招待宾客使团以表达盛情。英国一皇家生物考察团来我国参观，看见了纯一、真正的祁红，非常高兴地说："漂亮，漂亮！此生有幸。"祁红曾在巴拿马国际博览会上荣获金质奖章。1980 年在我国全国质量评比中，也荣获国家金质奖。

（二）"川红"工夫茶

四川省宜宾地区生产的"川红"工夫茶是我国工夫红茶的主要品种之一，也属红茶珍品之列。其品质特点是外形、色泽乌润显毫，条索壮结，香高味醇，茶汤红亮，鲜嫩爽口，在国际市场上享有一定的声誉。这茶还有个特点，采摘加工季节较华东产茶省（工夫红茶）早，4 月上旬新茶即可上市供应，深受消费者欢迎。

（三）云南红碎茶

云南红碎茶具有独特的风格。其原料芽叶肥壮、叶底柔软、持嫩性好，其主要内含物如水浸出物、多酚类、儿茶素含量均高于国内其他优良品种，是我国著名的红茶良种。它香气高锐浓郁、汤色红艳明亮、滋味浓厚强烈，加乳后呈姜黄色，味浓爽，富有刺激性，品质优异，在国际市场上享有盛誉。

（四）宁红工夫茶

宁红工夫茶简称宁红，是我国最早的工夫红茶珍品之一，主要产于江西省修水县，武宁、铜鼓次之，毗邻修水的湖南平江县长寿街一带的红毛茶，亦由修水茶厂加工为宁红工夫茶。因修水在元代称宁州，清朝称义宁州，故得名"宁红功夫茶"。

修水产茶，迄今已有 1000 余年的历史。宁红的制作则始于清代中叶道光初年。光绪年间，宁红被列为贡品，当时宁红的产值占江西全省农业总产值的 50%。当时，宁红还输出到了欧美，每箱（25 千克）售价高达 100 两白银，并获得俄、美等八国商人所赠之"茶盖中华，价甲天下"的奖匾，彼时宁红之贵重若此。

其产区位于赣西边隅，幕阜、九宫两大山脉蜿蜒其间。这里山多田少、地势高峻、峰峦起伏、林木苍翠、雨量充沛，年降水量达 1600—1800 毫米，年日照时数 1700—1800 小时。土层深厚，多为红壤黏土，土质肥沃，有机物质含量丰富。每年春夏之际，正当茶树萌发之时，云凝深谷、雾锁高岗，浓雾日达 80—100 天，相对湿度 80% 左右，给茶树发育生长创造了良好的生态环境，造就了宁红工夫茶茶芽肥硕、叶肉厚软等优良的自然品质。在宁红众多产区中，铜鼓县西北之棋坪、港口、大段、幽居等地所出之茶为宁红之上品，而宁红金毫则为宁红之珍品。

宁红的采摘始于谷雨前，要求采摘生长旺盛、持嫩性强、芽头硕壮的蕻子茶，多为一芽一叶至一芽二叶，芽叶大小、长短一致，长度 3 厘米左右。经过萎凋、揉捻、发酵、干燥后初制成红毛茶；然后再采筛分、抖切、风选、拣剔、复火、匀堆等工序精制而成。

宁红工夫成品茶分为特级与 1—7 级，共 8 个等级。特级宁红要求条索紧细多毫、外形圆直、锋苗毕露、略显红筋、乌黑油润，内质香高持久似祁红、鲜嫩浓郁，滋味鲜醇甜和，叶底柔嫩多芽，汤色红艳明亮。高级"宁红金毫"要求条索紧细秀丽、金毫显露、多锋苗、色乌润，香味鲜嫩醇爽，汤色红艳，叶底红嫩多芽。

宁红工夫茶的产品除散条形茶外，还成扎成束的茶——"龙须茶"。龙须茶是采用独特的工艺加工而成，因其成茶身披红袍，叶条似须而得名。龙须茶产于修水县漫江乡宁红村。该茶始于道光年间，与宁红同时兴起。选料讲究，做工精细，风格独特。

制作龙须茶的鲜叶，同样要求生长旺盛、持嫩性强、芽头硕壮的蕻子茶，多一芽一叶至一芽二叶，芽叶要求大小长短一致。鲜叶经萎凋、揉捻、发酵、初干后成为半干半湿的茶条。将茶条理直，基部比齐，以 90—100 条为一把，两把并拢扎在一起，长条茶在外，短条茶居中，以白线由芽底至芽尖扎紧，呈饱含墨汁的大号毛笔形。然后烘焙 28—36 小时。最后拆去白线，底部仍用白线绕三圈，再用五彩线环绕，将整个龙须茶扎成网状，底部剪齐，扎好花线后，线头用针穿入茶内，部分线头略露在外，以保持美观。

龙须茶每个产品干重均为 7.8 克，形如红缨枪之枪头。冲泡时，将花线头抽掉，白线不解，整个龙须茶成束下沉，芽叶向上散开，其形宛若菊花，若沉若浮，有"杯底菊花掌上枪"之称。

（五）滇红工夫茶

滇红是云南红茶的统称，分为滇红工夫茶和滇红碎茶两种。其中又以滇红工夫茶最为著名。其属大叶种类型的工夫茶，其产区被称为"生物优生地带"。这里的茶树高大，所产茶叶芽壮叶肥、白毫茂密，是我国工夫红茶中的一枝新葩。

滇红工夫茶因采制时期不同，其品质随季节变化。春茶最佳，条索肥硕、身骨重实、净度好、叶底嫩匀。夏茶正值雨季，芽叶生长快、节间长，虽芽毫显露，但净度低，叶底稍显杂硬。秋茶正处于凉季节，茶树生长代谢作用转弱，成茶身骨轻、净度低，嫩度不及春茶夏茶。滇红工夫茶的采摘多选一芽二三叶的芽叶作为原料，经萎凋、揉捻、发酵、干燥而制成。

它最大的特征为茸毫显露，毫色分淡黄、菊黄、金黄。凤庆、云昌等地生产的滇红工夫茶，毫色呈菊黄；临沧、勐海等地所产，毫色则多为金黄。即使是在同一茶园，不同季节的茶色也各不相同，春茶毫色较浅，多呈淡黄，夏茶毫色多呈菊黄，秋茶则多为金黄色。滇红工夫茶另一大特征为香郁味浓。香气以滇西云县、凤庆、昌宁为佳，尤以云县部分茶区所出为最，这里所产滇红工夫茶的香气中带有花香。滇南所产之茶，滋味浓厚，刺激性较强，但回味不及滇西之工夫茶。

滇红工夫茶中，品质最优的是"滇红特级礼茶"，该茶外形条索紧结、肥硕雄壮，干茶色泽乌润、金毫特显，内质汤色红浓艳亮、香气鲜郁高长、滋味浓厚鲜爽、富有刺激性，叶底红匀嫩亮。

滇红的品饮多以加糖加奶调和饮用为主，加奶后香气滋味依然浓烈。

（六）湖红工夫茶

湖红工夫茶是我国历史悠久的工夫红茶之一，主要产于湖南省安化、桃源、涟源、邵阳、平江、浏阳、长沙等县市，而湘西石门、慈利、桑植、大庸等县市所产的工夫茶谓之"湘红"，归入"宜红工夫"范畴。

湖南南靠五岭山脉，北面长江之中游，处于西南云贵高原到江南丘陵，从南岭山脉到江汉平源的中间地带，三面环山，以丘陵地貌为主。有湘、资、沅、澧四水纵穿全境并汇集于省内北部的洞庭湖，素有"七山一水两分田"之称。这里四季分明，属亚热带季风湿润气候，土壤为红黄土、微酸性，极为适宜茶树的生长。

湖南省也是茶叶的发祥地之一，汉志中有"茶陵以山谷产茶而名之"的记载，茶陵在古代也称"茶王城"。不过，湖南产茶历史虽然悠久，但关于红茶的产制却仅有百余年的历史。据《同治安化县志》（1871 年）记载："洪（秀全）杨（秀清）义军由长沙出江汉间，卒之；通山茶亦梗，缘此估帆（指茶商）取道湘潭抵安化境倡制红茶收买，畅行西洋等处。称曰广庄，盖东粤商也。"又载："方红茶之初兴也，打包封箱，客有冒称武夷茶以求售者。孰知清香厚味，安化固十倍武夷，以致西洋等处无安化字号不买。"《同治巴陵县志》（1872 年）也有"道光二十三年（1843 年）与外洋通商后，广人挟重金来制红茶，农人颇享其利。日晒，色微红，故名'红茶'"的记述。

湖红工夫茶的主要产区在安化、新化、涟源一带，位于湘中地段，处雪峰山脉，位资江之中游，"缘安化三乡，遍地有茶，山崖水畔，不种自生"。桃源产区地处武陵、雪峰两山余脉，有沅水经流，古《荆州土地志》云："楚南茶出武陵七县，桃源其一。"平江、浏阳产区位于湘之东北，处幕阜山脉之南端，有汨水、昌江及浏阳河贯穿全境。《同治平江县志》记载有红茶盛行时"上自长寿，下至西乡之晋坑、浯口，茶庄数十所，植茶者不下二万人，塞巷填街，寅集西散"的一片繁荣景象。

湖红工夫茶以安好化工夫为代表，其外形条索紧结而肥实、香气高、滋味醇厚、汤色浓、叶底红稍暗。其余各地所产工夫茶则各有优劣，平江所产湖红工夫茶香气高，但欠匀净；长寿街及浏阳大围山一带所产工夫茶香气高、味道醇厚；新化、桃源所产工夫茶外形条索紧细、毫较多、锋苗好，但叶肉较薄，香气较低；涟源工夫茶条索紧细，但香味较淡。

（七）正山小种

小种红茶是福建省的特产，正山小种则是小种红茶的代表，也叫武夷云雾茶，被誉为"天字号"，意为特优之品。它产于福建省崇安县星村乡桐木关一带，也称"桐木关星村小种"。正山小种最早起源于 16 世纪，几百年来经久不衰，究其主要原因是星村和桐木关一带地处武夷山脉之北段，海拔 1000—1500 米。它北拒北面寒流，南迎海洋暖风，形成了冬暖夏凉的独特自然气候。这里年平均气温 18℃，年降雨量

2000 毫米左右，春夏之间终日云雾缭绕，茶园土壤肥沃疏松，有机物质含量高，茶树生长茂盛、叶质肥厚、持嫩性好、茶芽粗纤维少。

正山小种在制作时采取全发酵，并采用了松香烘青、焙干的特殊工艺，形成了正山小种别具一格的形、色、香、味。

其成品茶条索肥壮、紧结圆直、色泽乌润。冲泡后，汤色红艳、香气高，常带松烟香。经久耐泡、滋味醇厚，具有桂圆汤、蜜枣的品质特色。品饮时如加入牛奶，其茶香不减，茶色却会愈加绚丽。

（八）贵州红碎茶

贵州红碎茶是红碎茶的代表，简称"黔江"，主要产于湄潭、羊艾、花贡、广顺、双流等地的茶场。

贵州地处亚热带季风气候区，生产红碎茶的茶场分布在贵州省的中部、北部及南部的丘陵地区或河谷盆地。由于这里高温多湿、雨热同季、昼夜温差大，且这些地区的大叶型品种、中叶型品种和地方群体品种长势旺、叶片厚，因而形成了黔红特有的优良品质。

贵州红碎茶以其香气高、鲜爽度好、品质独具一格而著称。其成品茶颗粒紧结匀整，色泽乌黑油润，净度好，香气鲜高带有花香，滋味鲜浓，汤色红亮叶底嫩匀。

由于产地、茶树品种和加工方法的不同，贵州红碎茶的品质各具特色：羊艾所产中叶种红碎茶香气特高；晴隆花贡所产大叶红碎茶品质接近滇红，能与斯里兰卡与印度的红茶媲美。

红碎茶多采用调配饮用法，冲泡时选用有滤胆的紫砂茶具、白瓷茶具、白底红花瓷茶具或咖啡茶具。茶与水比例在 1：50 左右，泡茶的水温在 90℃—95℃。冲泡前将茶叶放入有滤胆的滤壶中，用巡回手法加水冲泡，每次静置 2—3 分钟；右手提起滤壶，左手持手巾托壶底，双手以逆时针方向旋转数次，使茶叶中内含物加速溶解于开水中；然后将茶水倒入茶壶中，使巡回冲泡的茶汤混合后整体浓度均匀一致。接着将准备好的茶汤倒入茶杯，一般至茶杯容量的七八成即可，再将糖或奶、柠檬汁、柠檬片（柠檬切片后，用糖腌制好，使用前在圆片半径处切一刀）、蜂蜜、香槟酒等根据个人的口味与爱好随意选择调配。通过调制，可以形成风味各异的调配红茶。

三、乌龙茶

乌龙茶又称青茶、半发酵茶，是中国诸大茶种中特色鲜明的种类，往往是"茶痴"的最爱。

"乌龙"，因本茶的创始人而得名且其产生还带有些传奇的色彩。据《福建之茶》《福建茶叶民间传说》载：清朝雍正年间，在福建省安溪县西坪乡南岩村里有一个茶农，也是打猎能手，姓苏名龙，因他长得黝黑健壮，乡亲们都叫他"乌龙"。一年春天，乌龙腰挂茶篓，身背猎枪上山采茶，采到中午，一头山獐突然从身边溜过，乌龙举枪射击但负伤的山獐拼命逃向山林中。乌龙也随后紧追不舍，终于捕获了猎物。当他把山獐背到家时已是掌灯时分，乌龙和全家人忙于宰杀、品尝野味，已将制茶的事全然忘记了。直到第二天清晨，全家人才忙着炒制昨天采回的"茶青"。没有想到放置了一夜的鲜叶已经镶上了红边，并散发出阵阵清香。当茶叶制好时，滋味格外清香浓厚，全无往日的苦涩之味。从此，乌龙经过潜心琢磨与反复试验，采用萎凋、摇青、半发酵、烘焙等工序，终于制出了品质优异的茶类新品——乌龙茶。安溪也随之成为乌龙茶的著名茶乡了。

乌龙茶综合了绿茶和红茶的制法，其品质介于绿茶和红茶之间，既具有红茶的浓醇鲜味，又具有绿茶的清爽芬香，并享有"绿叶红镶边"的美誉。品尝后齿颊留香、回味甘鲜。

其优异品质的形成与它选择特殊的茶树品种、特殊的采摘标准和特殊的制作工艺是分不开的。乌龙茶的鲜叶采摘在茶树新梢生长至一芽四五叶、顶芽形成驻芽时，采其二三叶，俗称"开面采"。采下的鲜叶经晒青、晾青、做青等道工序，使茶叶生成茶黄素和茶红素等物质，从而形成绿叶红边的特征，并散发出一种特殊的芬芳香气。再经高温炒青，使乌龙茶形成紧结粗壮的条索，最后进行烘焙，使茶香进一步发挥。

优质乌龙茶的外形壮大，色泽砂绿至乌褐、油润，汤色橙黄至橙红明亮，香气浓郁持久、沁人肺腑，滋味醇厚甘鲜、回味悠长。

乌龙茶为我国特有的茶类，主要产于福建（闽北和闽南）、广东和台湾三个省。近年来四川、湖南等省也有少量生产。其主要品种有安溪铁观音、大红袍、肉桂、凤凰水仙、冻顶乌龙茶等。

乌龙茶是我国的特产，由于香气特佳、品质优异而深受消费者的欢迎，所以主要作为一种侨销茶，外销港澳及东南亚。1979 年秋季以后，日本国内各地掀起了"乌龙茶"热，人们争相饮之以减肥健美，一时供不应求。

（一）武夷肉桂

武夷肉桂也称玉桂，由于它的香气、滋味犹似桂皮香，所以在习惯上称之为"肉桂"。

它是采用肉桂良种茶树鲜叶，以武夷岩茶的制作方法而制成的乌龙茶，是武夷岩茶中的高香品种。肉桂茶产于福建省武夷山市境内著名的武夷山风景区，其主要的产区为武夷山的水帘洞、三仰峰、马头岩、桂林岩、天游岩、仙掌岩、百花岩、竹窠、碧石、九龙窠等地，目前已经成为武夷岩茶中的主要"当家"品种。

武夷山茶区是一片兼有黄山怪石云海之奇和桂林山水之秀的山水圣境。三十六峰、九曲溪水迂回环绕其间。山区平均海拔 650 米，茶区内有红色砂岩风化的土壤，土质疏松、腐殖质含量高、酸度适宜，雨量充沛，山间云雾弥漫、气候温和、冬暖夏凉，岩泉终年滴流不绝。茶树生长在山凹岩壑间，由于终年雾气较大，日照较短，漫射光多，茶树叶质鲜嫩，含有较多的叶绿素。

武夷肉桂须在晴天采摘，选择新梢发育成驻芽顶叶中开面时，采摘二三叶。鲜叶经萎凋、做青、杀青、揉捻、烘焙等十几道工序精制而成。

武夷肉桂成品茶外形条索匀整卷曲、色泽褐绿、油润有光，部分叶背有青蛙皮状小白点；干茶嗅之有甜香、冲泡后的茶汤，汤色橙黄清澈、叶底匀亮、红点明显，呈淡绿底红镶边，具有奶油、花果和桂皮般的特殊香气；品饮时感觉入口醇厚回甘，饮后齿颊留香，冲泡六七次仍有"岩韵"的肉桂香。

（二）闽北水仙

在半发酵的乌龙茶中堪与铁观音匹敌的就是闽北水仙了。它始产于百余年前闽北建阳县水吉乡大湖村一带，现在的主产区为建瓯、建阳两县。这两个产区地域毗邻、群山起伏、溪流纵横、云雾缭绕、竹木苍翠。所植的水仙品种茶树，属于中叶小型乔木，枝条粗壮，鲜叶大且呈椭圆形，叶色为深绿色、叶肉厚，表面革质、具有油光、香味重，嫩梢长而肥壮，芽叶透黄绿色。

"水仙"一名的得来，传说是在清康熙年间。有个福建人发现了一株寺庙旁边的大茶树，因为受到该寺庙土壁的压制而分出几条扭曲变形的树干。这个人觉得树干虬曲的样子非常有趣，就把它挖了出来带回家里种植。后来，他巧妙地利用树的变形，培育出了清香的好茶。因为闽南话里"水"就是美，所以从美丽的仙山采得的茶，便取名叫作"水仙"，这不由让人联想到早春时分盛开的水仙花。

水仙的品种非常适宜制作乌龙茶。不过，由于水仙的产地不同，命名也有所不同。除产于福建的闽北水仙外，还有武夷山所种的水仙种，其成茶称"水仙"或"武夷水仙"；闽南永春以福建水仙种，按闽南乌龙茶采制而成的称"闽南水仙"；广东饶平、潮安用原产于潮安凤凰山的凤凰水仙种，制成的条形乌龙茶称"凤凰水仙"。凤凰水仙选用优良单株栽培、采制者，又称"凤凰单枞"。

闽北水仙的春茶采摘在每年的谷雨时节前后进行，采摘驻芽第三、四叶。制茶过程与一般乌龙茶基本相似，采用萎凋、做青、杀青、揉捻、初焙、包揉、足火等道工序。由于水仙叶肉肥厚，做青时必须根据叶厚水多的特点，以"轻摇薄摊，摇做结合"的方法灵活操作。在全部工艺中，包揉工序为做好水仙茶外形的重要工序，优质的水仙茶讲求揉至适度，最后以文火烘焙至足干。

闽北水仙的成品茶条索紧结沉重、外形壮实匀整、叶端扭曲、色泽油润暗砂绿，并呈现白色斑点，俗有"蜻蜓头，青蛙腿"之称；香气浓郁芬芳，颇似兰花；滋味醇厚，入口浓厚之余有甘爽回味；汤色清澈橙黄、叶底厚软黄亮，叶缘带有鲜艳的朱砂红边或红点，即"三红七青"。

与闽北水仙同为水仙品种的武夷水仙和凤凰水仙，其品质也堪称上品。武夷水仙条索肥壮紧结匀整，叶端褶皱扭曲，好似蜻蜓头；叶片色泽青翠黄绿、油润而有光泽；内质香气浓郁清长，"岩韵"特征明显。冲泡后，汤色橙黄、深而鲜艳，滋味浓厚而醇，具有爽口回甘的特征，叶底肥嫩明净、绿叶红边，十分美观；主要产于广东的凤凰水仙外形条索也十分肥壮匀整，色泽则是灰褐乌润；内质香气清香芬芳、汤色清红，滋味浓厚回甘，叶底厚实，同样具有红边绿心的优美造型。

（三）文山包种茶

文山包种茶又叫"清茶"，是乌龙茶中发酵程度较轻的清香型绿色乌龙茶，产于台湾地区的台北市和桃园等县，其中以台北文山地区所产制的品质最优、香气最佳，所以习惯上称之为"文山包种茶"。文山包种茶和冻顶乌龙茶一样，都是台湾的特产，享有"北文山、南冻顶"之美誉。

文山包种茶起源于清光绪年间，为福建安溪王义程氏所创。他仿照武夷岩茶的制作法，将每一株或相同的茶青分别制作。当时为了便于向宫廷进贡，他于是将制好的茶叶每200克装成一包，每包用福建所产的毛边纸二张，内外相衬，包成长方形的四方包，以防止茶香外溢。然后再在纸包的外面盖上茶叶的名称以及行号的印章。光绪帝见后，便对此茶赐封为"包种"。此后福建茶商于1881年在台北设商号，专事制作包种茶，"文山包种茶"就这样流传至今。

在台湾地区，文山包种茶的茶园分布在海拔400米以上的山区，这里环境优美、山明水秀，气候经年温润凉爽、云雾弥漫、土壤肥沃，造就了文山包种茶特佳的品质。

文山包种茶的采摘十分讲究，要求雨天不采，带露不采，晴天要在上午11时至下午15时之间进行采摘。春秋两季要求采摘二叶一心的茶青，采摘时需要用双手弹力来平断茶叶，断口必须呈圆形，不可用力挤压断口，如挤压出汁随即发酵，导致茶梗变红就会影响茶叶的品质。

文山包种茶需要随采随制，采下的茶叶每装满一篓就要立即送厂加工。它的制作工艺分为初制和精制两部分。初制工艺包括日光萎凋、室内萎凋、搅拌、杀青、揉捻、解块、烘干等几道工序，以翻动做青为关键。每隔1—2小时需要翻动一次，一般一共需要翻动4—5遍，以充分达到发香的目的。精制则以烘焙为主要工序，将初制好的毛茶放进烘焙机后，在70℃恒温下进行，以使叶性变得较为温和。

制成的文山包种茶外形条索紧结、自然卷曲；茶色墨绿有油光、香气清新持久，有天然幽雅的芬芳气味；冲泡后茶汤色泽金黄、清澈明亮。品饮时，滋味甘醇鲜爽、入口生津、齿颊留香。它具有"香、浓、醇、韵、美"五大特色，素有"露凝香""雾凝春"的美称，被誉为茶中珍品。

（四）东方美人茶

东方美人茶为知名的夏茶，因为质优量少，价格较其他茗茶高出甚多，所以又称为"椪风乌龙茶"。由于其茶叶外观艳丽，白、绿、黄、红、褐色相间有如花朵般。英国女皇对其绝妙的香味赞叹不已，且外观鲜艳可爱，宛如绝色佳人，又产于东方，所以赐名为"东方美人茶"。其制造流程与文山包种茶制法类似，茶叶由手工采摘一心二叶的嫩芽制成，摘采的嫩芽是经蝉吸食后而长成的茶芽。这种茶芽经过传统技术制造之后，会出现特别的蜂蜜风味。

发酵程度：约70%。

茶叶外观：茶叶呈自然的弯曲状。

茶汤呈琥珀色，味道软甜甘润，带有蜂蜜的风味，虽生产在端午节前后，却不会像其他夏茶那样带有苦涩味，可以加上几滴白兰地，就成了"香槟乌龙"。

（五）广东乌龙

广东乌龙茶主要产于广东汕头地区，其主要品种有广东凤凰水仙、梅占等，以潮安县的凤凰草枞以香高味浓耐泡著称。其产制已有900多年的历史，品质特佳，为外销乌龙茶之极品，闻名于中外。它具有天然的花香、卷曲紧结而肥壮的条索，色润泽青褐而牵红线；汤色黄艳带绿、滋味鲜爽浓郁甘醇，叶底绿叶红镶边；耐冲泡，连冲十余次，香气仍溢郁甘醇、甘味久存、真味不减，实属乌龙茶中之珍品。

（六）台湾乌龙

台湾乌龙茶，白毫较多、呈铜褐色，汤色澄红、滋味醇和，尤以馥郁的清香冠于台湾各种茶类之上。台湾乌龙茶的夏茶因为日晒充足，品质最好，汤色鲜丽、香烈味浓，形状整齐、白毫多。台湾包种茶形状粗壮、无白毫，色泽青绿，冲泡后汤色呈金黄色、味带甜、香气清新。

四、黄茶

黄茶最早是从炒青绿茶中发现的。在炒青绿茶的过程中，人们发现如果杀青、揉捻后干燥不足或不及时的话，叶色就会变黄，于是就逐渐产生了一个新的茶叶品类——黄茶。

虽然黄茶的制作工艺与绿茶有很多相似之处，但它比绿茶多了一道"闷黄"的工艺。正是由于"闷黄"这一道特殊工序的采用，使得茶叶进行了发酵，从而使黄茶与绿茶有了明显的区别。因此绿茶属于不发酵茶类，而黄茶则属于发酵类的茶叶。

　　黄茶不仅茶身黄，汤色也呈浅黄至深黄色，形成了"黄叶黄汤"的品质风格，真不愧是名副其实的"黄茶"。

　　黄茶是我国的特种茶类，主要产于四川、湖南、湖北、浙江、安徽等省。黄茶采用闷堆渥黄等特殊的加工技术，使之具有"黄叶黄汤"、香气清高、滋味浓厚而鲜爽等与绿茶不同的品质特点。黄茶的生产历史悠久，明代许次纾于1587年所著的《茶疏》中就有黄茶生产采制品尝等记载，距今已有430多年的历史。

　　黄茶的品种很多，按其鲜叶老嫩程度，以及采制芽叶标准不同可分为黄小茶和黄大茶两大品类，按其产地不同又可分不同品种。黄小茶一般要求采用一芽一二叶的细嫩芽叶加工而成，如四川蒙顶黄芽、湖南君山银针、湖北鹿苑茶、北港毛尖、沩山毛尖、浙江平阳黄汤等都属于黄小茶。安徽省霍山、六安、金寨；湖北省英山等地区所生产的黄茶均属黄大茶，都是采用一芽四五叶的粗壮梗叶原料加工而成。

　　黄茶主要供国内销售：蒙顶黄芽主销四川、华北地区；君山银针销京津及长沙等大中城市；鹿苑茶销湖北汉口、武昌；平阳黄汤主销河北营口，其次是京津沪杭等大中城市；黄大茶主销山东，其次是山西。

　　君山银针产于湖光水色、风景秀丽的洞庭湖中岛的海拔在90米左右，山峦层叠、苍松翠竹的名胜君山上。其品质特点是外形芽头肥壮重实而挺直，茸毛极多、色泽金黄，香气高醇、汤色杏黄明沏，滋味爽口，为黄茶之珍品。

　　黄大茶主要产于安徽霍山、金寨、六安等地，其主要品质特点是以大枝大杆、黄色黄汤和高浓清爽的焦香而得名为"黄大茶"。它一般梗叶肥壮、叶片成条，梗叶相连在一起，色金黄润泽。最显著特征是汤色深黄，滋味浓厚而经久耐泡，具有独特高爽的香焦味，叶底黄色粗老，品质较黄小茶为次，产量是黄茶类中最多的一种。

（一）蒙顶黄芽

　　蒙顶黄芽是四川蒙顶名茶之一，亦是黄茶之佳品，产于名山县蒙顶茶场等地。具有外形扁直、芽毫显露匀嫩，色泽黄绿、汤色黄而清碧，香气浓郁带甜、滋味甘醇、叶底嫩黄等特点。

　　美丽的四川蒙山不仅盛产绿茶名品蒙顶甘露，而且也是黄茶极品蒙顶黄芽的故乡。蒙山那终年濛濛的烟雨、茫茫的云雾、肥沃的土壤以及优越的环境，为蒙顶黄芽的生长创造了极为适宜的条件。

蒙顶黄芽采摘于每年的春分时节，当茶树上有百分之十左右的芽头鳞片展开时，即可开园采摘。采摘时，选取肥壮的芽和一芽一叶初展的芽头，要求芽头肥壮匀齐，每制作500克蒙顶黄芽需要采摘鲜芽8000—10000个。

蒙顶黄芽的制作工艺也比较复杂，需要经过一杀青、两色黄、一堆放、三复锅、二烘焙等多道工序精致而成。

蒙顶黄芽外形扁直、芽条匀整、色泽嫩黄、芽毫显露，汤色黄亮透碧，滋味鲜醇回甘、甜香浓郁叶底全芽嫩黄。

曾经有诗人赋诗赞颂道："万紫千红花色新，春报极品味独珍，银毫金光冠全球，叶凝琼香胜仙茗。"

（二）莫干黄芽

莫干黄芽产自素以"清凉世界"的美誉而驰名中外的浙江省名山莫干山。

莫干山是巍峨的天目山脉插入浙西平原的支脉。这里群峰环抱、竹木交荫、山泉秀丽、飞瀑如练；山上常年云雾弥漫、空气湿润、清幽迷人；年平均气温为21℃，夏季最高气温为28.7℃，自古就被称为"清凉世界"，是闻名遐迩的避暑胜地。茶园内的土质多为酸性的灰、黄色土壤，土层深厚、腐殖质丰富、松软肥沃，为茶树的生长创造了极为优越的条件。除原有的塔山茶园外，望月亭下的青草堂、屋脊头、荫山洞一带也是莫干黄芽的主要产区。

莫干山产茶历史悠久，相传早在晋代佛教盛行的时候就曾有僧侣上山结庵采茶。当时邻近的吴兴温山茶已经成为贡品，于是莫干山茶区受到它的影响，得到了相应的发展。到了宋代，莫干山种茶就已经十分普遍了。据宋代《天地记》中记载："浙，莫干山土人以茶为业，隙地皆种茶。"到了清代，莫干山区的茶叶采制技术已经达到了较高的水平。据《莫干山志》记载："莫干山茶的采制极为精细，在清明前后采制的称为芽茶。因嫩芽色泽微黄，茶农在烘焙时因势利导，加盖略闷，低温长烘，香味特佳，称为莫干黄芽。"

莫干黄芽的采摘要求十分严格，除县志中提到的清明时节前后采摘的"芽茶"外，夏初所采摘的称为"梅尖"，7、8月份采摘的称为"秋白"，10月份所采的称为"小春"。其中，春茶又有芽茶、毛尖、明前及雨前之分，以芽茶最为细嫩。芽茶的采摘标准为一芽一二叶，采下的芽茶需要进行芽叶的拣剔，分等摊放，然后再经过杀青、轻揉、微渥堆、炒二青、烘焙干燥、过筛等多道传统工序精制而成。

制成的莫干山黄芽外形紧细成条、酷似莲心，芽叶完整肥壮、净度良好、多显茸毫、色泽绿润微黄，香气清高持久、滋味鲜爽浓醇、汤色黄绿清澈、叶底嫩黄成朵，形态十分优美。

到莫干山，用莫干山的泉水沏"莫干黄芽"，其泉甘冽、其茶清香。人若置身于松坪竹荫，品茶小坐，体会消夏真趣，真有超然世外之感。

（三）鹿苑茶

鹿苑茶是黄茶中的又一佳品，产于湖北省远安县鹿苑寺。鹿苑寺位于远安县城西北十五里鹿溪山中，据同治年间县志记载：鹿苑寺始建于南宋宝庆元年（1225 年），此地兰香幽谷、鸟鸣空山、山峦险峻、溪水秀美、风光迷人。梁荆山居士陆法和曾栖于此。县志中还提到鹿苑茶起初是由鹿苑寺的僧人在寺旁所种植，因此得名"鹿苑茶"，但在当时产量很少。后来当地的村民发现这种茶香味浓，便争相引种，从而使鹿苑茶得到了很好的发展，至今已有 700 多年的历史。

乾隆年间，鹿苑茶被选为贡茶。相传乾隆皇帝饮后，顿觉清香扑鼻，精神备振，饮食大增，于是大加夸赞，并封其御名为"好淫茶"。清代光绪九年（1883 年），高僧金田云游来到鹿苑寺讲经，当他品尝了鹿苑茶后遂提诗一首，称颂鹿苑茶为绝品，诗云："山精石液品超群，一种馨香满面熏。不但清心明目好，参禅能伏睡魔军。"

鹿苑茶一般于每年清明前数日至谷雨间进行采摘，采摘标准为一芽一二叶，要求鲜叶细嫩、匀齐、纯净，不带老叶。

鹿苑茶的制作工艺经过杀青、炒二青、闷黄、拣剔和炒干等几道工序。其中"闷黄"是形成鹿苑茶特有品种的一道重要工序，制作时需将茶坯堆积在竹盘内，拍紧压实，然后在上面盖上一块湿布。闷上大约5—6 个小时，以促使其色泽黄变。

制作好的鹿苑茶风格十分独特，它外形色泽金黄、白毫显露；条索呈环状，俗称"环子脚"；内质清香持久；叶底嫩黄匀称；冲泡后汤色绿黄明亮，滋味醇厚甘凉。

对于鹿苑茶的优异品质，湖北地区自古便流传着这样一句赞美的歌谣："清溪寺的水，鹿苑寺的茶"，可见人们对鹿苑茶的喜爱之情。

（四）北港毛尖

北港毛尖产于湖南省岳阳康王乡北港杨家湖一带，是黄小茶的一个代表品类。北港发源于梅溪，全长2公里左右，因位于南港之北而得名。南港、北港汇合于乔湖，湖边有五座邕庙，庙前有一湖，古时称"邕湖"，也就是现在的杨家湖。这里气候温和、雨量充沛，每逢早春的清晨，湖面上水汽冉冉上升，聚集在低空缭绕，经微风吹拂，如轻纱薄雾般尽散于北岸的茶园上空。茶园里气候温和、地势平坦、水陆交错、土质肥沃、酸度适宜，良好的自然条件孕育出了北港毛尖的优异品质。

其实，岳阳出产的北港茶早在唐朝时候就已经很有名气了。唐代斐济在《茶述》中列出了十种贡茶，邕湖茶就是其中之一。唐代李肇在《唐国史补》也有"岳州有邕湖之含膏"的记载。相传当年文成公主出嫁西藏时，还曾经带去了北港产的邕湖茶。北宋年间的范致明在《岳阳风土记》中写道："邕湖诸山旧出茶，谓之邕湖茶，李肇所谓岳州邕湖之含膏也，唐人极重之。见于篇什，今人不甚种植，惟白鹤僧国有千余本，土地颇类此苑。所出茶，一岁不过一二十两，土人渭之白鹤茶，味极甘香，非他处草茶可比并，茶园地色亦相类，但土人不甚植尔。"

北港毛尖的鲜叶一般在清明后5—6天开园采摘，采摘标准为一芽二三叶，须选择在晴天进行采摘。采摘时为了保证茶芽的品质，虫伤叶、紫色叶、鱼叶都不可以采，此外还不能采摘带蒂把的茶芽。

北港毛尖的鲜叶讲究随采随制，其产品按鲜叶的老嫩程度分为特号、1—4号五个档次。其加工方法分为锅炒、锅揉、拍汗、复炒及烘干五道工序。锅炒主要起杀青作用，当叶子发出清香，茶坯达到三四成干时再在锅内进行揉炒解块，使茶叶卷成条索。待茶叶炒至六成干时，便要出锅进行拍汗工序。拍汗的时间约为30—40分钟，拍汗的目的是使茶条回润、色泽变黄。接着再投入锅内复炒复揉，当炒至条索紧卷，白毫显露，达八成干时，即可出锅进行摊凉。摊凉后，用木炭进行烘焙，到将茶叶烘至足干时下焙，装入箱内严封，以使茶叶色泽进一步转黄。

北港毛尖的成茶外形芽壮叶肥、毫尖显露、呈金黄色，汤色澄黄、香气清高、滋味醇厚、甘甜爽口。

古时的文人墨客曾留下赞颂北港邕湖茶诗一首，诗云："邕湖为上贡，何以惠寻常，还是诗心苦，堪消蜡面香，碾声通一室，烹色带残阳，若有新春者，西来信勿忘。"

（五）海马宫茶

海马宫茶产于贵州省大方县的老鹰岩脚下的海马宫乡，历史悠久，据《大定县志》记载："茶叶之佳以海马宫为最，果瓦次之，初泡时其味尚涩，迨泡经两三次其味转香，故远近争购啧啧不置。"相传在清朝乾隆年间，当时贵州大定府有个姓简名贵朝的人，在山东文登县任知县时，对茶叶颇感兴趣。于是当他回乡葬父时便带了些茶籽回大定（即现在的大方县）海马宫定居种植，茶树长成后将茶芽采下加工成茶，饮之香气浓郁、滋味醇厚甘甜、汤色似竹绿。简贵朝于是将它送到大定府鉴赏，深得官府好评，后经官府逐一上送，直至朝廷，皇上大喜，此后便岁岁作为贡品，誉满全国。

种植海马宫茶的茶园三面临山，其中一面通向河谷，海拔高达1500米左右。这里山高云浓、溪水纵横，年均气温13℃左右，无霜期长达260天，年降雨量1000—1200毫米，月平均相对温度80%以上，为贵州省较为寒冷的高湿茶区。然而茶园三面环山却构成了一道天然的屏障，阻挡着寒冷空气的侵袭，再加上境内植被茂密，形成了独特的气候条件。而且海马宫茶的茶园中多为砂页岩，土质疏松、土壤肥沃，十分适于茶树生长。

海马宫茶一般选在每年的谷雨前后进行采摘。采摘标准一级茶为一芽一叶初展，二级茶为一芽二叶，三级茶为一芽三叶的茶芽，采摘时要选择茸毛多、持嫩性强的芽叶。

海马宫茶的加工制作工艺需要经过杀青、初揉、渥堆、复揉、再复炒、再复揉、烘干、拣剔等几道工序，才能达到海马宫茶别具一格的品质特色。制作的全过程历时30小时左右，技艺复杂且精巧。

优质的海马宫茶条索紧结卷曲、茸毛显露、香高味醇、回味甘甜，汤色黄绿明亮，叶底嫩黄匀整、色泽明亮，是黄茶中的又一名贵品种。

五、白茶

白茶是一种经过轻微发酵的茶，是我国茶类中的特殊珍品，因为成品多为芽头，满披白毫、如银似雪，所以得名"白茶"。白茶的历史十分悠久，其清雅芳名的出现迄今已有900余年了。

白茶的产区主要在福建省的一些县市，茶区内丘壑起伏，常年气候温和、雨量充沛。山地多以红、黄色土壤为主，酸度适宜。白茶的类别是根据茶树品种的不同而区分的，采自大白茶茶树的品种叫"大白"，采自水仙茶树的称为"水仙白"，采自菜茶茶树的称为"小白"。又因为采摘标准的不同，而将选采大白茶单芽制成的称为"银针"（也称为"白毫银针"）；将选采嫩梢芽叶，其成品茶茶色如花朵的，称为"白牡丹"。

白茶的采摘要求鲜叶"三白"，即嫩芽及两片嫩叶都要满披白色茸毛。

白茶的制作工艺一般分为萎凋、干燥两道工序，而其关键是在于萎凋。通常，将鲜叶采下之后让其处在长时间的自然萎凋和阴干过程，整个过程中既不揉也不炒，白茶的外形才能够得以保持茶叶的自然形态。白茶的这种制法既不会破坏酶的活性，又不会促进氧化作用，而且保持了茶叶清新自然的毫香以及汤味的鲜爽口感。

宋徽宗《大观茶论》中记载："白茶自为一种，与常茶不同。"宋朝蔡襄有诗："北苑灵芽天下精，要须寒过入春生，故人偏爱云腴白，佳句遥传玉律清。"当时，白茶产量很少，被视为珍品。白茶大部分生产供出口外销。白毫银针远销欧洲，白牡丹远销东南亚各国。

白茶类是采用优良品种大白茶树上的白毫极多而细嫩芽叶为原料，利用日光萎凋、低温烘干、不经炒揉的特异精细的方法加工而成。主要花色有下面几种：

（一）白牡丹

白牡丹茶是我国白茶名苑中的又一珍贵品种。因为它的绿叶夹着银白色的毫心，形状好似花朵，冲泡后绿叶托着嫩芽，宛若牡丹的蓓蕾初放，因此得名"白牡丹"。

白牡丹茶于1922年创制于福建省建阳的水吉。水吉原属建瓯县，据《建瓯县志》记载："白毫茶出西乡、紫溪二里……广袤约三十里。"此后，政和地区也开始产制白牡丹，并逐渐成为白牡丹茶的主要产区。目前，白牡丹的产区广泛地分布于福建省政和、建阳、松溪、福鼎等县。

白牡丹茶的原料与白毫银针茶类似，采自政和大白茶、福鼎大白茶及水仙等优良的茶树品种，并严格选取毫芽肥壮鲜嫩、茸毫洁白显露的春茶加工而成。其要求采选春茶的第一轮嫩梢，标准为一芽二叶，芽与叶基本等长。还要求茶芽具备"三白"，即芽及两叶且满披白色茸毛。由于夏秋季的茶芽较瘦，因此不适宜采摘来制作白牡丹茶。

白牡丹茶的制作工艺并不复杂，不需经过炒揉，只有萎凋及焙干两道工序，但工艺技术极为精细，不易掌握。白牡丹茶的制作工艺最关键之处在于萎凋，要根据气候灵活掌握，以春秋季晴天或夏季不闷热的晴朗天气，将采下的鲜叶在室内自然萎凋或采用复式萎凋为佳。萎凋后的茶芽再经过焙干，即制成了白牡丹的毛茶。毛茶还需经过精制才能成为成品茶。精制工艺是：在手工拣除梗、片、蜡叶、杂质等后再行进行烘焙，烘焙的火候要控制适当，只宜用火香衬托茶香，以保持香毫显现，如过高香味会欠鲜爽，不足则又会使香味感觉平淡。等水分含量降至4%—5%时，即可趁热装箱。

白牡丹成茶两叶抱一芽，毫心肥壮、叶态自然，干茶叶面色泽呈深灰绿色或暗青苔色，叶张肥嫩，呈波纹隆起。叶背遍布白茸毛，叶缘向叶背微卷曲，芽叶连枝。冲泡后汤色杏黄或橙黄、清澈明亮、叶底浅灰、叶脉微红醇。

（二）贡眉

贡眉有时又被称为寿眉，是白茶中产量最高的一个品种，其产量约占到了其总产量的一半以上。它是以菜茶茶树的芽叶制成，且这种用菜茶芽叶制成的毛茶称为"小白"，以区别于福鼎大白茶、政和大白茶茶树芽叶制成的"大白"毛茶。以前，菜茶的茶芽曾经被用来制造白毫银针等品种，但后来改用"大白"来制作白毫银针和白牡丹，而"小白"就用来制造贡眉了。通常，"贡眉"是表示上品的，其质量优于寿眉，但近年来则统称贡眉，而不再称寿眉。

贡眉的产区主要位于福建省的建阳县，目前在建瓯、浦城等县也有生产。制作贡眉的鲜叶的采摘标准为一芽二叶至一芽三叶，采摘时要求茶芽中含有嫩芽、壮芽。贡眉的制作工艺分为初制和精制，其制作方法与白牡丹茶的制作基本相同。

优质的贡眉成品茶毫心明显，茸毫色白且多，干茶色泽翠绿，冲泡后汤色呈橙黄色或深黄色，叶底匀整、柔软、鲜亮，叶片迎光看去可透视出主脉的红色。品饮时感觉滋味醇爽、香气鲜纯。

贡眉色灰绿带黄，高级贡眉略露银白色，茶味清香、甜爽可口；叶小毫心亦小，似一丛绿茵中点点银星闪烁，极为悦目。

六、黑茶

黑茶，顾名思义，是因为它的茶色为黑褐色而得名。它属于后发酵茶，是我国特有的茶类，生产历史非常悠久。最早的黑茶是由四川地区生产的，系由绿茶的毛茶经蒸压而成。

当时，由于交通不便而运输困难，要将四川的茶叶运输到西北地区必须减少茶叶的体积，将其蒸压成团块。在将茶叶加工成团块的过程中，由于其堆积发酵的时间比较长，促使茶叶中的多酚类物质充分进行自动氧化，毛茶的色泽就会逐渐由绿变黑，从而使成品团块茶叶的色泽为黑褐色，也因此形成了黑茶汤色黄中带红、香味醇和的独特风味。

目前，黑茶主要产于湖南、湖北、四川、云南、广西等地。其主要品种有湖南黑茶、湖北老边茶、四川边茶、广西六堡散茶、云南普洱茶等。其中，以云南普洱茶最为著名。

用于加工黑茶的鲜叶都比较粗老，采摘标准多为一芽五至六叶，选取叶粗梗长者为原料。黑茶的加工方法是一种适宜于加工老茶叶的好方法，它的制作工艺流程包括杀青、揉捻、渥堆做色、干燥四道工序。渥堆是决定黑茶品质的关键工序，渥堆时间的长短、程度的轻重会直接影响成品茶的品质，从而使不同类别黑茶的风格具有明显差别。

（一）湖南黑茶

16世纪末期，湖南黑茶渐渐兴起。其原产于湖南安化，目前产区已扩大到桃江、沅江、汉寿、宁乡、益阳和临湘等地，种植面积非常广。其实，湖南黑茶最早的产区是位于资江边的苞芷园，后转至资江沿岸的雅雀坪、黄沙坪、硒州、江南、小淹等地。其中品质以高家溪和马家溪等地所产最为著名，而以江南为湖南黑茶的主要集散地。

湖南黑茶的毛茶一般分为四个等级，其中高档茶所选茶芽较为细嫩，低档茶则较为粗老。其生产制作即以毛茶为原料，制作过程需要经过杀青、初揉、渥堆做色、复揉、干燥五道工序。

湖南黑茶有黑茶砖、花茶砖、茯砖茶和湘尖等，均以湖南黑毛茶为原料制成。冲泡后的湖南黑茶汤色为橙黄色，叶底呈黄褐色，内质香味醇厚，并且带有松烟香，没有粗涩的味道。湖南黑茶的干茶因等级的不同，其外观特征也不尽相同：一级茶的条索条条紧卷，外形圆直、叶质较嫩、色泽乌黑润泽；二级茶的品质稍次之，其条索尚紧、色泽黑褐尚润；三级茶则条索欠紧、外形呈泥鳅状、色泽纯净，呈竹叶青带紫油色或柳青色；四级茶茶叶的叶张宽大粗老，条索松扁有皱折，色泽为黄褐色。

（二）四川边茶

黑茶这一茶类起源于四川，可见四川边茶的生产历史之悠久。自宋代以来历朝官府皆推行"花马法"，明代（1371—1541 年）在四川雅安、天全等地开始设立管理茶马交易的"茶马司"。到了清朝乾隆年间，朝廷规定雅安、天全、荣经等地所产的边茶专销康藏地区，也就是销往现在的西藏、青海和四川的甘孜、阿坝、凉山自治州以及甘肃南部地区，因此被称为"南路边茶"；而灌县、崇庆、大邑等地所产的边茶则是专销川西北的松潘、理县、茂县、汶川等地和甘肃的部分地区，因此被称为"西路边茶"。

南路边茶的产地雅安地区属亚热带湿润气候，年降雨量为 1800—2200 毫米，空气相对温度为 77%—83%，年日照长达 791—1060 小时，年平均气温为 14.1℃—16.2℃。茶树主要分布在海拔 580—1800 米的丘陵和山区，茶园内多为黄壤土、红紫土及山地棕壤土，呈酸性或微酸性，土壤中的有机质、矿物质非常丰富，极为适宜茶树的生长。

边茶在藏族人民的生活中占有极为重要的地位，是藏族人民绝不可少的生活必需品。正如藏族谚语中所说，"一日无茶则滞，三日无茶则病"，"宁可一日无食，不可一日无饮"。藏族人民多居住在海拔 3000—4500 米的高原上，气候干燥寒冷，饮边茶可以起到促进血液循环、兴奋神经的作用。

制作南路边茶所选的鲜叶较为粗老，可直接用手来采摘，也可以通过刀割来采摘，所采割的多是当季或当年成熟的新梢枝叶。西路边茶所选的鲜叶原料比南路边茶更为粗老，一般采割的为当年或 1—2 年生茶树的枝叶。

西路边茶的制作极为简单，只需将采下的茶树枝叶经杀青后晒干，即可制成成茶。而南路边茶的制作工艺却比较复杂，且因加工方法的不同，又可分为"毛庄茶"和"做庄茶"两种。"毛庄茶"是指将茶树的鲜枝叶采割下来，经杀青后不需经过揉捻而直接干燥制成的。"做庄茶"则是指将采割下来的枝叶杀青后，还需要经过扎堆、晒茶、蒸茶、揉茶、渥堆发酵等工序以后再进行干燥而制成的。

西路边茶的毛茶色泽枯黄，是压制"茯砖"和"方包茶"的原料；南路边茶品质优良、经熬耐泡，制成的"做庄茶"分为 4 级 8 等；"做庄茶"的特征为茶叶质感粗老，且含有部分茶梗，叶张卷折成条，色泽棕褐有如猪肝色，内质香气纯正，有老茶的香气，冲泡后汤色黄红明亮，叶底棕褐粗老、滋味平和。"毛庄茶"也叫作"金玉茶"，其叶质粗老不成条，均为摊片，色泽枯黄，无论是外形、香气，还是滋味都不及"做庄茶"的品质优异。南路边茶最适合以清茶、奶茶、酥油茶等方式饮用，深受藏族人民的喜爱。

七、花茶

花茶又称熏花茶、熏制茶、香花茶、香片，是采用加工好的绿茶、红茶、乌龙茶茶胚及符合食用需求，能够散发出香味的鲜花为原料，采用特殊的窨制工艺制作而成的茶叶。其主要产区包括福建、广西、广东、浙江、江苏、湖南、四川、重庆等。

花茶的生产历史最早可追溯到 1000 多年前，那时就有在上等绿茶中加入一种香料——龙脑香的制法。到了 13 世纪已有用茉莉花窨茶的记载。在明代钱椿年编著、顾元庆校的《茶谱》一书中，对花茶的制法有较为详细的叙述："木樨、茉莉、玫瑰、蔷薇、蕙兰、莲桔、栀子、梅花皆可作茶，诸花开放，摘其半含半放，蕊之香气全者，量其茶叶多少，摘花为茶……三停茶，一停花，用瓷罐，一层茶，一层花，相间至满，纸箬扎固入锅，重汤煮之，取出待冷，用纸封裹，置火上焙干收用。"清道光年间，顾禄的《清嘉录》中也有记载："珠兰、茉莉花于薰风欲拂，已毕集于山塘花肆，茶叶铺买以为配茶之用者……茉莉则去蒂衡值，号为打爪。"

用于窨制花茶的茶胚主要是绿茶，少数也用红茶和乌龙茶。绿茶中又以烘青绿茶窨制花茶品质最好。花茶因为窨制时所用的鲜花不同而分为茉莉花茶、白兰花茶、珠兰花茶、玳玳花茶、柚子花茶、桂花花茶、玫瑰花茶、金银花茶、米兰花茶等，其中以茉莉花茶产量最大，占花茶总产量的70%左右。

制作花茶的基本工艺包括茶胚复火、玉兰花打底、窨制并和、通花散热、起火、复火、提花、匀堆装箱等工序。

香花中以茉莉花品质最好，茉莉茎秆粗壮、叶片翠绿、花瓣洁白，香气优雅清高。花茶中茉莉花茶最佳，其品质特征香气馥郁芬芳、优雅清高。其次是珠兰花茶，香气清雅纯正；玉兰花茶，香气浓厚强烈；玳玳花茶，味厚香浓；桂花茶，香味淡而持久。茉莉花茶以福建福州、江苏苏州所产为最佳，在1979年全国花茶评比中均名列第一。福州茶厂所产"七窨一提""六窨一提"和苏州茶厂所产"五窨一提"被列为特种名茶；安徽歙县所产"珠兰茶"也颇负盛名。花茶品质以香气为重点，香气鲜灵、滋味浓厚、清香纯正。

茉莉清香袭人、浓郁远溢，又能沁人心脾。因此，茉莉花茶既有烘青绿茶的纯正香气，又兼茉莉花的优雅清高；冲泡后，闻其香味，馥郁鲜灵，观其汤色，绿黄明亮，尝其滋味，清香爽口，饮后尚余花香，耐人寻味，品尝一杯茉莉花茶，令人心旷神怡、焕发精神。花茶不但具有茶叶的药理作用，而用还有香花的药理功效。《本草纲目》中有关于茉莉花的记载："茉莉花辛热甘温，和中下气，僻秽浊，治下痢腹痛。"饮用茉莉花茶，有"鲜明香色凝云液，清澈神情敌露华"的益处。

（一）茉莉花茶

传说在很早以前，北京茶商陈古秋同一位品茶大师研究北方人对茶的种类偏好，忽想起有位南方姑娘曾送给他一包茶叶还未品尝过，便寻出请大师品尝。冲泡时，碗盖一打开，先是异香扑鼻，接着在冉冉升起的热气中，看见一位美貌姑娘双手捧着一束茉莉花，一会工夫又变成了一团热气。陈古秋不解，就问大师，大师说："这茶乃茶中绝品'报恩茶'。"陈古秋想起三年前去南方购茶住客店遇见一位孤苦伶仃少女的经历。那少女诉说了家中停放着父亲尸身却无钱安葬的悲苦遭遇，陈古秋深为同情，便取了一些银子给她。三年过去了，今春又去南方时，客店老板转交给他这一小包茶叶，说是三年前那位少女交送的。当时未冲泡，谁料是珍品。"为什么她独独捧着茉莉花呢？"又重复冲泡了一遍，那手捧茉莉花的姑娘再次出现。陈古秋一边品茶一边悟道："依我之见，这是茶仙提示，茉莉花可以入茶。"次年他把茉莉花加到茶中，从此便有了一种新茶类——茉莉花茶（十大名茶之一）。

茉莉花茶是市场上销量最高的一个花茶的种类，茉莉花的香气一直为广大饮花茶的人所喜爱，被誉为可窨花茶的玫瑰、蔷薇、兰蕙等众花之冠。宋代诗人江奎的《茉莉》赞曰："他年我若修花使，列作人间第一香。"

茉莉花茶的制作方法十分广泛，多以烘青绿茶为主要原料，因此也被称为"茉莉烘青"。近年来，开始流行用龙井、毛峰等名茶作为茶坯来窨制茉莉花茶，它们被称作"特种茉莉花茶"，使得花茶的品质进一步提升。

茉莉花茶在京津地区最受欢迎，也最为流行。京津人最爱喝的就是茉莉花茶，有的"老北京"酷爱花茶，甚至到了"非花茶不饮"的地步。其实北京人喜欢品饮花茶是因为这里原来的水质不好，多为苦涩的硬水，冲泡出的红、绿茶茶汤香低味淡且品质欠佳。而饮花茶不仅能够掩盖不良的水质，并且它浓郁的茶香和醇厚的滋味更能显示出浓郁爽口的茶味。

优质的茉莉花茶具有干茶外形条索紧细匀整，色泽黑褐油润，冲泡后香气鲜灵持久、汤色黄绿明亮、叶底嫩匀柔软、滋味醇厚鲜爽的特点。不过，茉莉花茶因产地不同，其制作工艺与品质也不尽相同、各具特色，其中最为著名的有金华茉莉花茶、苏州茉莉花茶和福建茉莉花茶。

金华茉莉花茶又称"金华花茶"，产于浙江省金华市，采选上好的绿茶作为茶坯，用头圆、粒大、饱满、洁白、光润、芳香的优质茉莉花经窨制而成，制作过程中必须抓住鲜花吐香、茶坯吸香、复火葆香三个重要环节。其品种有茉莉毛峰茶、茉莉烘青花茶、茉莉炒青花茶等，其中以茉莉毛峰茶品质最佳，茉莉毛峰茶全身银毫显露、芽叶花朵卷紧；色泽黄绿透翠、汤色金黄清明；茶香浓郁清高、滋味鲜爽甘醇；旗枪交错杯中、形态优美自然。

苏州茉莉花茶产于江苏省苏州茶厂，它的生产始于南宋，历史十分悠久，是我国的传统名花茶。它选用苏、浙、皖三省吸香性能好的烘青绿茶为茶坯，配以香型清新而又成熟粒大、洁白光润的茉莉鲜花精工窨制而成，其制作工艺之精湛，竟达到十余道工序之多。成品苏州茉莉花茶外观条索紧细匀整、白毫显露，干茶色泽油润；冲泡后的茶汤清澈透明、叶底幼嫩；香气鲜美、浓厚、纯正、清高，入口爽快，持续性能好。

福建茉莉花茶主产于福建省福州市及闽东北地区，它选用优质的烘青绿茶，用茉莉花窨制而成。它的外形秀美、毫峰显露、香气浓郁、鲜灵持久、泡饮鲜醇爽口、汤色黄绿明亮、叶底匀嫩晶绿，经久耐泡。在福建茉莉花茶中，最为高档的要数茉莉大白毫，它采用多茸毛的茶树品种作为原料，使成品茶白毛覆盖。茉莉大白毫的制作工艺特别精细，生产出的成品外形毫多芽壮、色泽嫩黄、香气鲜浓、纯正持久、味醇厚爽口，是茉莉花茶中的精品。

花茶的冲泡讲究对香气的品评，品饮中，低档的花茶主要选用洁净的白瓷杯或白瓷茶壶作为冲泡茶具，冲泡时水温要求为100℃，冲泡5分钟后即可斟饮。北方家庭品饮花茶时还经常采用茶壶共泡分饮法，这种方法不仅方便卫生，而且全家老小团聚一堂，泡上一壶茶，一边品饮，一边拉家常，会给家庭增添温馨的气氛。

在中国的传统习俗中，用盖碗冲泡品饮花茶较为普遍，这一习俗在现在的很多茶馆中还可以见到。盖碗茶具一套共有3件，即茶碗、茶托和茶盖。用盖碗冲泡花茶时茶叶的用量应按1∶50的茶水比例，用90℃—95℃的水来冲泡，冲泡时先用回转法按逆时针顺序冲入每碗水量的1/4—1/3，紧接着用"凤凰三点头"的手法冲水至碗的敞口下限，然后将碗盖盖上，静置2—3分钟后，即可进行品饮。品饮时应先将碗盖掀起，持盖转运手腕，使盖里呈垂直朝向自己的鼻部，香气沿盖上升时用力吸气，即可体会到鲜灵、纯正、浓郁的茉莉花的香气扑鼻而来。再慢慢地进行啜饮，回味茶中的花香，悠然自得、好不舒畅。

对于像茉莉大白毫、茉莉毛峰等这样高档的茉莉花茶，则通常选用透明的玻璃杯作为茶具。茶叶的用量与水的比例也是1∶50，以冲泡2—3次为宜。不过水温要低一些，掌握在85℃—90℃，冲泡后需静置3—5分钟，才能最好地发挥出茶水的香气。采用玻璃杯冲泡时，可以透过透明的玻璃杯欣赏到茶叶精美别致的造型。如冲泡的是特级茉莉毛峰茶，冲泡后可以欣赏到毛峰芽叶在杯中徐徐展开、朵朵直立、上下沉浮，栩栩如生的景象别有一番情趣。品饮时花香茶味交融在一起，令人精神振奋。

（二）玫瑰花茶

玫瑰花茶盛产于广东、福建、浙江等地，是采用玫瑰花与茶叶混合窨制而成的一种花茶品种。玫瑰花不仅花型美观，而且香气馥郁芬芳，十分适合用来窨制花茶。在我国，用玫瑰花窨制花茶的历史由来已久，早在我国明代钱椿年编著、顾元庆校的《茶谱》中就对其有详细的记载。

玫瑰花原名徘徊花，原产于我国、朝鲜及日本，是蔷薇科的落叶灌木，品种繁多，连同月季可谓是花中最大的家族。玫瑰花中富含多种挥发性的香气成分，是茶叶进行窨花的主要原料。我国目前生产的玫瑰花茶主要有玫瑰红茶、玫瑰绿茶、墨红红茶、杭州玫瑰九曲红梅等花色品种。

用于窨制花茶的玫瑰花要在花信期间，采当日朵大饱满、花瓣肥厚、色泽鲜艳红润、含苞初放之鲜花。玫瑰花采下后，经过适当的堆放，拆瓣，拣去花蒂、花蕊，以净花瓣进行窨制工序。广东的玫瑰红茶实行单窨，下花量为 100 千克茶用 10—16 千克花；福建的玫瑰绿茶实行两窨一提，总下花量为 100 千克茶用 50 千克花；九曲红梅实行一窨一提，用花量为 100 千克茶下 20 千克。玫瑰花茶香气浓郁、甜香扑鼻，品饮时滋味甘美、口鼻清新。

在众多的玫瑰花茶中，广东所产的玫瑰红茶深受人们欢迎，特别是受到年轻女性的青睐。玫瑰红茶是以工夫红茶和玫瑰花为原料窨制而成，其外形条索紧细、色泽乌润、显花片，内质有浓郁的玫瑰花香，滋味浓醇馥郁、汤色红亮、叶底嫩亮。由于玫瑰花的色泽和香型与红茶的色泽和香型非常匹配，且所形成的品质风格芬芳雅致，与时尚女性的品味非常相投，因此是年轻女性最为喜爱的一种花茶品种。

（三）珠兰花茶

珠兰花茶是以烘青绿茶和珠兰或米兰鲜花为原料窨制而成，主要产于安徽、福建、江苏、浙江、云南等地。

珠兰花茶的历史十分悠久，早在明代时就有出产，据《歙县志》记载："清道光，琳村肖氏在闽为官，返里后始栽珠兰，初为观赏，后以窨花。"清《花镜》载："真珠兰……好清者，每取其蕊，以焙茶叶甚妙。"珠兰是一种金粟兰科的兰花，它叶似茶，花似珍珠，所以又名珍珠兰、茶兰。珠兰的花期自 4 月上旬至 7 月。鲜花要求当日采摘，采摘标准为花粒成熟、肥大，呈绿黄或金黄且色泽鲜润的花朵。珠兰花一般于午后开放，如果适时进行窨茶，可以充分吸收花香，达到最佳的品质，所以珠兰花茶都在午后开始窨制。

珠兰花茶的窨制工艺为鲜花摊凉、轻扎、茶花拌和、通火、复火、趁热装箱等几道工序。茶花配比为高档茶12%—15%、中档茶6%—10%、低档茶4%—5%。制成的珠兰花茶具有清香幽雅、鲜爽持久的独特风格。

珠兰花茶分为五个等级，一般其品质以香气清幽、纯正者为上品，馥郁纯正者为中品，香弱、香浮、香杂者为下品。如果再细致地分辨，一级茶的外形条索细紧、匀整平伏、色泽绿润显锋苗，冲泡后汤色清澈明亮、香气清鲜幽雅、叶底细嫩匀齐明亮，饮时滋味醇浓，鲜爽回甘；二级茶的外形条索紧结匀齐、色泽黄绿尚润，冲泡后汤色浅黄明亮，香气尚显清鲜幽雅、叶底较嫩尚匀亮，饮时滋味尚觉鲜醇爽口；三级茶的外形条索尚紧平伏、色泽黄绿稍润，冲泡后汤色黄绿尚明亮、香气尚鲜幽长、叶底尚嫩亮，饮时滋味尚觉醇厚；四级茶的外形条索壮实、稍露筋梗、色泽尚绿带黄条，冲泡后汤色黄绿尚明、香气尚鲜、叶底尚软、较为匀整，品饮时滋味醇和；五级茶的外形条索稍粗略扁，含梗片，色泽绿黄稍枯暗，冲泡后汤色黄绿略暗、香气尚鲜，叶底较为粗老，品饮时感觉滋味稍淡并略微发涩。

根据产地的不同，珠兰花茶有歙县珠兰花茶、江苏珠兰花茶、江西珠兰花茶、云南珠兰花茶、金华珠兰花茶之分。各地所产珠兰花茶虽大致品质相同，但各地所产也具有各地的特色，这里着重介绍歙县珠兰花茶：

歙县珠兰花茶产于安徽省歙县，生产历史较为悠久。据《益闻录》记载："建德（安徽东至县），产茶之区，绿叶青芽，茗香遍地，向由山西客贩至北地归化城一带出售。"咸丰元年（1851年），《中俄伊犁塔尔巴哈台通商章程》签订后，山西茶商在建德采办珠兰花茶贩至河南，转贩新疆乌鲁木齐、塔尔巴哈台等处。后因战乱，于同治年间（1864—1871年），珠兰花茶在建德消失了。后来歙县地区开始栽培珠兰花用来窨制珠兰花茶，所产花茶主要销往山东和华北、东北各地，如今已行销海内外。

歙县的珠兰花茶产区属黄山山脉，这里土壤肥沃、呈微酸性，气候温和、雨量充沛，年平均气温为15℃—16℃，年平均降雨量在1500毫米以上，自然条件十分有利于茶树和珠兰的生长。

　　珠兰花的采摘在 4 月至 7 月间，每天上午采收鲜花，一般不过午。歙县珠兰花茶的窨制工艺分为两个阶段：一为制茶坯，二为窨花。花茶的档次以制坯原料品质高低而异，用毛峰、大方毛茶制坯窨制的花茶属高档名茶；用烘青原料窨制的为大众花茶。制作茶坯是将毛峰、大方、烘青等毛茶原料，分级分批通过筛分制坯工艺，按标准精制成各种青茶坯，又称精制素茶。窨花工艺，则是将精制素茶窨以新鲜的珠兰鲜花，使原料茶充分地吸收花香，经一次或多次窨花之后，便制成了成品的珠兰花茶。

　　因歙县所产的珠兰花香浓而不烈、清而不淡，故其窨制的烘青珠兰花茶清香幽雅、鲜纯爽口，外形条索匀齐、色泽深绿光润，冲后整朵成串，宛如一串珍珠，汤色黄绿清明，叶底芽叶肥壮柔软、嫩绿匀亮，品饮时滋味醇和爽口。有珠兰黄芽峰、珠兰大方、珠兰烘青等品种。

　　窨制出的金华珠兰花茶也分为 1—5 级：一级茶外形条索细紧匀直、色泽绿润显锋苗，汤色清澈黄绿明亮、叶底细嫩、匀齐明亮，内质香气清鲜幽长、滋味醇厚鲜爽；二级茶外形条索尚细匀整，稍有锋苗，色泽尚显绿润，汤色尚清澈、黄绿明亮，叶底尚嫩绿明亮，内质香气尚清鲜幽长、滋味尚醇厚鲜爽；三级茶外形条索尚紧匀整、色泽尚绿，汤色黄绿尚明亮、叶底尚嫩匀，稍有摊张，内质香气幽长、滋味醇和；四级茶外形条索尚紧、略扁、稍松，含有圆头块，色泽深绿，汤色黄绿，叶底黄绿欠明亮，稍有摊张，内质香气纯正、滋味纯正平和；五级茶的外形条索稍粗松，带扁条圆块，多梗，色泽黄绿稍暗，汤色黄绿稍暗，叶底黄绿稍粗老，摊张较多，内质香气尚纯正、滋味淡薄。

（四）白兰花茶

　　白兰花茶的主要原料是白兰花，也叫"缅桂"，是一种夏秋季开的白花，以夏季最盛。用白兰花窨茶已有悠久的历史，纯粹的白兰花花香浓烈、持久，滋味浓厚。不过，现在的白兰花茶有些品种也有同属之黄兰（也称"黄桷兰"）、含笑等窨制的。

　　白兰花茶的主要品种是白兰烘青，它采用中、低档烘青绿茶作为茶坯，以花香浓郁持久的白兰花进行窨制，其窨制技术主要有鲜花养护、茶坯处理、窨花拌和与匀堆装箱等多道工序。制成的白兰烘青茶外形条索紧结重实、色泽墨绿尚润、香气鲜浓持久、汤色黄绿明亮、叶底嫩匀明亮、滋味浓厚尚醇。

含笑花是一种淡黄色的花，它香气清幽隽永，可以代替白兰花来窨制高级烘青类名茶。用含笑花窨制出的花茶其外形条索紧细匀整，色泽翠绿油润，香气清醇隽永，汤色黄绿清澈，叶底嫩黄柔软，滋味鲜爽回甘。

（五）玳玳花茶

玳玳花茶是我国花茶家族中的一枝新秀，主要产于江苏苏州、浙江金华、福建福州等地，其中苏州生产玳玳花茶的历史至今已有 250 余年，由于它香高味醇的品质和玳玳花开胃通气的药理作用，深受人们的欢迎，被誉为"花茶小姐"。

玳玳花也叫"回青橙"，它是一种每年的春夏季节开放的白花，开花时香气非常浓郁。由于玳玳花当年冬季为橙红色，翌年夏季又变青，所以被称作"回青"。夏季盛开的玳玳花一般较少采摘用于窨制花茶，而较多地是采用春季开放的玳玳花。春季的玳玳花一般开在 4 月至 5 月上旬，比茉莉、白兰的时间早，但是花期短，只有 1 个月左右。春季的鲜花质量最好，因此春季采摘的花量占到了全年采收量的 90% 以上。玳玳花的开放程度与香气的浓淡有着密切的关系。未开放的玳玳花称"米头花"，这种花香气比较低淡；花苞完全开放的叫"开花"，这种花花瓣开裂，花蕊显露，香味已开始挥发，香气也比较淡。这两种花都不适宜用来制花茶。采摘用于窨制花茶的玳玳花，应采选那种花朵已开而未开足的。这种含苞待放的玳玳花称做"扑头花"，这种花香气随花瓣开裂而散发，进厂后只要稍加摊放，散发闷热味后就可进行窨花，用这种花制出的花茶效果最佳。

玳玳花茶的茶坯一般选用中档的茶叶进行窨制，头年必须备好足够的茶坯，因为茶坯的贮藏最忌讳的是霉变，所以一定要将茶坯贮于干燥、阴凉的环境中，让其绿茶风格保持如常。在窨制前，需要烘好素坯，使陈味挥发、茶香透出，从而更有利于玳玳花的香气与茶味的结合。

由于玳玳花的花瓣较为厚实，其香气只有在较高的温度条件下才容易散发出来，因此在窨制花茶的过程中，需要常加温热窨，以有利于玳玳花香气的挥发和茶坯的吸香。

因产地的不同，各地所产的玳玳花茶在品质上也略有不同。

苏州产的玳玳花茶品质最优，其外形条索细匀有锋苗；内质香气鲜爽浓烈，滋味浓醇，汤色黄明，叶底黄绿明亮。

福州所产玳玳花茶外形与苏州所产极为相似，其内质花香香气浓郁，冲泡后滋味醇厚。

金华所产玳玳花茶分四级和五级，四级茶外形条索尚紧略扁稍松，含有圆头块，色泽深绿；内质汤色尚黄、香气尚鲜较浓、滋味纯正平和、叶底黄绿欠明亮，稍有摊张。五级茶则外形条索稍粗松，带有扁条，含有圆头块，多梗，色泽黄绿稍暗；内质汤色黄绿稍暗、香气尚高；品饮时滋味淡薄，叶底黄绿稍粗老、多梗、多摊张。

第四节　中国十大名茶

一、西湖龙井

传说乾隆皇帝下江南时，来到杭州龙井狮峰山下看乡女采茶，以示体察民情。这天，乾隆皇帝看见几个乡女正在十多棵绿荫荫的茶蓬前采茶，心中一乐，也学着采了起来。刚采了一把，忽然太监来报："太后有病，请皇上急速回京。"乾隆皇帝听说太后娘娘有病，随手将一把茶叶向袋内一放，日夜兼程地赶回京城。其实太后只是因山珍海味吃多了，一时肝火上升、双眼红肿并伴有胃部不适，并没有什么大病。此时见皇儿来到，只觉一股清香传来，便问他带来了什么好东西。皇帝也觉得奇怪，哪来的清香呢？他随手一摸，啊，原来是杭州狮峰山的一把茶叶，几天过后已经干了，浓郁的香气就是它散发出来的。太后便想尝尝茶叶的味道，宫女将茶泡好，送到太后跟前，果然清香扑鼻。太后喝了一口，双眼顿时舒适多了，喝完后，红肿消了，胃也不胀了。太后高兴地说："杭州龙井的茶叶，真是灵丹妙药。"乾隆皇帝见太后这么高兴，立即传令下去，将杭州龙井狮峰山下胡公庙前那十八棵茶树封为御茶，每年采摘新茶，专门进贡太后。至今，杭州龙井村胡公庙前还保存着这十八棵御茶，到杭州的旅游者中有不少还专程去察访一番，拍照留念。龙井茶与虎跑泉素称"杭州双绝"。用虎跑泉泡龙井茶，色香味绝佳，可谓"双绝"佳饮。

西湖龙井因产于杭州西湖山区的龙井而得名，习惯上称之为"西湖龙井"。它的主要产地狮峰山、梅家坞、翁家山、云栖、虎跑、灵隐等地具有得天独厚的生态条件，这里处处林木繁茂、翠竹婆娑，气候温和、雨量充沛，尤其春茶季节，更是细雨濛濛、溪涧常流。一片片茶园就这样常年处在云雾缭绕、浓荫笼罩之中，从而形成了龙井茶区的茶树芽叶柔嫩而细小、富含氨基酸与多种维生素的优良品质。

龙井茶的采摘有三大特点：一是早，二是嫩，三是勤。历来龙井茶的采摘讲究以早为贵，明代田艺衡在《煮泉小品》中曾有"烹煎黄金芽，不取谷雨后"之句，说明高级龙井茶向来就强调要早采。通常以清明前所采制的龙井茶品质为最佳，被称为"明前茶"；谷雨前所采制的品质尚好，被称为"雨前茶"。另外，龙井茶的采摘还十分强调芽叶的细嫩和完整：通常只采一个嫩芽的称"莲心"；采一芽一叶，叶似旗、芽似枪的，称"旗枪"；采一芽两叶初展的，由于芽叶的外形卷如雀舌，因此称"雀舌"。

采回的鲜叶需要在室内进行薄摊，目的是为了散发茶叶中所含的青草气，以增进茶香，减少苦涩味，提高鲜爽度，还可以使炒制的龙井茶外形光洁、色泽翠绿。经过摊放的鲜叶需进行筛分，然后分别进行炒制。高级龙井茶的制作是根据鲜叶的大小、老嫩程度和锅中茶坯的成型程度，通过抖、搭、带、捺、甩、抓、推、扣、压、磨"十大手法"，全凭一双手在一口光滑的特制铁锅中，既手不离茶、茶不离锅，又以不断变化的手法炒制而成，非常巧妙。因此，只有掌握了熟练技艺的人，才能炒出色、香、味、形俱佳的龙井茶来。难怪当年乾隆皇帝在杭州观看了龙井茶的炒制后，也为其所花费的劳力之大和技艺功夫之深而感叹不已。

高级龙井茶的炒制共分为青锅、回潮和辉锅三道工序。所谓青锅，就是指杀青和初步造型的过程：当锅温达到80℃—100℃时，先涂抹少许的油脂或石蜡以使锅内更加光滑，然后投入约100克经摊放过的鲜叶，以抓、抖手式为主进行炒制，当散发掉一定的水分后，再逐渐改用搭、压、抖、甩等手式进行初步造型，所用压力由轻而重，以达到理直成条、压扁成型的目的，直至炒至七八成干时起锅。起锅后还需进行薄摊回潮，摊凉后的茶叶再经过筛分，即可进行辉锅。辉锅的目的是进一步整形和炒干。当炒至茸毛脱落，叶片扁平光滑，茶香透出，折之即断时，即可起锅，然后再经摊凉、簸去黄片、筛去茶末即成。

炒制好的龙井茶很容易受潮变质，因此必须及时用纸把它包好，然后放入底层铺有块状石灰的缸中加盖密封收藏。如果贮藏得法的话，大约半个月到一个月后，龙井茶的香气会更加清香馥郁，滋味也会更加鲜醇爽口。如能一直保持茶叶的干燥，优质的龙井茶就算贮藏一年后仍能保持色绿、香高、味醇的品质。

西湖山区的龙井茶，由于产地的生态条件和炒制技术等差别。历史上形成了"狮""龙""云""虎"四个品类。其中，狮字号为龙井村狮子峰一带所产；龙字号为龙井、翁家山一带所产；云字号为云栖、梅家坞一带所产；虎字号为虎跑、四眼井一带所产。后来，根据生产的发展和品质风格的实际差异性，龙井茶又被调整分为"狮峰龙井""梅坞龙井""西湖龙井"三个品类。"狮峰龙井"以香气高锐而持久见长，滋味鲜醇，干茶色泽略黄，呈俗称的"糙米色"；"梅坞龙井"则外形挺秀，叶片色泽翠绿、扁平光滑；"西湖龙井"的特点是叶质肥嫩，但香味不及狮峰、梅坞所产。在这三个品类中，尤以"狮峰龙井"品质最佳。

龙井茶按照品质分类，一共分为十三个等级：一般特、一、二、三级为高级龙井；四到六级为中级龙井；七级以下为低级龙井。高级龙井茶的色泽翠绿，外形扁平光滑，形似"碗钉"（扁平、中间宽、两头稍尖），汤色碧绿明亮、香气馥郁如兰、滋味甘醇鲜爽，素有"色绿、香郁、味醇、形美"四绝佳茗之美誉。

古人对泡茶的水也十分讲究，他们认为好茶加好水才能更有利于茶的色、香、味、形的充分发挥。"龙井茶、虎跑水"号称杭州西湖的双绝，用虎跑水泡龙井茶，别有一番风味。宋代诗人苏东坡便有"欲把西湖比西子""从来佳茗似佳人"的诗句。

二、黄山毛峰

黄山位于安徽省南部，不仅是著名的游览胜地，而且群山之中所产名茶"黄山毛峰"品质优异。讲起这种珍贵的茶叶，还有一段有趣的传说：明天启年间，江南黟县新任县官熊开元带书童来黄山春游，迷了路，遇到一位腰挎竹篓的老和尚，便借宿于寺院中。长老泡茶敬客时，知县细看这茶叶色微黄、形似雀舌、身披白毫，开水冲泡下去，只见热气绕碗边转了一圈，转到碗中心就直线升腾，约有一尺高，然后在空中转一圆圈，化成一朵白莲花。那白莲花又慢慢上升化成一团云雾，最后散成一缕缕热气飘荡开来，清香满室。知县问后方知此茶名叫黄山毛峰，临别时长老赠送此茶一包和黄山泉水一葫芦，并嘱一定要用此泉水冲泡才能出现白莲奇景。熊知县回县衙后正遇同窗旧友太平知县来访，便将冲泡黄山毛峰表演了一番。太平知县甚是惊喜，后来到京城禀奏皇上，想献仙茶邀功请赏。皇帝传令进宫表演，然而不见白莲奇景出现，皇上大怒，太平知县只得据实说茶乃黟县知县熊开元所献。皇帝立即传令熊开元进宫受审，熊开元进宫后方知未用黄山泉水冲泡之故，讲明缘由后请求回黄山取水。熊知县来到黄山拜见长老，长老将山泉交付予他。在皇帝面前再次冲泡玉杯中的黄山毛峰，果然出现了白莲奇观，皇帝看得眉开眼笑，便对熊知县说道："朕念你献茶有功，升你为江南巡抚，三日后就上任去吧。"熊知县心中感慨万千，暗忖道："黄山名茶尚且品质清高，何况为人呢？"于是脱下官服玉带，来到黄山云谷寺出家做了和尚，法名正志。如今在苍松入云、修竹夹道的云谷寺下的路旁，有一檗庵大师墓塔遗址，相传就是正志和尚的坟墓。

黄山毛峰是绿茶中的珍品。它产于黄山风景区和毗邻的汤口、充川、岗村、芳村、扬村、长潭一带。黄山巍峨奇特的峰峦、苍劲多姿的松柏、清澈不湍的山泉、波涛起伏的云海，形成了闻名遐迩的黄山"四绝"，引人入胜。这里地理条件优越、土质良好、温暖湿润、云雾缥缈，非常适宜茶树的生长。生产黄山毛峰的茶园就处在海拔 700—800 米山间的荫蔽高湿自然环境里，天天在云蒸雾罩之中，不受寒风烈日侵蚀，加之周围花香遍野，使茶树自然地熏染了天然的香气。

黄山毛峰的历史非常悠久，早在 400 多年前，黄山所产茶叶就已经非常著名了。《黄山志》中称："莲花庵旁就石隙养茶，多清香冷韵，袭人断腭，谓之黄山云雾茶。"传说这黄山云雾茶就是黄山毛峰的前身。明代许次纾也在《茶疏》中记载："天下名山，必产灵草，江南地暖，故独宜茶。……若歙之松萝，吴之虎丘，钱塘之龙井，香气浓郁，并可雁行。往郭次甫呕称黄山。"清代江澄云《素壶便录》中记述："黄山有云雾茶，产高山绝顶，烟云荡漾，雾露滋培，其柯有历百年者，气息恬雅，芳香扑鼻，绝无俗味，当为茶品中第一。又有一种翠雨茶，亦产黄山，托根幽壑，色较绿，味较浓，香气比云雾稍减，亦轶出松萝一头。"

不过，真正的黄山毛峰茶是何时创制的呢？据《徽州商会资料》记载：黄山毛峰起源于清光绪年间（1875 年前后）。当时有位歙县茶商谢正安（字静和）开办了"谢裕泰"茶行，为了迎合市场需求，清明前后亲自率人到充川、汤口等高山名园选采肥嫩芽叶，再经过精细炒焙，创制出了风味俱佳的优质茶。由于该茶白毫披身、芽尖似峰，所以取名叫作"毛峰"。又因为它产自黄山一带，所以后来冠之以地名称其为"黄山毛峰"。陈彬藩的《茶经新篇》中称黄山毛峰为烘青绿茶的珍品。

黄山毛峰的品质分为特级和一、二、三级，以特级为代表，三级以下则是歙县烘青。"好茶贵在及时采"，特级黄山毛峰都是在清明至谷雨前后采制，采摘标准为一芽一叶初展的芽叶，一般选用芽头壮实茸毛多的制高档茶，当地称之为"麻雀嘴稍开"。鲜叶采回后即需摊开，并进行拣剔，去除老、茎、杂。毛峰以晴天采制的品质为佳，并要求现采现制，即芽叶采下的当天便要进行高温杀青、理条炒制和烘焙，将鲜叶制成毛茶。杀青要求鲜叶下锅，炒制时讲究"撒得开，翻得快，手势轻"，使茶色均匀、杀青透彻。揉捻时则采取边炒边揉的方法，加以整条，不能把芽叶揉碎，白毫不能受损，条索卷曲紧实。烘焙主要是控制火候，要求湿度适当、勤炒勤翻，以免烘焦而破坏茶叶的香味。炒制好的黄山毛峰要进行妥善保存，在出售前仍要经拣剔去除杂质，再进行复火，使茶香充分的透发，而后趁热进行包装密封，才能销售。

黄山毛峰条索细扁，翠绿中略泛微黄，色泽油润光亮，尖芽紧偎叶中，形状好似雀舌，并带有金黄色鱼叶（俗称"茶笋"或"金片"，是区别于其他毛峰的显著特征之一）；茶芽肥壮、匀齐，白毫显露，色似象牙；冲泡后香气清鲜高长，馥郁酷似白兰；汤色清澈明亮，带杏黄色；叶底嫩黄肥壮，匀亮成朵；品饮时感觉滋味鲜浓、醇厚，回味甘甜，可用"香高、味醇、汽清、色润"来形容。

三、洞庭碧螺春

"碧螺春"产于我国著名风景旅游胜地江苏省苏州市的吴县洞庭山，所以又叫"洞庭碧螺春"。

相传很早以前，西洞庭山上住着一位名叫碧螺的姑娘，东洞庭山上住着的一个名叫阿祥小伙子。两人在心里深深相爱着。有一年，太湖中出现一条凶恶残暴的恶龙，扬言要占有碧螺姑娘，阿祥决心与恶龙决一死战。一天晚上，阿祥操起渔叉，潜到西洞庭山同恶龙搏斗，一直斗了七天七夜，双方都筋疲力尽了，阿祥昏倒在血泊中。碧螺姑娘为了报答阿祥的救命之恩，亲自照料他。可是阿祥的伤势一天天恶化。一天，姑娘为找草药来到了阿祥与恶龙搏斗的地方，忽然看到一棵小茶树长得特别好，心想：这可是阿祥与恶龙搏斗的见证，应该把它培育好。至清明前后，小茶树长出了嫩绿的芽叶，碧螺采摘了一把嫩梢，回家泡给阿祥喝。说来也奇怪，阿祥喝了这茶后，病居然一天天好了起来。阿祥得救了，姑娘心上沉重的石头也落了地。就在两人陶醉在爱情的幸福之中时，碧螺的身体再也支撑不住了，她倒在阿祥怀里，再也没有睁开双眼。阿祥悲痛欲绝，把姑娘埋在了洞庭山的茶树旁。从此，他努力培育茶树，采制名茶。"从来佳茗似佳人"，为了纪念碧螺姑娘，人们就把这种名贵茶叶取名为"碧螺春"。

碧螺春的名气固然与美丽的传说是分不开的，但是其得天独厚的生长环境与精湛的采制工艺是它流传至今并不断发扬光大的根本所在。碧螺春的茶乡，是太湖之滨的洞庭东山和西山。这里是风景旅游胜地，湖中烟波浩淼、碧水荡漾；洞庭东山宛如巨舟伸进太湖的半岛；西山是一个屹立在湖中的岛屿，相传曾是吴王夫差和西施的避暑胜地。山上的林屋洞是道教修行的洞天福地，这里环境优美，果木茶树间作成园，生长茂盛。洞庭二山，气候温和、土壤肥沃、山水相依、云雾弥漫、空气清新，非常适宜茶树生长。

碧螺春的茶叶非常娇嫩，采摘必须非常及时和细致。高级碧螺春在春分前后便开始采制，"分前"的碧螺春十分名贵，堪称"十年难得的珍品"。到了清明时正是采制的黄金季节，此时的碧螺春也贵为上品。采摘时要采细嫩的一芽一叶的初展芽叶为原料，采回后经拣剔去杂，再经杀青、揉捻、搓团、炒干而制成，制作时要根据不同的鲜叶严格掌握好鲜叶的用量、火工、做形的用力大小，炒制要点是"手不离茶，茶不离锅，炒中带揉，连续操作，茸毛不落，卷曲成螺"。从"采""拣"到"制"，三道工序都必须非常精细。只有细嫩的芽叶、巧夺天工的高超技艺，才能形成碧螺春色、香、味、形俱美的独特风格。

碧螺春茶最简易的贮藏方法就是将其包好后，放入几块生石灰，密闭干燥。不过，如果密闭干燥后，放入冰箱冷藏，则保鲜时间可以更长。

碧螺春条索紧结、卷曲成螺、白毫密被、银绿隐翠、清香文雅、浓郁甘醇、鲜爽生津、回味绵长、花香果味、沁人心脾，别具一番风韵。

碧螺春一般分为七个等级，大体上芽叶随一至七级逐渐增大，茸毛逐渐减少。炒制时锅温、投叶量、用力程度，随级别降低而增加。即级别低的要求锅温高，投叶量多，做形时用力较重。在鉴别时，一般采用"三看""三闻""三品""三回味"的方法："三看"即一看干茶的外形、二看茶汤的色泽、三看叶底；"三闻"即一闻干茶的香型、二闻热茶香味、三闻杯底留香；"三品"即品火功、品滋味、品韵味；"三回味"是在品了真正的好茶后，一是舌根回味甘甜、满口生津，二是齿颊回味甘醇、留香尽日，三是喉底回味甘爽、气脉畅道，五脏六腑如得滋润，使人心旷神怡、飘然欲仙。

品尝碧螺春，可在白瓷茶杯或洁净透明的玻璃杯中放入 3 克茶叶，不必加盖，先用少许热水浸润茶叶，待芽叶稍展开后，续加 80℃热水冲泡；也可先往杯中注水，后投茶叶。静待 2—3 分钟后即可闻香、观色、品评：瞬时间碧绿纤细的芽叶沉浮于杯中，犹如白云翻滚，雪花飞舞，叶底成朵。鲜嫩如生；欣赏了碧螺春在杯中的奇妙变化后，随之会有扑鼻的清香徐徐而来，细啜慢品碧螺春的花香果味，头酌色淡、幽香、鲜雅；二酌翠绿、芬芳、味醇；三酌碧清、香郁、回甘，使人心旷神怡，仿佛置身于洞庭东西山的茶园果圃之中，领略那"入山无处不飞翠，碧螺春香百里醉"的意境，真是其贵如珍，不可多得。

碧螺春有"一嫩（芽叶）三鲜（色、香、味）"之称，在众多的名茶中，它的细秀是出了名的。如果把茶叶装在罐子里，看起来相当蓬松，所以素有"一斤碧螺春，四万春树芽"之称，可见其功夫之深、芽叶细嫩的程度。

四、祁门红茶

祁门红茶也叫祁门工夫红茶，简称祁红，主要产于安徽省祁门县及毗邻的石台县、东至县、贵池市、黟县、黄山区等地域。位于皖赣两省毗邻地区，为黄山山脉、九华山脉西段山地。这里山峦起伏，清溪纵横，地势北高南低，地貌呈中山、低山、丘陵、山间盆地和狭窄的河谷平畈相交特征。"晴时早晚遍地雾，阴雨成天满山云"，"云以山为体，山以云为衣"，这是祁门地区春夏季节云雾缭绕的气候特征的真实写照。显著的地域气候、优越的自然环境，造就了祁门红茶优良的茶叶品质。

祁门产茶历史悠久，唐代已久负盛名。唐代祁门、休宁、歙县所产茶叶以浮梁为集散地。《元和郡县志》载："浮梁岁出茶七十万驮，税十五万余贯。"祁门旧属浮梁，唐永泰二年（765 年）才由浮梁大部和黟县一部分建成阊门县，后改为祁门县。白居易在《琵琶行》诗中有"商人重利轻别离，前月浮梁买茶去"之句，佐证了浮梁及其毗邻祁门是当时极为重要的优质茶产地，并有相当数量的商品茶投入交易。不过祁门在清代光绪以前，并不生产红茶，而是盛产绿茶，制法与六安茶相仿，也因此曾有"安绿"之称。光绪元年，黟县人余干臣从福建罢官回籍经商，创设茶庄，祁门遂改制红茶，并以其独树一帜的风格，成为当代红茶的后起之秀，至今已有 100 多年历史。据《祁红复兴计划》称："吾国出口红茶声誉最大，价格独高，除印度大吉岭所产，无与相颉颃者，举世红茶，惟此两种。"《安徽省志·农业志》载："祁门红茶是中国工夫红茶中的珍品，……非其他红茶所能比，国外赞为'祁红茶'被列为与印度大吉岭和斯里兰卡的乌伐齐名的世界三大高香名茶之首，尤其在英国，人们把它誉为'茶中英豪''群芳最''王子茶'而赞不绝口。"陈椽所著《安徽茶经》载："祁红之所以这样著名，是由于它外形内质兼美，特别是色香味三者俱臻上乘。……为世界上一切红茶所不及。"

祁门红茶于每年的清明前后至谷雨前开园采摘，并现采现制，以保持鲜叶的有效成分。特级祁红以一芽二叶为主，其制作分初制、精制两大过程。初制包括萎凋、揉捻、发酵、烘干等工序将鲜叶制为毛茶，其中烘焙过程要求密闭门窗，保养香气，低温慢烘，以形成特殊甜香；精制则将长、短、粗、细、轻、重、直、曲不一的毛茶，经筛分、整形、审评提选，分级归堆。为了提高干度，保持品质，便于贮藏和进一步发挥茶香，还需要进行复火、拼配，才能成为形质兼优的成品茶。

祁门红茶外形条索紧细秀长、略带弯曲，金黄芽毫显露、锋苗秀丽，色泽乌润；冲泡后汤色红艳润泽、叶底鲜红明亮、滋味浓醇而不涩；其香气因火功不同而分别呈现出蜜糖香、甜花香、果香，香气清鲜而且持久，风韵独具，因此被誉为"祁门香"。

祁门红茶即使添加鲜奶也不会失其香醇，将鲜奶倒入红茶中，杯中会呈现粉红色，形色优美，为其他红茶所不及。春天饮红茶以祁红最宜，做下午茶和睡前茶也很适合。

五、安溪铁观音

安溪是福建省东南部靠近厦门的一个县，为闽南乌龙茶的主产区，种茶历史悠久，唐代已有茶叶出产。安溪境内雨量充沛、气候温和，适宜于茶树的生长，而且经历几代茶人的辛勤劳动，选育繁殖了一系列茶树良种，目前境内保存的良种有60多个，铁观音、黄旦、本山、毛蟹、大叶乌龙、梅占等都属于全国知名良种。因此安溪有"茶树良种宝库"之称。在众多的茶树良种中，品质最优秀、知名度最高的要数"铁观音"了。铁观音原产安溪县西坪镇，已有200多年的历史。关于铁观音品种的由来，在安溪还留传着这样一个故事。相传，清乾隆年间，安溪西坪上尧茶农魏饮制得一手好茶。他每日晨昏泡茶三杯供奉观音菩萨，十年从不间断，可见礼佛之诚。一夜，魏饮梦见在山崖上有一株透发兰花香味的茶树，正想采摘时，一阵狗吠把好梦惊醒。第二天果然在崖石上发现了一株与梦中一模一样的茶树，于是采下一些芽叶，带回家中，精心制作。制成之后茶味甘醇鲜爽，精神为之一振。魏认为这是茶之王，就把这株茶挖回家进行繁殖。几年之后，茶树长得枝叶茂盛。因为此茶树美若观音重如铁，又是观音托梦所获，就叫它"铁观音"。从此铁观音就名扬天下。铁观音是乌龙茶的极品，其品质特征是：茶条卷曲，肥壮圆结，沉重匀整，色泽砂绿，整体形状似蜻蜓头、螺旋体和青蛙腿。冲泡后汤色多黄浓艳似琥珀，有天然馥郁的兰花香，滋味醇厚甘鲜，回甘悠久，俗称有"音韵"。茶音高而持久，可谓"七泡有余香"。

铁观音创制于清乾隆初年，至今已有两百余年的历史。传说清雍正十年（1732年）中副贡、乾隆十年（1745年）出任湖广（今湖北）黄州府蕲州通判的安溪西坪尧阳南岩（今西坪乡南岩村）仕人王士让。据说此人曾筑书房于南山之麓，取名为"南轩"。清乾隆元年（1736年）春，王士让与他的很多朋友经常会文于南轩，每当夕阳西坠之时，经常徘徊于南轩附近。一天，王士让见层石荒园间有株茶树异于他种，于是将它移植到南轩的苗圃之中，朝夕管理，精心培育。从此，这棵茶树年年繁殖，长得是枝叶茂盛，圆叶红心。经采制加工制成的成品乌润肥壮，气味超凡；泡饮之后，香馥味醇、沁人肺腑。清乾隆六年，王士让奉召赴京，觐见礼部侍郎方望溪，便以此茶馈赠。方侍郎品其味非凡，便转献于内廷。乾隆皇帝饮后，非常喜爱，因为该茶外形结实，颜色乌润，沉重似"铁"，味香形美，犹如"观音"，于是便赐名为"铁观音"。

据《清水岩志》载："清水高峰，出云吐雾，寺僧植茶，饮山岚之气，沐日月之精，得烟霞之霭，食之能疗百病。老寮等属人家，清香之味不及也。鬼空口有宋植二三株，其味尤香，其功益大，饮之不觉两腋风生，倘遇陆羽，将以补茶话焉。"说明安溪早在唐代便已产茶。到了明代的时候，安溪产茶渐渐盛行起来。清初诗僧释超全在《安溪茶歌》中便有"安溪之山郁嵯峨，其阴常湿生丛茶。居人清明采嫩叶，为价甚贱保万家"之句。

安溪县地处戴云山脉的东南坡，地势从西北向东南倾倒。西部以山地为主，层峦叠嶂，最高峰海拔达1600米，通称"内安溪"。东部以丘陵为主，通称"外安溪"。以往茶区集中于内安溪，后来茶区不断发展扩大，目前已遍及全县，常年茶产量占福建省茶产总量的10%以上，居全省首位。安溪县年平均气温15℃—21℃，每年日照时数1800—2030小时，无霜期260—324天，年降雨量1700—1900毫米，有"四季有花常见雨，一冬无雪却闻雷"之说，适宜茶树生长，是乌龙茶的主要产区。

铁观音原是茶树品种名，铁观音树种别名红心观音或红样观音。纯种铁观音茶树树冠披展、枝条斜生、叶形椭圆；叶尖下垂略歪，叶缘齿疏而钝，略向背面翻卷；叶肉肥厚，叶面呈波浪隆起，有明显的肋骨形；叶色浓绿油光、嫩梢肥壮、略带紫红。

铁观音茶树萌发期为春分前后，每年一般分4次采摘：春茶在立夏左右采摘，夏茶在夏至后进行采摘，暑茶在大暑后采摘，秋茶在白露前进行采摘。其中，春茶味道最好，香高味重，十分耐泡；夏茶叶薄带苦味，香气较差；暑茶较夏茶好；秋茶香气高锐，但茶味不及春茶浓厚。采摘须在茶芽形成驻芽，顶芽形成小开面时，及时采下二三叶，以晴天午后茶品质最佳。毛茶的制作需经晒青、晾青、做青、杀青、揉捻、初焙、包揉、文火慢焙等十多道工序。其中做青为形成铁观音茶色、香、味的关键。毛茶再经过筛分、风选、拣剔、干燥、匀堆等精制过程后，即为成品茶。

优质铁观音茶质高超、独具风韵。成品茶外形条索卷曲、肥壮圆结，沉重匀整、色泽油亮、带砂绿色、红点明显。具有蜻蜓头、螺旋体、青蛙腿、砂绿带白霜四大特点。汤色金黄、浓艳清澈、叶底肥厚明亮、呈绸面光泽。滋味醇厚甘鲜、入口回甘带蜜味，香气馥郁持久，并有天然兰花香味，素有"七泡有余香"之誉。

现代安溪铁观音的泡饮方法是传统茶艺与现代风韵融为一体的结晶，其全部程序分为：

焚香净气：这是一个点香礼拜的过程；

烹煮清泉：将泉水倾入壶烹煮；

淋霖瓯杯：烫洗盖瓯和茶盏；

观音入轿：将茶罐中的茶叶拨入茶斗；

观音入宫：将斗中的茶倾入盖瓯；

悬壶高冲：提起水壶，将沸水从高处冲入瓯中，令茶叶在瓯中旋转；

春风拂面：用瓯盖刮去漂浮的泡沫，并将盖冲洗干净；

三龙护鼎、游展玩水：用食指按住瓯盖，拇指与中指夹住瓯沿，并沿茶海边沿旋转一周，以刮去瓯底所带的水珠；

关公巡城、韩信点兵：提起盖瓯，将茶汤按顺序巡回倾入茶盏，并将最后的同滴，逐滴、逐盏滴尽；

鉴赏汤色：端起茶盏，静观汤色；

细闻幽香：端盏由近及远，由远及近，来回细闻香气；

品啜甘露：吸茶汤入口，细品"观音韵"。

因铁观音异香扑鼻、回甘隽永，在品饮时宜采用小杯品饮，它可以使人们在品饮过程中加深对沏茶艺术的理解。品饮安溪铁观音是一种美的修养、美的享受，难怪有"谁能寻得观音韵，不愧是个品茶人"之说。

六、武夷大红袍

大红袍是福建省武夷岩茶（乌龙茶）中的名丛珍品，是武夷岩茶中品质最优异者，产于福建崇安东南部的武夷山。武夷山栽种的茶树，品种繁多，有大红袍、铁罗汉、白鸡冠、水金龟"四大名枞"。此外，还有以茶生长环境命名的不见天、金锁匙；以茶树形状命名的醉海棠、醉洞宾、钓金龟、凤尾草等；以茶树叶形命名的瓜子金、金钱、竹丝、金柳条、倒叶柳等。大红袍的来历传说很美好：古时，有一穷秀才上京赶考，路过武夷山时，病倒在路上，幸被天心庙老方丈看见，泡了一碗茶给他喝，果然病就好了，后来秀才金榜题名，中了状元，还被招为东床驸马。一个春日，状元来到武夷山谢恩，在老方丈的陪同下，前呼后拥，到了九龙窠，但见峭壁上长着三株高大的茶树，枝叶繁茂，吐着一簇簇嫩芽，在阳光下闪着紫红色的光泽，煞是可爱。老方丈说，去年你犯鼓胀病，就是用这种茶叶治好的。很早以前，每逢春日茶树发芽时，人们就鸣鼓召集群猴，穿上红衣裤，爬上绝壁采下茶叶，炒制后收藏，可以治百病。状元听后要求采制一盒进贡皇上。第二天，庙内烧香点烛、击鼓鸣钟，召来大小和尚，向九龙窠进发。众人来到茶树下焚香礼拜，齐声高喊："茶发芽！"然后采下芽叶，精工制作，装入锡盒。状元带了茶进京后，正遇皇后肚疼鼓胀，卧床不起，状元立即献茶让皇后服下，果然茶到病除。皇上大喜，将一件大红袍交给状元，让他代表自己去武夷山封赏。一路上礼炮轰响、火烛通明。到了九龙窠，状元命一樵夫爬上半山腰，将皇上赐的大红袍披在茶树上，以示皇恩。说也奇怪，等掀开大红袍时，三株茶树的芽叶在阳光下闪出红光，众人说这是大红袍染红的。后来，人们就把这三株茶树叫作"大红袍"了。有人还在石壁上刻了"大红袍"三个大字，从此大红袍就成了年年岁岁的贡茶。

武夷大红袍，是中国名茶中的奇葩，有"茶中状元"之称。它是武夷岩茶中的王者，堪称"国宝"。

武夷岩茶是对产于福建省武夷山的乌龙茶的统称。武夷山位于福建省武夷山市东南部，方圆六十公里，共有三十六峰、九十九名岩，岩岩有茶，茶以岩名，岩以茶显，故名岩茶。武夷产茶历史悠久，唐代已栽制茶叶，宋代列为皇家贡品，元代在武夷山九曲溪之四曲畔设立御茶园专门采制贡茶，明末清初创制了乌龙茶。武夷岩茶积历代制茶经验之精髓而创制，品质十分优异。唐代诗人徐寅曾有诗赞武夷茶曰："臻山川秀气所钟，品具岩骨花香之胜。"

武夷岩茶的采摘不同于其他茶类。新梢伸育形成驻芽时，采三四叶，此时第一叶伸平，叶面积为第二叶的1/3。春茶在谷雨后立夏前采摘，夏茶在夏至前采摘，秋茶则在立秋后进行采摘。最好的采摘时间是上午9—11时，下午14—17时，雨天、露水及烈日均不适宜采摘。

武夷岩茶花色品种繁多，一般都以茶树品种的名称命名，茶叶品质也与茶树品种密切相关。普通品种的茶树称为"菜茶"，从菜茶中选育出的优良单株称"单枞"，从单枞中选出的极优的品种称"名枞"。

武夷大红袍便属于品种特优的"名枞"，它的采制至今约有300多年的历史。"大红袍"生长在武夷山九龙窠高岩峭壁上，岩壁上至今仍保留着1927年天心寺和尚所作的"大红袍"石刻，这里日照短、多反射光、昼夜温差大，岩顶终年有细泉浸润流滴。这种特殊的自然环境，造就了大红袍的特异品质。大红袍茶树现在只有三株，都是灌木茶丛，叶质较厚，芽头微微泛红，在早春茶芽萌发时，从远处望去，整棵树艳红似火，仿佛披着红色的袍子。

如今，这三棵大红袍的树龄已有千年，堪称稀世珍宝。大红袍茶树为灌木型，树冠稍稍展开，分枝比较密集，叶梢向上斜着伸展开去，叶子是宽的椭圆形，尖端稍钝向下垂着，边缘则往里翻卷，叶子颜色深绿有光泽，如果是新芽，则深绿带紫，露出毛茸茸的叶毫来。

"大红袍"茶的采摘在每年春天，采摘时需高高地架起云梯，采摘三四叶开面的新梢，数量极为稀少。采摘后再经晒青、凉青、做青、炒青、初揉、复炒、复揉、走水焙、簸拣、摊凉、拣剔、复焙、再簸拣、补火等多道工艺，均由手工操作精制而成。

武夷大红袍外型条索紧结、色泽绿褐鲜润，冲泡后汤色橙黄明亮、叶片红绿相间，具有明显的"绿叶红镶边"之美感。大红袍品质最突出之处是它的香气馥郁，香高而持久，滋味醇厚，饮后齿颊留香，"岩韵"明显。大红袍很耐冲泡，冲泡七八次仍能感觉到原茶具的桂花香味。品饮"大红袍"茶时，必须按"工夫茶"小壶小杯细品慢饮的程式，才能真正品尝到岩茶之巅的韵味。

七、冻顶乌龙茶

　　据说台湾冻顶乌龙茶是林凤池从祖籍福建武夷山把茶苗带到台湾种植而发展起来的。一年，他听说福建要举行科举考试，想去参加，可是家穷没路费。乡亲们纷纷捐款。临行时，乡亲们对他说："你到了福建，可要向咱祖家的乡亲们问好呀，说咱们台湾乡亲十分怀念他们。"林凤池考中了举人，几年后，决定要回台湾探亲，顺便带了 36 棵乌龙茶苗回台湾，种在了南投鹿谷乡的冻顶山上。经过精心培育繁殖，建成了一片茶园，所采制的茶清香可口。后来林凤池奉旨进京面圣，他把这种茶献给了道光皇帝，皇帝饮后称赞好茶。因这茶是台湾冻顶山采制的，就叫作冻顶茶。从此台湾乌龙茶也叫"冻顶乌龙茶"。

　　冻顶山海拔 700 米，年平均气温在 20℃左右，所以冻顶乌龙不是因为严寒冰冻气候所致，那么为什么叫作"冻顶"呢？据说因为这里山脉迷雾多雨，山陡路险崎岖难走，上山去的人都要绷紧足趾，台湾俗语为"冻脚尖"才能上山，所以此山称之为"冻顶山"。

　　冻顶产茶历史悠久，据《台湾通史》称："台湾产茶，其来已久，旧志称水沙连（今南投县埔里、日月潭、水里、竹山等地）社茶，色如松罗，能避瘴祛暑。至今五城之茶，尚售市上，而以冻顶为佳，惟所出无多。"

　　冻顶乌龙茶一年四季均可采摘，春茶从 3 月下旬至 5 月下旬进行采摘；夏茶从 5 月下旬至 8 月下旬采摘；秋茶 8 月下旬至 9 月下旬采摘；冬茶则在 10 月中旬至 11 月下旬进行采摘。采摘标准为未开展的一芽二叶嫩梢。采摘时间在每天上午 10 时至下午 14 时最佳，采后要立即进行加工，才能制出品质最佳的冻顶乌龙茶。冻顶乌龙茶的品质以春茶最好，所制茶叶香高味浓、茶色明艳；秋茶次之；夏茶品质则较差。

　　冻顶乌龙茶的制作过程分为初制与精制两大工序。初制中以做青为主要程序。做青经过轻度发酵，将采下的茶青在阳光下曝晒 20—30 分钟，以使茶青软化，水分适度蒸发。萎凋时应经常进行翻动，使茶青充分吸收氧分而产生发酵作用，待发酵到产生清香味时，即进行高温杀青。杀青后随即进行整形，使条状定型为半球状，然后再进行高温烘焙，以减少茶叶中的咖啡因含量，从而制成成品茶。

冻顶乌龙茶成茶外形卷曲，呈半球形，条索紧结整齐，叶尖卷曲呈虾球状，白毫显露，色泽墨绿油润。冲泡后茶叶自然冲顶壶盖，茶汤水色呈金黄且澄清明澈，清香扑鼻、香气中有桂花花香且略带焦糖香，叶底柔嫩稍透明，叶身淡绿、叶缘呈现锯齿状并带有红镶边，滋味甘醇浓厚。茶汤入口生津并富活性，后韵回甘味强且经久耐泡，饮后杯底不留残渣。

冻顶乌龙茶以其品质优异、色香味俱佳的特点而蜚声遐迩，成为台湾茶的一大代表。凡是涉足台湾茶者，言必称冻顶乌龙。近年来，中国内地一些茶艺馆也纷纷开始流行饮用冻顶乌龙茶。

八、君山银针

君山银针是湖南省洞庭湖君山出产的银针名茶，据说君山茶的第一颗种子还是4000多年前娥皇女英播下的。后唐的第二个皇帝明宗李嗣源第一次上朝的时候，侍臣为他捧杯沏茶，开水向杯里一倒，马上看到一团白雾腾空而起，慢慢地出现了一只白鹤。这只白鹤对明宗点了三下头，便朝蓝天翩翩飞去了。再往杯子里看，杯中的茶叶都齐崭崭地悬空竖了起来，就像一群破土而出的春笋。过了一会，又慢慢下沉，就像雪花坠落一般。明宗感到很奇怪，就问侍臣是什么原因。侍臣回答说："这是君山的白鹤泉（即柳毅井）水，泡黄翎毛（即银针茶）缘故。"明宗心里十分高兴，立即下旨把君山银针定为"贡茶"。君山银针冲泡时，棵棵茶芽立悬于杯中，极为美观。

君山银针是我国"十大名茶"之一，属于黄茶类针形茶，有"金镶玉"之称。君山茶旧时曾经用过"黄翎毛""白毛尖"等名，后来因为它的茶芽挺直、布满白毫，形似银针而得名"君山银针"。

君山又名"洞庭山"，岛上土壤肥沃，土质多为沙质土壤，年平均气温在16℃—17℃，年平均降水量为1340毫米，3—9月间相对湿度约为80%，气候非常湿润。每当春夏季节，湖水蒸发、云雾弥漫，岛上竹木丛生，生态环境十分适宜茶树的生长。

古老的君山产茶历史十分悠久，而作为君山特产的君山银针也是久负盛名。清代江昱在《潇湘听雨录》中记载："湘中产茶，不一其地。……而洞庭君山之毛尖，当推第一，虽与银城雀舌诸品校，未见高下，但所产不多，不足供四方尔。"清代袁枚在《随园食单》中记述：
"洞庭君山出茶，色味与龙井相同，叶微宽而绿过之，采掇很少。"《湖南省志》中也记有："君山贡茶自清始，每岁贡十八斤，谷雨前，知县邀山僧采一旗一枪，白毛茸然，俗呼白毛茶。"据考证：名著《红楼梦》中提到的"老君眉茶"所指的就是君山银针。清代万年谆有诗赞叹："试把雀泉烹雀舌，烹来长似君山色。"

君山银针的采摘标准十分严格。一般于清明前三天左右开始采摘，采摘时讲究"九不采"，即雨天不采、露水芽不采、紫色芽不采、空心芽不采、开口芽不采、冻伤芽不采、虫伤芽不采、瘦弱芽不采、过长过短芽不采。采摘君山银针须直接从茶树上拣采肥嫩壮大健康的芽头，为了防止擦伤芽头和茸毛，盛茶篮内还需要衬有白布。芽要求长 25—30 毫米，宽 3—4 毫米，芽蒂长约 2 毫米，肥硕重实，一个芽头包含三四个已分化却未展开的叶片，通常要制作 1 千克的君山银针茶需要采约 5 万个茶芽。

君山银针的制作工艺非常精湛，需经过杀青、摊凉、初烘、初包、复烘、摊凉、复包、足火八道工序，历时三四天之久。优质的君山银针茶在制作时特别注重杀青、包黄与烘焙的过程。杀青讲求动作轻快，既要适度又不能使芽毫脱落。包黄分为初包和复包，它是使君山银针形成黄汤、黄叶风格的重要步骤，需用牛皮纸包住茶坯，放在密封箱里发酵，待茶芽色泽金黄、香气浓郁时即为适度。烘焙时讲求低温多次烘焙，用以充分提高茶香。君山银针的制作工艺虽然比较复杂，但与其他茶类不同的是，它只从色、香、味三个方面下工夫，对外形则不作修饰，务必保持它的原状。

根据芽头的肥壮程度，君山银针可分为特号、一号、二号三个档次。君山银针的贮藏十分讲究，贮藏时将石膏烧熟捣碎，铺在箱底，上面垫上两层牛皮纸，将茶叶用牛皮纸分装成小包，放在铺好的牛皮纸上面，然后封好箱盖。平时只要注意适时更换石膏，其品质就会经久不变。

君山银针需用洁净透明的玻璃杯来冲泡，冲泡初始时，可以看到茶叶芽尖朝上、蒂头下垂而悬浮在水面，随后茶芽会缓缓降落，竖立于杯底，忽升忽降，蔚为壮观，有"三起三落"之称。最后茶芽竖沉于杯底，好像刀枪林立，又似群笋破土，芽体吸水后，内含的幼叶微微张开，吐一小气泡停在芽尖上，人称"雀舌含珠"。顿时，但见芽光水色、浑然一体，堆绿叠翠、妙趣横生、令人心仪。且不说品尝其香味以饱口福，只消亲眼观赏一番，也足以神清气爽，实在是叹为观止。

九、白毫银针

福建省东北部的政和县盛产一种名茶，色白如银形如针，据说有明目降火的奇效，可治"大火症"，这种茶就叫"白毫银针"（十大名茶之一）。传说很早以前有一年，政和一带久旱不雨、瘟疫四起，在洞宫山上的一口龙井旁有几株仙草，草汁能治百病。很多勇敢的小伙子纷纷去寻找仙草，但都有去无回。有一户人家，家中有兄妹三人志刚、志诚和志玉。三人商定轮流去找仙草。这一天，大哥来到洞宫山下，这时路旁走出一位老爷爷告诉他说仙草就在山上龙井旁，上山时只能向前不能回头，否则采不到仙草。志刚一口气爬到半山腰，只见满山乱石，阴森恐怖，但忽听一声大喊："你敢往上闯！"志刚大惊，一回头，立刻变成了这乱石岗上的一块新石头。志诚接着去找仙草。在爬到半山腰时由于回头也变成了一块巨石。找仙草的重任终于落到了志玉的头上。她出发后，途中也遇见了白发爷爷，同样告诉她千万不能回头等话，且送她一块烤糍粑。志玉谢后继续往前走，来到乱石岗，奇怪的声音四起，她就用糍粑塞住耳朵，坚决不回头，终于爬上山顶来到龙井旁，采下了仙草上的芽叶，并用井水浇灌仙草，仙草开花结子。志玉采下种子，立即下山，回乡后将种子种满山坡，这种仙草便是茶树。这便是白毫银针名茶的来历。

白毫银针简称银针，又叫白毫，属于仅有的白茶品种中的极品，同君山银针齐名于世。明代田艺蘅在《煮泉小品》中称："茶者以火作为次，生晒者为上，亦更近自然，且断烟火气耳。"可见白茶的品质之优异。"白毫银针"这个名字的由来是因为它的成品多为芽头，全身满披白毫，干茶色白如银、外形纤细如针，所以取此雅名。

现今白毫银针的茶芽均采自福鼎大白茶或政和大白茶的良种茶树。大白茶为迟芽种，茶芽肥壮，多酚类、水浸出物含量高，成品味鲜、香清、汤厚。宋代沈括在《梦溪笔谈》中称赞道："今茶之美者，其质素良而所植之土又美，则新芽一发便长寸余。"这些良种的大白茶便是制造白毫银针的必要基础。

白毫银针创制于 1889 年，开创了现代白茶的先河。其鲜叶采摘标准为春茶嫩梢萌发的一芽一叶，将其采下后，要用手指将真叶、鱼叶轻轻地予以剥离。

制作时，先将剥出的茶芽均匀地摊于筛上，置于微弱的日光下或通风阴凉处进行晾晒，当晾至八九成干后，再用焙笼以 30℃—40℃ 的文火焙至足干即成，也有用烈日代替焙笼晒至全干的，焙干后的茶叶称为毛针。

制成的毛针还要经过筛取，筛上为优质品，筛下为次等品，然后再用手工将筛上的肥长茶芽精心拣除梗片（俗称"银针脚"），并筛簸拣除掉杂质等，最后再用文火焙干，趁热装箱，以保持茶品的鲜香。

白毫银针的成品茶茶芽肥壮、形状似针、白毫批覆、色泽鲜白光润、闪烁如银、条长挺直，茶汤呈杏黄色、清澈晶亮、香气清鲜、入口毫香显露、滋味因产地不同而略有不同：福鼎所产银针滋味清鲜爽口、回味甘凉；政和所产的银针汤味醇厚、香气清芬。

白毫银针的泡饮方法与绿茶基本相同，但因为它没有经过揉捻，茶汁不容易浸出，所以冲泡时间宜较长，一般做法为将 3 克白毫银针放入经沸水烫过的无色透明玻璃杯中，然后冲入 200 毫升的沸水，开始时茶芽浮于水面之上，待 5—6 分钟后茶芽部分慢慢沉入杯底，部分悬浮于茶汤上部，此时茶芽条条舒展挺立，上下交错，有如石钟乳般，蔚为奇观。约 10 分钟后，茶汤色泽开始泛黄时即可取饮，此时若一边观赏白毫银针的优美形态，一边品饮它的清鲜醇香，会有一种尘俗尽去、意趣盎然的感觉。

十、云南普洱茶

云南普洱茶是云南的名茶，古今中外负有盛名。它以西双版纳地区的滇青毛茶为原料，经再加工而制成。

普洱茶的历史十分悠久，早在唐代就有普洱茶贸易了，这一情况在南宋李石的《续博物志》中即有记载："西藩之用普茶，已自唐朝。"这里的西藩，就是指居住在康藏地区的兄弟民族，普茶就是现在的普洱茶。清代赵学敏在《本草纲目拾遗》中也写道："普洱茶出云南普洱府，……产攸乐、革登、倚邦……六茶山。"文中所提"普洱府"即现在的云南省普洱县，普洱府是当时滇南的重镇，那时普洱县原不产茶，但却是一个重要的贸易集镇和茶叶市场，普洱周围各地所产的茶叶都要运至普洱府进行集中加工，然后再运销康藏各地，"普洱茶"也因此而得名，这一名称最早出现于明代末年。现在，普洱茶的种植面积很广泛，已经扩大到云南省的大部分地区，以及贵州省、广西省、广东省及四川省的部分地区，原属普洱县管辖的云南澜沧江流域的西双版纳傣族自治州、思茅等地是普洱茶的最主要产区，其中又以勐海县勐海茶厂的产量最大。

普洱茶采用的是优良品质的云南大叶种茶树之鲜叶，分为春、夏、秋三个规格。春茶又分"春尖""春中""春尾"三个等级；夏茶又称"二水"；秋茶又称为"谷花"。普洱茶中以春尖和谷花的品质最佳。

普洱茶的制作以经杀青后揉捻晒干的晒青茶为原料，经过泼水堆积发酵（沤堆）的特殊工艺加工制成，再经过干燥过程处理，即加工为普洱散茶。普洱散茶是制作各种紧压茶的原料。

普洱散茶的外形肥大、粗壮，茶条紧直、完整。干茶的色泽乌润或褐红，冲泡后香气清幽、香味浓郁、汤色红浓明亮，品饮时滋味醇厚回甘，具有特殊的陈香香气，而且十分耐泡。普洱茶还很耐贮藏，以越陈越香著称，非常适于烹用泡饮。

第五节　茶的贮藏

茶叶的贮藏保管方法是广大茶叶消费者颇为关心的问题，因为茶叶贮藏保管的好坏，将使茶叶色、香、味品质直接受到影响。茶叶从加工到市场销售及消费者饮用，其间需经很多流通环节，要有一段时间。家庭日常饮茶一般都是随用随买，但也应储存或备用一些待客茶。由于茶叶质地疏松，有很多孔隙，并具有很强的吸湿性和容易感染异味的特点，如保管不当，使茶叶含水量增加或感染异味，在短期内就会发生严重变质。变质以后，其色泽变枯，香气滋味变劣，品质下降，严重影响茶叶的饮用价值。尤其是有些人从商店里购买了一些名茶，或亲友赠送的名贵新茶，因缺乏妥善保管茶业的知识和方法，很快就会失去原有名茶的清香美味，时间长了，甚至产生陈味或霉味，如果泡上这一杯名茶，将会使客人扫兴而归。为了保持茶叶品质不变，充分发挥茶叶的功效，有必要了解茶叶的特性，以便采取妥当的贮藏保管方法。

一、茶叶贮藏保管的目的和作用

贮藏保管的最终目的是：要保持茶叶原形、本色、香气、真味的四不变，做到保持各类茶叶的原有外形风格，花茶不失香，绿茶不变色，红茶不失味，以保证茶叶品质，充分发挥茶叶的各种功效，以及各种营养价值。

古人对茶叶的特性和保管方法，历来都颇为考究。《闻龙茶笺》记载："茶之味清，而性易移，藏法喜燥而恶冷湿，喜清凉而恶蒸郁，喜清独而忌香臭。"这些论述是有一定的科学道理：茶叶在贮藏中发生变质的原因主要是由于茶叶中的某些化学成分在空气中氧气的作用下而发生自动氧化的结果，而影响茶叶自动氧化的主要环境条件是温度、含水量、氧气和光线等。因此，当茶叶保管不善，如在高温及空气湿度较大的条件下，便加速导致水分含量增加，促使茶叶中类脂水解与自动氧化反应加快，使茶黄素、茶多酚、氨基酸大为减少，以及光合色素和一些挥发性类脂部分受损失，使各类茶叶中的茶多酚、茶黄素、茶红素、氨基酸、茶素、糖的原有比例失调，从而使茶香失去鲜爽、汤色变暗、变深，茶味减弱，品质下降。特别是到了梅雨季节，空气中湿度更高，若水分含量过高，还可能引起茶叶霉变，失去饮用价值。一般来说，在常温的气候条件下，红、绿茶正常的含水量不要超过7%，花茶中因加香叶含水量超过10%，就会失去茶叶原有的色、香、味，高于12%就会很快地发生霉变。

茶叶中含有高分子棕榈酸和萜类化合物，具有很强的吸收异味的作用。因此对各种物品的气味特别容易感染，一旦染上轻者影响饮用，重者无法冲饮。

了解了茶叶的这些特性，在保管中就要注意尽量减少温湿度的影响，防止水分增高、避免阳光直射、杜绝异味感染。因此，贮藏保管茶叶的场所要空气流通、干燥清洁，无异味、无农药污染。一般方法是：把从市场上购买回来的茶叶先及时地装入盖头紧密的茶叶听罐内，注意不要把茶叶同卫生球（樟脑精）、各种药品、香烟、鱼肉、化妆品、香肥皂、糕点食品等放在一起，也不能用沾有油墨味的纸张及聚氯乙烯有毒塑料袋来包装，不能用已经生有铁锈的铁听盛装和散发浓郁气味的樟木箱橱等来存放茶叶。

二、茶叶的通常保管方法

茶叶的保管方法很多，如有普通的茶叶瓶、罐、听保管法，热水瓶贮藏法，使用干燥剂保管法等，一般适用于家庭贮藏保管。又如真空常温保管法、热装密封保管法、抽气冲氮保管法、低温冷藏保管法等，一般适用于茶叶较长时间的贮藏或茶叶标准样品，以及茶叶生产加工包装出口、供应市场销售等贮藏和保管。但是，无论是采用哪一种方法，都首先要求包装材料无异味，具有良好的防潮性能。盛茶容器和使用方法上要尽可能密闭，减少与空气的接触，存放的地方要干燥、清洁、无异味接触。

（一）普通瓶、罐、听保管法

常用的保管茶叶的容具有各种不同大小规格的茶听，如马口铁的彩色茶听或一般的马口铁罐、铝制听、锡瓶、陶罐、白铁桶等，设备简单，使用方便。设有内外双层盖的彩色茶听能减少与空气接触，效果比较好；陶罐以口小腹大的为好，可以减少容器内的空气含量。各种瓶、罐、听盖要与瓶、罐、听身严密结合，阻止湿气进入。使用这种贮藏方法，茶叶水分仍能缓慢增长，而且不能避免温度的影响。如在短期时间内保管还可以，时间长了，则很难保持其茶叶原有的色、香、味，甚至会产生不同程度的陈味。俗话说得好，老酒越陈越香，而茶叶恰恰相反，越新鲜香味越鲜爽、浓郁。

（二）真空常温保管法

将茶叶装入铁皮罐内，焊好封口，用抽气机抽去罐内空气，使其成真空，在常温下可贮藏两三年，且茶叶色、香、味变化较小。此法适用于一般茶叶样品的保存或用于较长时期的贮藏。此外利用这种原理，还可以采用热水瓶简易贮藏法。也就是利用热水瓶胆与外界空气隔绝的原理，将茶叶装入瓶胆，加塞盖严后，以白蜡封口，外包胶布，简单方便易行，并有较好的效果。一般适用于家庭保管。

（三）热装密封保管法

利用罐内空气稀薄及密封后使罐内茶叶与外界隔绝的原理，首先将茶叶烘或炒到足干的程度（含水量在 2% 左右）。乘热满装入马口铁罐或其他容器内，尽量不留有间隙，立即进行密封。由于罐内空气少，其后又与外界隔绝，在常温条件下贮藏一两年，仍基本保持品质不变。此法适合于样品茶和较长时间的茶的家庭贮藏。

（四）抽气冲氮保管法

将茶叶存入双层铝箔复合袋内，然后抽去袋内空气，注入氮气或二氧化碳，然后封口密闭，也能提高贮藏效果，经一两年贮藏仍可保持茶叶原有的色、香、味。因氮气是惰性气体，不能引起茶叶的自动氧化反应。此法在日本的茶叶生产加工厂（蒸青绿茶）、茶叶商店或超级市场广泛采用。我国国内也引进了日本生产的自动抽气冲氮包装机，但仅有小批量试制生产。

（五）低温冷藏保管法

这种方法是利用冷藏室（室内要有防潮装置）或电冰箱，是茶叶作为低温贮藏的一种新方法和新途径。在低温条件下（一般室内温度保持在 5℃ 左右，相对湿度保持在 50% 左右）茶叶中的各种成分很难氧化，能较好地保持茶叶品质。日本家庭已普遍使用电冰箱来保管茶叶，效果的确很好。日本的冷藏库是采用绝热材料将仓库四周隔热，并用降低库内温湿度的冷藏装置设备，将加工后的成品茶（蒸青绿茶等）立即放入冷藏仓库，然后陆续出库销售，品质可以保持基本不变。

我们不妨也可将买回家的茶叶（特别是高级龙井、毛峰、毛尖、碧螺春、庐山云雾等名茶）经密封后放入电冰箱中冷藏使用，其方法简便，效果奇佳。另外，在我国的茶叶生产加工、出口口岸也可以利用冷库来贮藏茶叶。

（六）使用干燥剂保管法

用生石灰或目前市场上出售的高级干燥剂（硅胶）来吸收茶叶中的水分，使茶叶充分保持干燥，效果较好。如龙井、毛峰、碧螺春、毛尖等珍贵名茶，以往一般常采用生石灰贮藏法。其方法是先准备或选购干燥、清洁而无异味的专装茶叶的瓦坛或无锈无味的小口铁桶（也有采用圆型、方型大口盖的铁皮桶），用双层白细布缝成 20 厘米 × 40 厘米的白布袋，内装 250 克未风化的块状生石灰，茶叶用薄质牛皮纸包好捆牢，分层环列于坛或桶的四周，在坛或桶中间，放上一或数袋生石灰，上加一包茶叶装满后，以牛皮纸堵塞坛口加盖草垫，然后放入干燥的贮藏室内。其生石灰的用量与茶叶贮藏数量成正比，一般盛装 6.5 千克茶叶的坛需放生石灰 1 千克，10.5 千克茶叶放生石灰 1.5 千克（即茶叶与生石灰比例约为 6—7∶1）。需要注意的是：当石灰吸收水分风化程度达到 80% 时，应及时更换，否则茶叶就会吸收石灰中水分。新茶贮藏一个月后须换灰一次，以后两三个月换灰一次。这样经过较长时间的贮藏，也能保持茶叶品质。目前，国内或外销的各种名茶，一般在制成成品茶后，到新茶上市出售和出口交货之前，先进行"收灰"（即生石灰贮藏法的俗称）入库，以防水分增多，保持新茶原有的色香味品质特点。

此外，采用高级干燥剂硅胶，也可以达到吸潮的目的，其效果是生石灰的 1200 倍。当贮藏一段时间后，干燥剂的颗粒由原来的蓝色变为半透明淡红色至白色，说明干燥剂吸收茶叶中水分达到饱和点，可将其颗粒取出用微火烘焙或放在阳光下晒至恢复到原来的蓝色，还可以重复使用。因此，此法经济实惠，适用于家庭茶叶保管使用。

（七）木炭、炒米保管法

木炭贮藏适用于红茶，用干燥木炭数斤，并用干净布袋装好，放入坛或铁桶中，吸收茶叶中水分，隔一两个月更换木炭一次，效果较好。

炒米适宜于炒青绿茶类贮藏，内质略带炒米香，其方法是把炒米放入瓦坛或铁桶中，茶叶用薄质牛皮纸或食品塑料袋装好放入，利用炒米吸收茶叶中水分潮气而保持其干燥，一两个月后，就要将发软的炒米复炒，再次使用。此法亦可在较长的时间内保持茶叶品质不变。

第三章
茶具的选用

第一节　历代茶具

　　饮茶离不开茶具，历代茶具技艺人创造了形态各异、丰富多彩的茶具艺术品。无论是宫廷的金银茶具，还是古朴典雅的紫砂茶壶；无论是历史上的官窑瓷器茶杯、茶碗，还是民间艺人手制的漆器或竹编茶具，都让人赞不绝口。

　　茶具的产生和发展经历了一个从无到有、从共用到专一、从粗糙到精致的历程。随着饮茶的发展、茶类品种的增多、饮茶方法的不断改进和变化，茶具的制作技术也在不断完善。

一、古代茶具的概念及其种类

　　茶具，古代亦称茶器或茗器。"茶具"一词最早在汉代已出现。据西汉辞赋家王褒《僮约》有"烹茶尽具，已而盖藏"之说，这是我国提到"茶具"的最早史料记载。到唐代，"茶具"一词在唐诗里处处可见，诸如唐代诗人陆龟蒙的《零陵总记》载："客至不限匝数，竟日执持茶器。"白居易的《睡后茶兴忆杨同州诗》曰："此处置绳床，旁边洗茶器。"唐代文学家皮日休的《褚家林亭诗》有"萧疏桂影移茶具"之语，宋、元、明几个朝代，"茶具"一词在各种书籍中都可以看到。如《宋史·礼志》载："皇帝御紫宸殿，六参官起居北使……是日赐茶器名果。"宋代皇帝将"茶器"作为赐品，可见宋代"茶具"十分名贵，北宋画家文同有"惟携茶具赏幽绝"的诗句。南宋诗人翁卷写有"一轴黄庭看不厌，诗囊茶器每随身"的名句，元代画家王冕《吹箫出峡图诗》有"酒壶茶具船上头"之句。明初号称"吴中四杰"的画家徐贲一天夜晚邀友人品茗对饮时，趁兴写道："茶器晚犹设，歌壶醒不敲。"不难看出：无论是唐宋诗人，还是元明画家，他们笔下经常可以读到"茶具"诗句。说明茶具是茶文化不可分割的重要部分。

现代人所说的"茶具"，主要是指茶壶、茶杯这类饮茶器具。事实上现代茶具的种类是屈指可数的。但是古代"茶具"的概念似乎指更大的范围。按唐代文学家皮日休《茶具十咏》中所列出的茶具种类有"茶坞、茶人、茶笋、茶籝、茶舍、茶灶、茶焙、茶鼎、茶瓯、煮茶"。其中"茶坞"是指种茶的凹地。"茶人"指采茶者，如《茶经》说："茶人负以（茶具）采茶也。"

"茶籝"是箱笼一类器具。唐代陆龟蒙写有一首《奉和袭美茶具十咏·茶籝》："金刀劈翠筠，织似波纹斜。"可知"茶籝"是一种竹制、编织有斜纹的茶具；"茶舍"多指茶人居住的小茅屋。皮日休的《茶舍诗》曰："阳崖忱自屋，几日嬉嬉活，棚上汲红泉，焙前煎柴蕨，乃翁研茶后，中妇拍茶歇，相向掩柴扉，清香满山月。"诗词描绘出茶舍人家焙茶、研（碾）茶、煎茶、拍茶辛劳的制茶过程。

古人煮茶要用火炉（即炭炉），唐代以来煮茶的炉通称"茶灶"。《唐书·陆龟蒙传》说他居住松江甫里，不喜与流俗交往，虽造门也不肯见，不乘马、不坐船，整天只是"设蓬席斋，束书茶灶"，往来于江湖，自称"散人"。唐代诗人陈陶《题紫竹诗》写道："幽香入茶灶，静翠直棋局。"宋南渡后誉为"四大家"之一的杨万里《压波堂赋》有"笔床茶灶，瓦盆藤尊"之句。可见，唐宋文人墨客无论是读书，还是下棋，都与"茶灶"相傍，又见茶灶与笔床、瓦盆并例，说明至唐代开始，"茶灶"就是日常必备之物了。

古时把烘茶叶的器具叫"茶焙"是有据可依的。据《宋史·地理志》提到"建安有北苑茶焙"，又依《茶录》记载：茶焙是一种竹编制品，外包裹箬叶（箬竹的叶子），因箬叶有收火的作用，可以避免把茶叶烘黄，茶放在茶焙上，小火烘制，就不会损坏茶色和茶香了。

除了上述例举的茶具之外。在各种古籍中还可以见到的茶具有：茶鼎、茶瓯、茶磨、茶碾、茶臼、茶榨、茶槽、茶宪、茶笼、茶筐、茶板、茶挟、茶罗、茶囊、茶瓢、茶匙……究竟有多少种茶具呢？据《云溪友议》载："陆羽造茶具二十四事。"如果按照唐代文人的《茶具十咏》和《云溪友议》之言，古代茶具至少有 24 种。这段史料所言的

"茶具"概念与今是有很大不同的。

二、中世纪后期煮茶茶具的改进

古人饮茶之前，先要将茶叶放在火炉上煎煮。在唐代以前的饮茶方法是先将茶叶碾成细末，加上油膏、米粉等，制成茶团或茶饼，饮时捣碎，放上调料煎煮。煎煮茶叶起于何时，唐代以来诸家就有过争论。如宋欧阳修《集古录跋尾》说："于茶之见前史，盖自魏晋以来有之。"后人看到魏时的《收勘书图》中有"煎茶者"，所以认为煎茶始于魏晋。据《南窗记谈》："饮茶始于梁天监（502年）中事。"而据王褒《僮约》有"烹茶尽具"之语，说明煎煮茶叶需要一套器具。可见西汉已有烹茶茶具。时至唐代，随着饮茶文化的蓬勃发展，蒸焙、煎煮等技术更是成熟起来。据《画谩录》记载："贞元（785年）中，常衮为建州刺史，始蒸焙而研之，谓研膏茶，其后稍为饼样，故谓之一串。"茶饼、茶串必须要用煮茶茶具煎煮后才能饮用。这样无疑促进茶具的改革，从而进入一个新型茶具的时代。

从中世纪后期来看：宋、元、明三代，煮茶器具主要是一种铜制的"茶鑪"。据《长物志》记载：宋元以来，煮茶器具叫"茶鑪"，亦称"风鑪"。陆游的《过憎庵诗》曰："茶鑪烟起知高兴，棋子声疏识苦心。"依此说，宋陆游年间就有"茶鑪"一名。元代著名的茶鑪有"姜铸茶鑪"，《遵生八笺》说："元时，杭城有姜娘子和平江的王吉二家铸法，名擅当时。"这二家铸法主要精干鑪面的拔蜡，使之光滑美观，又在茶鑪上有细巧如锦的花纹。"制法仿古，式样可观"，还说"炼铜亦净……或作"，实指镀金。由此可见，元代茶鑪非常精制，时至明朝，社会也普遍使用"铜茶鑪"，而特点是在做工上讲究雕刻技艺，其中有一种饕餮铜鑪在明代最为华贵，"饕餮"是古代一种恶兽名，一般在古代钟鼎彝器上多见到这种琢刻的兽形，是一种讲究的琢刻装饰。由此见到，明代茶鑪多重在仿古，雕刻技艺十分突出。

中世纪后期，我国除了煮茶用茶鑪，还有专门煮水用的"汤瓶"。当时俗称"茶吹"或"铫子"，又有"镣子"之名。最早我国古人多用鼎和镬煮水。《淮南子·说山训》载："尝一脔肉，知一镬之味"，高诱注："有足曰鼎，无足曰镬。"（明清时期，我国南方一些地区把"镬"

叫锅）从史料记载来看：到中世纪后期，用鼎、镬煮水的古老方法才逐渐被"汤瓶"取而代之。

过去一些作家认为，我国约在元代出现"泡茶"（即"点茶"）方法。但据笔者所收集的史料来看，"煮水用瓶"在南宋就存在了。如南宋罗大经的《鹤林玉露》有记载："《茶经》以鱼目、涌泉、连珠为煮水之节，然近世（指南宋）沦茶，鲜以鼎镬，用瓶煮水，难以候视，则当以声辨一沸、二沸、三沸。"依罗大经之意，过去（南宋以前）用上口开放的鼎、镬煮水，便于观察水沸的程度，而改用瓶煮水，因瓶口小，难以观察到瓶中水沸的情况，只好靠听水声来判断水沸程度。

明代，沦茶煮水使用"汤瓶"更是普遍之事，而且汤瓶的样式品种也多起来。从材质种类分，有锡瓶、铅瓶、铜瓶等。当时茶瓶的形状多是竹筒形。《长物志》的作者文震亨说，这种竹筒状汤瓶好处在于"既不漏火，又便于点注（泡茶）"。可见，汤瓶有既煮水又可用于泡茶两种功用。同时也开始用瓷茶瓶，可是因为"瓷瓶煮水，虽不夺汤气，然不适用，亦不雅观"。所以实际上，明代日常生活中是不用瓷茶瓶的。明代"茶瓶"中还有奇形怪状的作品。见《颂古联珠通集》："一口吸尽西江水，庞老不曾明自己，烂碎如泥瞻似天，巩县茶瓶三只嘴。"明代竟有三只嘴的茶瓶，无疑，这种怪异茶瓶只能作为收藏装饰物，仅此而已。

三、唐宋以来饮茶茶具有新的改进发展

古代饮茶茶具主要指盛茶、泡茶、喝茶所用器具。这一概念与今所说的茶具基本相同。唐宋以来的饮茶茶具在用料上主要选取陶瓷，金属类饮茶茶具是少见的。因为金属茶具泡茶效果远不如陶瓷品，所以是不能登上所谓"茶道雅桌"的，其主要变化较大的饮茶茶具有：茶壶、茶盏（杯）和茶碗。而这几种茶具与饮茶文化的发展有直接关系。

（一）茶壶

茶壶在唐代以前就有了。唐代人把茶壶称"注子"，其意是指从壶嘴里往外倾水。据《资暇录》载："元和初（806年，唐宪宗时）酌酒犹用樽杓……注子，其形若罂，而盖、嘴、柄皆具。"罂是一种小口大肚的瓶子，唐代的茶壶类似瓶状，腹部大，便于装更多的水，口小利于

泡茶注水。约到唐代末期，世人不喜欢"注子"这个名称，甚至将茶壶柄去掉，整个样子形如"茗瓶"，因没有提柄，所以又把"茶壶"叫"偏提"。后人把泡茶叫"点注"，就是根据唐代茶壶有"注子"一名而来。

　　明代茶道艺术越来越精，对泡茶、观茶色、酌盏、烫壶更有讲究，要达到这样高的要求，茶具也必然要改革创新。比如明代开始看重砂壶，就是一种新的茶艺追求。因为砂壶泡茶不吸茶香，不损茶色，所以被视为佳品。据《长物志》载："茶壶以砂者为上，盖既不夺香，又无热汤气。"说到宜兴砂壶几乎无人不知，而宜兴砂壶正是明代始有名声。据史料记载，明代宜兴有一位名叫供春的陶工是使宜兴砂壶享誉天下的第一人。《阳羡名陶录》记载说："供春，吴颐山家僮也。"吴颐山是一位读书人，在金沙寺中读书，供春在家事之余，偷偷模仿寺中老僧用陶土搏坯，制作砂壶。结果做出的砂壶盛茶香气很浓，热度保持更久，传闻出去，世人纷纷效仿，社会出现争购"供春砂壶"的现象。供春真姓"龚"，所以也写成"龚春"砂壶。此后又有一个名叫时大彬的宜兴陶工，用陶土或染颜色的硇砂土制作砂壶。开始，时大彬模仿"供春"砂壶，壶形比"供春"砂壶更大。一次时大彬到江苏太仓做生意，偶在茶馆中听到"诸公品茶施茶之论"。顿生感悟，回到宜兴后始作小壶。其壶"不务妍媚，而朴雅坚粟，妙不可思……前后诸名家，并不能及"。《画航录》说："大彬之壶，以柄上拇痕为识。"是说世人以壶柄上识有时大彬拇指印者为贵。从此宜兴砂壶名声远布，流传至今，成为人见人爱的精制茶具。

（二）茶盏、茶碗

　　古代饮茶茶具主要有"茶椀（碗）""茶盏"等陶瓷制品。茶盏在唐代以前已有，《博雅》说："盏杯子。"宋代开始有"茶杯"之名。见《陆游诗》云："藤杖有时缘石瞪，风炉随处置茶杯。"现代人多称茶杯或茶盏。茶盏是古代一种饮茶用的小杯子，是"茶道"文化中必不可少的器具之一。我国茶文化兴起于汉唐、盛于宋代。茶盏也随同茶文化的盛起而有较大的变化。

　　宋代茶盏非常讲究陶瓷的成色，尤其追求"盏"的质地、纹路细腻、厚薄均匀。据宋蔡襄《茶录》载："茶白色、宜黑盏，建安所造者绀黑，纹路兔毫，其杯微厚，熁火，久热难冷，最为要用，出他处者，或薄或色紫，皆不及也。其青白盏，斗试家自不用。"盛白叶茶，就选用黑色茶盏，说明当时已经注意到茶具的搭配关系。搭配的目的就是为了有更好的茶色与茶香。宋代建安（今福建建瓯）制造的一种稍带红色的黑茶盏，被时人看作佳品。其次可以看到：当时评赏茶盏的质量，还包括茶盏表面的细纹，如建安的绀黑茶盏已经精制到"纹路兔毫"的地步，足见陶艺水平之高。再者看"熁火"，《广韵》曰："火气熁上"，《集韵》又曰："火通也"，熁音"协"，含烫意。这里的"熁火"实指茶杯中热气的散发程度，明清时期，江苏的宝应、高邮一带把"熁火"称为"烫手"。宋代建安生产的"绀黑盏"比其他地区产品要厚，所以捧在手中有"久热难冷"的用处。因此被看作是宋代茶盏的一流产品。

《长物志》中还记录有明代皇帝的御用茶盏，可以说是我国古代茶盏工艺最完美的代表作。《长物志》载："明宣宗（朱瞻基）喜用'尖足茶盏，料精式雅，质厚难冷，洁白如玉，可试茶色，盏中第一'。"三足茶盏世属罕见。明宣宗的茶盏形状实在怪异，可见明代陶艺人思维活跃，有所创新。另外，明代的第十一代皇帝明世宗（朱厚熜）则喜用坛形茶盏，时称"坛盏"。明世宗的坛盏上特别刻有"金箓大醮坛用"的字样。"醮坛"是古代道士设坛祈祷的场所。因明世宗后期迷信道教，日事"斋醮饵丹药"。他在"醮坛"中摆满茶汤、果酒，经常独自坐醮坛，手捧坛盏，一面小饮一边向神祈求长生不老。可是这种迷信并没有使这位皇帝长寿，年仅59岁就驾崩了。

据史料记载，明代贵重的茶盏主要有"白定窑"的产品，白定即指白色定瓷窑，这种窑瓷为宋代建于定州。在定州，窑瓷茶盏上有素凸花、划花、印花、牡丹、萱草、飞凤等花式。又分红、白两种。时人辨别白定瓷的真伪，主要从是否白色滋润，或见釉色如竹丝白纹等判定。因定州瓷色白，故称"粉定"，亦称"白定"。尽管白定窑茶盏色白光滑滋润，但是在明代白定窑茶盏始终是作为"藏为玩器，不宜日用"。为什么这样一种外表美观的茶盏不能作为日用品呢？原因很简单，古人饮茶时，要"点茶"而饮，点茶前先要用热水烫盏。使盏变热，如果盏冷而不热的话，泡出来的茶色不浮，因此也影响到茶色和茶味。白定茶盏的缺点是"热则易损"。即见热易破裂，可谓是好看不好用，所以被明人作为精品玩物收藏。

碗古称"椀"或"盌"。先秦时期，又有"楮盂"一名。《荀子》说："鲁人以楮，卫人用柯"（原注：盌谓之楮，盂谓之柯）。《方言》又说："楚、魏、宋之间，谓之盂。"可见，椀、盌、楮、柯都是一种形如凹盆状的生活用品，所以古人称"盂"。现代人习惯上已把碗和盂清楚地分开了。

在唐宋时期，用于盛茶的碗，叫"茶楮"（碗），茶碗比吃饭用的碗更小，这种茶具的用途在唐宋诗词中有许多反映。诸如唐代白居易《闲眼诗》云："尽日一餐茶两碗，更无所要到明朝。"诗人一餐喝两碗茶，可知古时茶碗不会很大，也不会太小，见韩愈的《孟郊会合联句》讲道："云纭寂寂听，茗盌纤纤捧。"纤纤多形容细。依此说，唐代茶碗确实不大是可以肯定的，却也非圆形。

上述不难看出茶碗也是唐代一种常用的茶具。茶碗当比茶盏稍大，但形状又不同于如今的饭碗，当是"纤纤状"如古代酒盏形。从诗词中窥见，唐宋文人墨客大碗饮茶，以茗享洗诗肠的那般豪饮，从侧面反映出古代文人与饮茶结下的不解之缘。

古代茶具与现代茶具的概念稍有不同。唐宋时期所言的"茶具"似有大概念与小概念之分。如唐、宋、元、明许多诗人笔下的"茶具"主要指与饮茶有关的茶罐、茶壶、茶杯等器具，所以是小概念的。从大概念来看，唐代文学家皮日休《茶具十咏》所指出的有十大件，其中包括与制茶、盛茶、烘焙茶具、饮茶有关的器具，甚至包括茶人、茶舍。又按《云溪友议》提到有"二十四种"茶具，显然后两者是大概念的茶具，这一概念与今有许多不同。

唐宋以来，铜和陶瓷茶具逐渐代替古老的金、银、玉制茶具，原因主要是唐宋时期，整个社会兴起一股家用铜瓷的风气，不重金玉。据《宋稗类钞》称："唐宋间，不贵金玉而贵铜磁（瓷）。"铜茶具相对金玉来说，价格更便宜，煮水性能好。陶瓷茶具盛茶又能保持香气，所以容易推广，又受大众喜爱。这种从金属茶具到陶瓷茶具的变化，也从侧面反映出，唐宋以来，人们文化观、价值观对生活用品实用性的取向有了转折性的改变。在很大程度上说，这是唐宋文化进步的象征。

再之，唐宋以来，陶瓷茶具明显取代过去的金属、玉制茶具，这还与唐宋陶瓷工艺生产的发展有直接的关系。一般来说，我国魏晋南北朝时期瓷器生产开始出现飞跃发展，隋唐以来我国瓷器生产进入一个繁荣阶段。唐代的瓷器制品已达到圆滑轻薄的地步，唐皮日休说道："邢客与越人，皆能造瓷器，圆似月魂堕，轻如云魄起。"当时的"越"多指浙江东部地区，"越人"造的瓷器形如圆月，轻如浮云。因此还有"金陵碗，越瓷器"的美誉。王蜀写诗说："金陵含宝碗之光，秘色抱青瓷之响。"宋代的制瓷工艺技术更是独具风格，名窑辈出，如"定州白窑"。宋世宗时有"柴窑"。据说"柴窑"出的瓷器"颜色如天，其声如磬，精妙之极"。北宋政和年间，京都自置窑烧造瓷器，名为"官窑"。北宋南渡后，有邵成章设后苑，名为"邵局"，并仿北宋遗法，置窑于修内司造青器，名为"内窑"。内窑瓷器"油色莹彻，为世所珍"。宋大观年间（1107—1110 年）景德镇陶器色变如丹砂（红色），也是为了上贡的需要。大观年间朝廷贡瓷要求"端正合制，莹无暇庇，色泽如一"。宋朝廷命汝州造"青窑器"，其器用玛瑙细未为油，更是色泽洁莹。当时只有贡御宫廷多下来一点青窑器方可出卖，"世尤难得"。汝窑被视为宋代瓷窑之魁，史料记载当时的茶盏、茶罂（茶瓶）价格昂贵到了"鬻（卖）诸富室，价与金玉等（同）"的地步。世人争为收藏，除上例之外，宋代还有不少民窑，如乌泥窑、余杭窑、续窑等生产的瓷器也非常精美可观。一言蔽之，唐宋陶瓷工艺的兴起是唐宋茶具改进与发展的根本原因。

四、各个时期的茶具介绍

（一）隋及隋以前的茶具

我国最早的饮茶器具是陶制的缶，韩非在《韩非子》中就提到尧时饮食器具为土缶。据史书记载：我国最早谈及饮茶使用器具的是西汉（公元前 268 年）王褒的《僮约》，其中谈到"烹茶尽具，已而盖藏"。但明确表明有茶具意义的最早文字记载，则是西晋左思的《娇女诗》，其内有"心为茶剧，吹嘘对鼎"。这里的"鼎"就指茶具。唐代陆羽在《茶经·七之事》中载：晋元帝时，"有老姥每旦提一器茗，往市鬻之。市人竞买，自旦至夕，其器不减"。这些都说明我国在汉代以后、隋唐以前茶具和酒具是两者共用。

（二）唐代茶具

在唐代，茶已成为国人的日常饮料。他们更加讲究饮茶情趣，认为茶具不仅是饮茶过程中不可缺少的器具，并能提高茶的色、香、味。一件高雅精致的茶具本身就富含欣赏价值，且有很高的艺术性。

中唐时的茶具种类十分齐全，质地也非常好。那个时期的人们很注意因茶择具，在陆羽的《茶经·四之器》中就有详尽记述，开列出了二十多种茶具。这些茶具是唐代最常见的，分别简述如下：

风炉：形如古鼎，有三足两耳，炉内有床放置炭火，炉身下腹有三孔窗孔，用于通风。风炉上有三个支架，用来承接煎茶。炉底有一个洞口，用以通风出灰，其下有一只铁制的灰承，用于承接炭灰。风炉的炉腹三个窗孔之上，分别铸有"伊公""羹陆"和"氏茶"字样。"伊公"是指商朝初期贤相伊尹；"羹陆"和"氏茶"是指陆羽本人。

灰承：是一个有三只脚的铁盘，放置在风炉底部洞口下，供承灰用。

炭挝：是六角形的铁棒，长一尺，上头尖，中间粗。也可制成锤状或斧状，供敲炭用。

交床：十字形交叉作架，上置剜去中部的木板，供置用。

夹：用小青竹制成，长一尺二寸，供炙烤茶时翻茶用。

碾：用桔木制作，也可用梨、桑、桐、柘木制作，内圆外方。碾内有一车轮状带轴的堕，能在圆槽内来回转动，有它将炙烤过的饼茶碾成碎末，便于煮茶。

则：用海贝、蛎蛤的壳，或铜、铁、竹制作的匙或小箕，供量茶用。

碗：用瓷制成，供盛茶饮用。在唐代有称茶碗为"瓯"，也有称"盏"的。

揭：用竹制成，用来取盐。

畚：用白蒲编织而成，也可用衬以双幅剡纸，能放碗十只。

札：用茱萸木柱槁皮，作成刷状，供饮茶后清洗茶器用。

瓢：用葫芦剖开制成，或用木头雕凿而，作舀水用。

鹾簋：用瓷制成，圆心，呈盆形、瓶形或壶形。鹾就是盐，唐代煎茶加盐，鹾簋就是盛盐用的器具。

滓方：制法似涤方，容量五升，用来盛茶滓。巾用粗绸制成，长二尺，做两块可交替拭用，用于擦干各种茶具。

具列：用木或竹制成，呈床状或架状，能关闭，漆成黄黑色。长三尺，宽二尺，高六寸，用来收藏和陈列茶具。

都篮：用竹篾制成，在用竹篾编成三角方眼，外用双篾作经编成方眼，用来盛放烹茶后的全部器物。

火䇲：用铁或铜制的火箸，圆而直，长一尺三寸，顶端扁平，供取炭用。

纸囊：用剡藤纸双层缝制，用来贮茶。

拂末：用鸟羽毛做成，碾茶后，用来清掸茶末。

罗合：罗为筛，合即盒，经罗筛下的茶末盛在盒子内。

水方：用稠木或槐、楸、梓木锯板制成，板缝用漆涂封，可盛水一斗，用来煎茶。

竹夹：用桃、柳、蒲葵木或柿心木制成，长一尺，两头包银，用来煎茶激汤。

涤方：由楸木板制成。制法与水方相同，可容水八升，用来盛放洗涤后的水。

熟盂：用陶或瓷制成，可容水二升，供盛放茶汤，"育汤花"用。

漉水囊：漉水囊是一个滤水器，供清洁净水用。其骨架可用生铜制作，囊可用青竹丝编织，或缀上绿色的绢。

（三）宋代茶具

在宋代，点茶法是当时的主要饮茶方法。饮茶器具尽管在种类和数量上，与唐代相比，少不了多少。但茶具更加讲究法度，如饮茶用的盏、注水用的执壶、炙茶用的钤、生火用的铫等，不但质地更为讲究，而且制作更加精细。

到了南宋，用点茶法饮茶便十分普遍，但他们的饮茶器具与唐代大致一样。北宋蔡襄在他的《茶录》中谈到当时茶器有茶焙、茶碾、茶罗、茶盏、茶笼、茶钤、茶匙、砧椎、汤瓶等。宋徽宗在《大观茶论》中列出的茶器有碾、罗、盏、筅、钵等，与蔡襄《茶录》中提到的大致相同。

南宋审安老人的《茶具图赞》以传统的白描画法画了 12 件茶具图形，称之为"十二先生"。其中："韦鸿胪"指的是炙茶用的烘茶炉，"木待制"指的是捣茶用的茶臼，"金法曹"指的是碾茶用的茶碾，"石转运"指的是磨茶用的茶磨，"胡员外"指的是量水用的水杓，"罗枢密"指的是筛茶用的茶罗，"宗从事"指的是清茶用的茶帚，"漆雕密阁"指的是盛茶末用的盏托，"陶宝文"指的是茶盏，"汤提点"指的是注汤用的汤瓶，"竺副师"指的是调沸茶汤用的茶筅，"司职方"指的是清洁茶具用的茶巾。

（四）元代茶具

元代的茶具是上承唐宋、下启明清的一个过渡时期。在当时既有采用点茶法饮茶的，但更多的是采用沸水直接冲泡散茶。

元代采用沸水直接冲泡散形条茶饮用的方法已较为普遍，这不仅可从元代的诗画中找到依据，而且还可从出土的元代冯道真墓壁画中找到佐证。在图中，从采用的茶具和它们放置的顺序，以及人物的动作，都可以看出是采用直接冲泡饮茶的。

（五）明代茶具

由于唐、宋时人们以饮饼茶为主，采用的是煎茶法或点茶法和与此相应的茶具。而在明代，饮茶都直接用沸水冲泡，所以唐、宋时的炙茶、碾茶、罗茶、煮茶器具便无用武之地，从而产生了一批新的茶具品种。至今，我们使用的茶具品种基本上与明代的茶具没有多大分别，只是样式和质地有所不同而已。

另外，明人饮的是条形散茶，贮茶焙茶器具比唐、宋时显得更为重要。明代高濂在《遵生八笺》中列了 16 件，另加总贮茶器具 7 件，合计 23 件。但明代张谦德在《茶经》中的"论器"里提到当时的茶具只有茶焙、茶笼、汤瓶、茶壶、茶盏、纸囊、茶洗、茶瓶、茶炉9 件。

明代茶具虽然简便，但同样讲究制法、规格，注重质地。新茶具的问世以及茶具制作工艺，比唐、宋时又有很大进步，并且都由陶或瓷烧制而成。在这一时期，江西景德镇的白瓷茶具和青花瓷茶具、江苏宜兴的紫砂茶具，在色泽、造型、品种和式样上都精致无比。

（六）清代茶具

在清代，茶类有了很大的发展，除绿茶外，还有乌龙茶、红茶、白茶、黑茶和黄茶等六大茶类，每种茶的饮用都沿用明代的直接冲泡法。虽然茶文化不断繁荣，但清代的茶具从种类和形式上基本上没有突破明代的规范。

清代的茶盏、茶壶，通常都以陶或瓷材质为主，特别是在康熙、乾隆时期最为繁荣。清代瓷茶具精品，多由江西景德镇生产。

清代的江苏宜兴紫砂陶茶具，在继承传统的同时也有新的发展。传说：当时任溧阳县令的陈曼生设计了新颖别致的"十八壶式"，由杨彭年、杨凤年兄妹制作。待泥坯半干时，再亲自用竹刀在壶上镌刻文字或书画。这种工匠制作、文人设计的"曼生壶"为宜兴紫砂茶壶开创了新风、增添了文化氛围。在乾隆和嘉庆年间，宜兴紫砂还推出了以红、绿、白等不同石质粉末施釉烧制的粉彩茶壶，使传统砂壶制作工艺又有新的突破。

另外，当时福州的脱胎漆茶具、四川的竹编茶具、海南的生物（如贝壳、椰子等）茶具也开始出现，使清代茶具异彩纷呈。

（七）现代茶具

现代茶具的样式在前人的基础上有了更新，做工也更加精致，质量也更加良好。如价格昂贵的有金银茶具，价格便宜的有竹木茶具，另外还有玛瑙、水晶、玉石、大理石、陶瓷、搪瓷等材质的茶具，真是花样繁多、举不胜举。随着时代的进步和人们生活水平的不断提高，茶具的种类也在悄然发生变化。现在各地茶艺馆及民间所使用的茶具概括起来大致有以下几类：

水壶：用于烧开水泡茶，主要有金属水壶，也有陶质水壶。在家庭饮茶中，一般使用金属质地的水壶。因金属传热快、坚固耐用，既经济实惠，又比较适合现代生活的快节奏。水壶有铝质的、铜质的，还有不锈钢的。城市家庭多用不锈钢水壶，既经久耐用，又卫生。另一类水壶就是陶质的，此种水壶烧水泡茶十分接近茶的原汁原味，克服了金属壶烧水有异味的缺点，受品茶者的欢迎，所以一般在茶艺馆中使用较多。除了上述水壶外，还有石英水壶等，它们分别适应不同的品饮场合，茶人可根据不同情况进行选择。

茶罐、茶盒：贮藏茶叶之用，茶人或茶艺馆购回茶叶需要妥善保存才能保质。这首先就牵涉到贮存的器具，如茶罐、茶盒等。从质地来说，有金属的、陶瓷的、纸质的等。相比较而言，以陶瓷为最佳。将制好的新茶装入陶瓷罐中置于较低的温度下（家用冰箱冷藏箱中），可保存一年以上，色、香、味诸方面与新茶相差无几。金属盒、塑料袋保存的茶叶易产生异味。当然，可以采取其他措施对此缺点予以弥补，比如可用纸盒套金属盒的方法等。

茶匙：一种带柄的细长的小勺子，把茶叶置入茶壶、茶盏、茶杯中的工具。其尾部较尖细，如壶嘴被碎末淤塞，可用此予以清理，一般以竹制为多，在家庭饮茶中，茶匙常被忽略。泡茶时，往往直接用手把茶叶放入壶、杯中，这种习惯不太卫生，同时给客人一个不太好的印象。在现代文明中，家庭饮茶，茶匙应必备。

茶则：又称茶荷，是从贮茶器皿中定量地取茶叶放入茶壶、茶盏中的器具。通常用竹材料或木质材料制成。在茶艺馆中或茶艺表演中，该茶器是必备之物。但是，在家庭饮茶中往往省略。

茶壶：泡茶的主要茶具之一。泡茶时，首先将茶叶置入其中，再将沸水注入，最后把盖子盖好。茶壶有不同质地，主要有瓷质、陶质和紫砂，壶还有容量大小之别。陈列在茶艺馆中供欣赏的茶壶有体积非常之大，可泡几十杯茶，甚至几百杯茶；也有供赏玩的袖珍型。家庭用壶有供十几人饮用的大茶壶，也有3—5人品饮的中型壶，还有供单人品饮或赏玩的小型壶。

茶盏：是一种瓷质或陶质的盖碗杯，用它来代替茶壶泡茶，再把茶汤分入茶杯供客人品饮。茶盏容量一般有限，但它可泡任何茶类，所以无论是家庭还是茶艺馆均有采用。

茶杯：盛茶汤供客人或家人自己品饮的茶具，有瓷、陶、玻璃和纸等质地。采用什么茶杯与当地的习惯、选取的茶类以及个人的喜好等有关，没有严格的界限。

现代茶具除了上述以外，还有茶盘、水盂、茶巾等。这些在特定的品饮场合是不可缺少的，特别是在茶艺表演时涉及到种类更多，林林总总的茶具千姿百态，各显神韵。

第二节　茶具的工艺美学

中国茶具不仅设计科学、使用方便，而且具有极高的审美价值，可以与传世的书画相媲美。特别是其美的造型与精湛的书画艺术和谐融合，形成了中国茶具兼有文化和艺术的双重特色。

一、瓷茶具的艺术特色

我国考古工作者在商周遗址的出土文物中就发现了一些青釉器皿，

西汉时期青瓷生产就初具规模。魏晋南北朝时期瓷器生产得到了迅速发展。出土文物显示，此期的瓷器上已雕刻着精致细腻的花鸟云龙等纹饰，造型精美。隋唐是我国瓷茶具生产的繁荣阶段，瓷茶具品种多样、造型别致，其中越窑瓷器以胎质细薄、釉色晶莹，深受人们的喜爱。正如陆羽在《茶经》中所云："邢瓷白而茶色丹，越瓷青而茶色绿。"值得一提的是，唐代制瓷工艺中出现了彩瓷，即斑斓绚丽的彩色瓷器。宋时瓷器制造已积累了丰富的经验，瓷茶具在胎质、釉色花纹、样式等方面都有了很大的发展。河南越窑的瓷器胎薄质细，釉色银白，所刻花纹纤细流逸，极富美感；河南钧窑的瓷器艳丽光彩，天蓝色釉上的彩斑或深或浅，或聚或散，星影浮幻；景德镇瓷器质薄光润，以影青为主，刻写花纹涂上青白釉色，反映出奇妙的青色花纹，可谓"白如玉、明如镜、薄如纸、声如磬"。

明代制瓷技术又有了新的突破，以吹釉取代了以前的蘸釉，烧出了青花、釉里红及斗彩、五彩等大量的多彩瓷器。成品的釉下青花和釉上交相辉映，显得特别美丽，其上的人物、花卉、鸟兽等图案，异彩焕发、可爱非常。

清代瓷器发展达到了很高的水平，制瓷技术日新月异，各种茶具也做得惟妙惟肖。特别是珐琅彩瓷器的诞生，更是为艺术殿堂增添了杰作。其技法是用精制的珐琅彩料作画，烧制后的釉面瑰丽精美、富有立体感。

二、紫砂壶的工艺要素

从砂壶的工艺说起，紫砂茶壶的制作到目前为止仍然基本停留在手工阶段。最多在批量生产时采用一些模具来套制身筒、盖、盖滴子、实心的嘴和把，而底、口沿、嘴的掏空，嘴和把的安装及其位置，盖和壶身的配合都要人工来掌握。一般的商品壶基本上都是套用模具来做的，所以在选定中意的式样以后主要是看以下几个方面：

（一）安装工艺

在外形上，从壶的侧面看，壶口、壶嘴和壶把的上端面应该平齐；从上面看，壶嘴壶把应该在同一条直线上，不应有歪斜，且居于壶身的中间。壶口、盖端面应该平整无起伏，配合应该严密，没有砂纸或锉刀打磨的痕迹。通身不应该有裂纹和剥落，如有则是次品，价格最少要低1/3。尤其注意壶嘴、把、滴子与壶身、壶盖镶接的地方。另外，壶底、壶口沿、盖的口沿和花货的装饰物也是镶接上去的，也不应该有裂纹，有许多裂纹在壶的里面，特别要当心。剥落现象则可能发生在壶嘴、口、盖子等容易发生撞击的端面。

（二）手工艺

接头的地方应该过渡自然光滑，没有人工修补的痕迹。线条应挺拔清楚，不拖泥带水。花货的形象应尽量逼真、有质感，工具修饰的痕迹应越少越好。我们应以机械整体加工的规格来衡量，好的壶应该就像用机械整体加工出来一般，其加工精度以 500 元的壶为标准，光面每厘米非造型起伏不得超过 ±0.1 毫米，装配精度误差不得超过 1 毫米，口与盖的配合间隙在 ±0.5 毫米左右。如果盖子是对称几何形，则盖子在各个对称方向上应该配合良好。这里要注意的是不应该有为了配合良好而用砂纸、锉刀打磨的痕迹。

（三）烧成

在烧成过程中由于火力的不均匀、温度的高低可能造成颜色不均匀、有气泡、过老或过嫩等现象，这也要注意。

经历了 1000 多年的历史演变，宜兴紫砂壶因集其得天独厚的泥料、巧夺天工的制作技艺、符合科学的生产工艺、精美绝伦的器物造型、有口皆碑的实用功能于一体，而成为世界名陶。

"泥"：紫砂壶得名于世与紫砂泥的特性有着密切的关系，紫砂泥中除含有氧化铁外，还含有一种重要的物质，那就是紫砂，所以评价一把紫砂壶的优劣首先应该鉴别紫砂泥的优劣。

"形"：紫砂壶的形态各异，素有"方非一式，圆不一相"之赞誉。大多数学者认为，紫砂壶以古朴为最佳。因为紫砂茶具是构成茶文化的重要因素之一，它所追求的意境与茶道所追求的意境是一致的，且中国茶道追求的是"淡泊平和""超凡脱俗"，而"古朴"正与这种意境相融洽。

"工"：紫砂壶的造型、技法与国画之工笔技法有着同工异曲之妙，也是十分严谨的。按照紫砂壶的要求，壶嘴与壶把要绝对在一条直线上，并且分量要均衡，壶口与壶盖结合得要严密。

"款"：即壶的款识。鉴赏紫砂壶有两层意思：一是鉴别壶的优劣，壶的制造者、题词人、镌刻人员；另一层是欣赏壶上题词的内容、书画的内涵和印款。紫砂壶的装饰艺术是中国传统装饰艺术的一部分，它具有传统的"诗、书、画、印"四位一体的显著特点。

"功"：即紫砂茶具的功能美，紫砂茶具功能美主要表现在：容量适度；高矮适当；口盖得严密；出水流畅。按大多数饮茶者的习惯，容量最好在200—500毫升为最好，手提只需一手之劳，使用方便。紫砂壶的高矮视茶类而异，高壶口小，宜泡红茶；矮壶口大，宜泡绿茶。但又必须适度——过高，茶易失味；过矮，茶水易从壶口溢出。这些均属功能美的外在表现。

第三节　茶具赏析

茶具即用于饮茶的器具，包括饮具、煮具、贮具、碾碎具、燃烘具、洁具、辅具等，狭义的茶具仅包括饮具。下面我们就稍举例子，来赏析一下精美的茶具。

一、紫砂茶具

紫砂茶具是陶土茶具中最有代表性的一种，主要产于著名的"陶者"宜兴。它造型奇巧、古色古香、典雅精美、装饰大方、气质独特，集金石书画于一体，具有古朴典雅的艺术特色。并且，它还具有良好的保味功能，用来泡茶香味特别醇郁。因此，寸柄之壶、盈握之杯都拥有极高的艺术欣赏和实用价值，是中华文化的一大瑰宝，多少年成了海内外青睐的收藏品。紫砂茶具的特点主要表现在以下几个方面：可塑性好——宜兴紫砂泥经高温烧制后不易变形，即成形范围极宽，成品和坯体收缩率仅为10%；透气性好——烧制的成品保持2%的气孔率，透气性能极好。夏天，以此壶泡茶不易变质，可在较长的时间内保持茶汤的原汁原味。紫砂茶具耐高温，冬天泡茶不会产生炸裂的现象，而且还可以用文火在紫砂茶具的底部炖烧；保温性能良好——由于传热慢，茶汤不会很快变凉，同时便于握在手中畅饮赏玩；经久耐用——涤拭日加发出黯然之光，入手可鉴，使用年代越久，泡茶效果越好，水壶本身也越灿然可爱。

紫砂器的造型,主要分为几何形体、自然形体、筋花形体三大类。这里主要介绍一下几何形体:

几体形体分为圆器具、方器具两种。这两种造型都是以几何形的线条装饰壶体的,甚至有的器形本身就是一种几何图形。

圆器:圆器造型主要由种种不同方向的曲度和曲线组成。紫砂圆器讲究珠圆玉润、比例协调、转折圆润、隽永耐看。造型规则要求壶口、盖、嘴、把、肩、腰的配置比例协调,壶体匀称流畅。

方器:方器造型主要由长短不同的直线组成。如四方、六方、八方及各种比例的长方形等。方器造型方中藏圆,线面挺括平正,轮廓线条分明。方器造型规则以直线、横线为主,曲线、细线为辅,方器除壶口、盖、把、嘴应与壶体相对称外,还要求做到"方中寓圆,方中求变,口盖划一,刚柔相称",使壶体不论以四方、六方、长方、扁方为壶型,其壶盖方向均可任意变换,并与壶口严密吻合。

紫砂器的各种形体都是在方器、圆器基础上发展而来的。所以紫砂器造型是"方非一式,圆不一相",这就是数百年大计来无数艺人创作经验的积累。现在紫砂工艺又继续在早期砂器基础上发展,推陈出新,将紫砂艺术发扬光大。宜兴紫砂壶壶形和装饰变化多端、千姿百态,在国内外均受欢迎,在我国闽南、潮州一带煮泡工夫茶使用的小茶壶,几乎全为宜兴紫砂器具。紫砂茶具还远播海外,受到世界人民的喜爱。早在15世纪,日本人到中国学会了制壶技术,他们所仿制的壶,至今仍被视为珍品。17世纪,中国的茶叶和紫砂壶同时由海船传到西方,被西方人称之为"红色瓷器"。

二、瓷质茶具

瓷质茶具在茶具中占有很大的比重,也因价格适中而更多地流行于寻常百姓家。其品种很多,具体可分为青瓷茶具、白瓷茶具、黑瓷茶具和彩瓷茶具等。

青瓷茶具以浙江所产品质最好。东汉年间,已开始生产色泽纯正、透明发光的青瓷。这种茶具除具有瓷器茶具的众多优点外,还由于色泽青翠,用来冲泡绿茶,能更加衬托出汤色。宋代时浙江龙泉县哥窑生产的青瓷茶具首次远销欧洲市场，立即引起了人们的极大兴趣。唐代顾况在《茶赋》中云："舒铁如金之鼎，越泥似玉之瓯"，赞扬了翠玉般的越窑青瓷茶具的优美。青瓷茶具如果用来冲泡红茶、白茶、黄茶、黑茶，则容易使茶汤失去本来面目，似有不足之处。

白瓷茶具则兼采陶和瓷的特点，多洁白无瑕、华丽精致，能很好地反映出茶汤的色泽，适合冲泡各类茶叶。加之白瓷茶具色彩和谐悦目，有的壶身还经过素刻、镶嵌、描金、丝绸印花等装饰，造型各异、光彩照人、异常精美，堪称饮茶器皿中之珍品。

黑瓷茶具产于浙江、四川、福建等地，始于晚唐。宋代是黑瓷茶具鼎盛的时期，这是因为自宋代开始，饮茶方法已由唐朝时的煎茶法逐渐改为点茶法，并且宋代流行的斗茶又为黑瓷茶具的崛起创造了条件。宋人衡量斗茶的效果，一看茶面汤花的色泽和均匀度，以"鲜白"为先；二看汤花与茶盏相接处水痕的有无和出现的迟早，以"盏无水痕"为上，时任三司使事中的蔡襄，在他的《茶录》中就说得很明白："视其面色鲜白，著盏无水痕为绝佳；建安斗试，以水痕先者为负，耐久者为胜。"而黑瓷茶具，正如宋代祝穆在《方舆胜览》中说的"茶色白，入黑盏，其痕易验"。所以，宋代的黑瓷茶盏成为了瓷器茶具中的最大品种。当时的福建建窑、江西吉州窑、山西榆次窑等，都大量生产黑瓷茶具，并成为黑瓷茶具的主要产地。

彩瓷茶具釉色润厚、绚丽多彩，颜色十分丰富且纯正，观之赏心悦目、乐趣无穷。彩瓷茶具的品种花色很多，其中尤以青花瓷茶具最引人注目。青花瓷主要产于我国著名的"瓷都"景德镇，所产青花瓷瓷具花纹蓝白相映成趣，色彩淡雅幽菁可人，华而不艳。加之其是在彩料之上涂釉，显得滋润明亮，更平添了青花茶具的魅力。明代时，在青花瓷的基础上，又创造出了各种彩瓷，其产品造型精巧、胎质细腻、色彩鲜丽、画意生动且十分名贵，畅销海内外。

三、金属茶具

金属茶具是指由金、银、铜、铁、锡等金属材料制作而成的茶具。它是我国最古老的日用器具之一。唐代皇宫饮用顾渚茶、金沙泉，便以银瓶盛水，一直送到长安，主要由于其不易破碎，因而造价十分昂贵，一般百姓无法享用。但用锡做的贮茶的茶器，具有很大的优越性。锡罐贮茶器多制成小口长颈，盖为圆筒状，密封性能较好，因此防潮、防氧化、避光、防异味性能也都较好。

至于用金属作为泡茶用具的历史，早在公元前18世纪至公元前221年秦始皇统一中国之前的1500多年间，人们便开始使用青铜器具来盛茶；大约到南北朝时，我国出现了包括饮茶器皿在内的金银器具；到了隋唐的时候，金银器具的制作达到了巅峰，其中陕西扶风法门寺出土的一套由唐僖宗供奉的鎏金茶具，可谓是金属茶具中罕见的稀世珍宝。但是从宋代开始，人们对金属茶具用来泡茶的褒贬不一，特别是从明代开始，随着茶类的创新、饮茶方法的改变，以及陶瓷茶具的兴起，使得包括银质器具在内的金属茶具逐渐消失。尤其是用锡、铁、铜等金属制作的茶具，用它们来煮水泡茶，被认为会使"茶味走样"，以致很少有人使用。在明代张谦德所著的《茶经》就有把瓷茶壶列为上等，金、银壶列为次等，铜、锡壶则属下等，为斗茶行家所不屑采用的记述。到了现代，金属茶具基本上已销声匿迹，我们只能从文物中找寻它的踪迹了。

四、竹木茶具

隋唐以前的饮茶器具，除陶器和瓷器外，民间多采用竹木制作而成，它价廉物美、经济实惠，并且来源广、制作方便，既对茶无污染，又对人体无害。因此，从古至今一直受到茶人的欢迎。茶圣陆羽在《茶经·四之器》中开列的28种茶具，多数都是用竹木制作的。不过，这种茶具最大的缺点就是不能长时间使用，也无法长久保存。清代时，四川出现了一种竹编的茶具，它既是一种工艺品，又富有实用价值。其主要品种有茶杯、茶盅、茶托、茶壶、茶盘等，多为成套制作。竹编茶具由内胎和外套组成，内胎多为陶瓷类饮茶器具，外套用精选慈竹，经劈、启、揉、匀等多道工序，制成粗细如发的柔软竹丝，经烤色、染色，再按茶具内胎形状、大小编织嵌合，使之成为整体如一的茶具。这种茶具不但色调和谐，美观大方，而且能够保护内胎，减少损坏；同时，泡茶后不易烫手。竹编茶具还富含很高的艺术欣赏价值，以至于很多人购置而只是用于收藏和摆放。

如今，人们已经很少使用竹木茶具来饮茶了，不过用木罐、竹罐来装茶，却仍然随处可见。特别是作为艺术品的黄阳木罐和二簧竹片茶罐，还有福建省武夷山等地的绘以山水图案的乌龙茶木盒，其制作都十分精良、别具一格，既是一种馈赠亲友的珍品，也有一定的实用价值。

五、漆器茶具

漆器茶具始于清代，主要产于福建福州一带。较著名的有北京的雕漆茶具、福州的脱胎茶具，江西波阳、宜春等地生产的脱胎漆器茶具等，均别具艺术魅力。其中尤以福州的脱胎漆器茶具为最佳。脱胎漆器茶具通常是一把茶壶连同四只茶杯，放置在圆形或长方形的茶盘内，壶、杯、盘通常呈一色，多为黑色，也有黄棕、棕红、深绿等色，并融书画于一体，饱含文化意蕴；且轻巧美观，色泽光亮，明镜照人；又不怕水浸，能耐温、耐酸碱腐蚀。脱胎漆器茶具除有实用价值外，还有很高的艺术欣赏价值，常为鉴赏家所收藏。

六、玻璃茶具

玻璃古人称之为流璃或琉璃，是一种有色半透明的矿物质。用这种材料制成的茶具，能给人以色泽鲜艳，光彩照人之感。我国的琉璃制作技术虽然起步较早，但直到唐代，随着中外文化交流的增多，西方的玻璃器皿不断传入，我国才开始烧制琉璃茶具。从陕西扶风法门寺地宫出土的由唐僖宗供奉的素面圈足淡黄色琉璃茶盏和素面淡黄色琉璃茶托，是地道的中国琉璃茶具，虽然造型原始、装饰简朴、质地显混、透明度低，但却表明我国的琉璃茶具制作自唐代已经起步，这在当时可以堪称珍贵之物。

在现代，玻璃器皿有了较大的发展。玻璃茶具以其质地透明、光泽夺目、外形可塑性大，形态各异、用途广泛而受到了人们的青睐。用玻璃茶杯或茶壶泡茶，茶汤的鲜艳色泽、茶叶的细嫩柔软、芽叶在整个冲泡过程中的上下浮动、叶片的逐渐舒展等，都可一览无余，可以说是一种动态的艺术欣赏。特别是冲泡各类名茶，茶具晶莹剔透，杯中轻雾缥缈、澄清碧绿、芽叶朵朵、亭亭玉立，观之赏心悦目，别有一番情趣。

而且玻璃茶具价廉物美，所以深受广大消费者的欢迎和喜爱。

七、搪瓷茶具

搪瓷茶具最早起源于古代埃及，但现在使用的铸铁搪瓷技术则始于19世纪初的德国与奥地利。大约在元代的时候，搪瓷工艺开始传入我国，明代景泰年间（1450—1457年），我国创制出了珐琅镶嵌工艺品景泰蓝茶具。清代乾隆年间（1736—1795年）景泰蓝从宫廷流向了民间，这可以说是我国搪瓷工业的肇始。多年来，搪瓷茶具以其坚固耐用、图案清新、轻便耐腐蚀、携带方便、实用性强的特点而著称于世，受到了不少茶人的欢迎。不过由于搪瓷茶具传热快、易烫手，放在茶几上，会烫坏桌面，加之"身价"较低，所以使用时受到了一定的限制，一般不用作居家待客之用。

第 四 章
科 学 饮 道

第一节 茶与水质

一、选水

好茶需用好水泡，冲泡茶叶的水质，对茶叶的色、香、味影响颇大。选用什么样的水冲泡茶叶，自古以来就有很多的论述。明代田艺蘅在《煎茶小品》一书中指出："茶，南方嘉木也，日用之不可少，品质有好坏，若不得其水，且煮之不得其宜，虽（茶）好也不好。"唐代陆羽在《茶经》中说："其水用山水上、江水中、井水下，拣乳泉，石池漫流者上，其瀑涌湍漱勿食之。"《红楼梦》中有这样的诗句："却喜侍儿知试茗，取将新雪及时烹"，讲的是雪水烹茶味道好。

茶与水质的关系，多次实验证明，用泉水、天落水、自来水、西湖水和井水，冲泡同一品质的龙井茶，其结果以泉水最佳，天落水、自来水和西湖水居中，井水最差。因为泉水是经过山崖沙子过滤过的，水色清澈，内含钙镁矿物质和氯化物等杂质很少，一般称为"软水"，因而沏出来的茶色香味最好。江湖水系"暂时硬水"，水中含有少量碳酸氢钙和碳酸氢镁等矿物质，经煮沸后，这类物质分解成碳酸钙和碳酸镁而沉淀下来，水也变成软水，所以用江湖水沏茶品质也较好。井水不能一概而论，靠近山区的井水就比城市、平原地区的好。靠近工厂污染区域的水流，或污浊而有异味的井水不宜用来冲泡茶叶。自来水的水质，通常是符合卫生标准的，可用于泡茶。但有时因为过量使用漂白粉消毒，使自来水中含有较多的氯离子，冲泡茶叶时就会产生一股氯气或其他异味，影响茶叶的汤色、滋味及鲜度。因此，最好在泡茶前先将自来水隔夜贮藏在水缸中，让氯气随着空气自然消失，也可以延长煮沸时间来散发氯气。如用净水器过滤的自来水泡茶，效果也较好。

总之，古代茶人对宜茶之水说法颇多，并且不完全一样，大致可以归纳为以下几种论点：

水源要"活"：用来沏茶之水要求有好的水源。如北宋苏东坡《汲江水煎茶》一诗："活水还须活火烹，自临钓石汲深情。大瓢贮月归春瓮，小勺分江入夜铛。"南宋胡仔《苕溪渔隐丛话》中称："茶非活水，则不能发其鲜馥。"明代顾元庆《茶谱》中认为："山水乳泉漫流者为上。"这些都充分表明了沏茶的用水要活。

水质要"清"：用来沏茶之水要求水质清洌。如宋代大兴斗茶之风，强调茶汤以白为贵，更以清净为重，择水重在"山泉之清者"。明代的熊明遇说："养水须置石子于瓮，不惟益水，而白石清洋，会心亦不在远。"从而可以看出前人们宜茶用水要求以"清"为上。

水味要"甘"：用来沏茶之水的水味要甘甜。如宋代蔡襄认为："水泉不甘，能损茶味。"明代罗廪认为："梅雨如膏，万物赖以滋养，其味独甘，梅后便不堪饮。"他们的叙述中充分说明了只有水"甘"，才能出"味"。

水品要"轻"：用来沏茶之水要求水品要轻。如清代乾隆皇帝对宜茶水品也颇有研究。据清代陆以湉的《冷庐杂识》记载，乾隆每次出巡，都带有一只精制银斗，"精量各地泉水"，然后精心称重，按水的比重从轻到重，依次排出优次。在他撰写的《御制玉泉山天下第一泉记》中将京师玉泉定为"天下第一泉"，作为宫廷御用水。

在 20 世纪 50 年代，茶学工作者曾对宜茶水品做过多次分析测定和试验对比。以浙江杭州为例，经过茶学工作者对杭州市内各种沏茶用水进行理化检测和开汤审评，结果表明虎跑泉水和云栖水最好，西湖水、钱塘江水次之，城市天落水和自来水再次之，城市井水最差。由于泉水大多出自岩石重叠的山峦，山上植被繁藏，不但富含二氧化碳和各种对人体有益的微量元素，而且经过砂石过滤，水质清澈晶莹，含氯化物极少。所以，用泉水沏茶能使茶叶的色、香、味、形得到最大限度的体现。

江、河、湖泊水通常含杂质较多，混浊度较高，用来沏茶的效果比泉水较差。但在荒无人烟的地方，由于水没有被污染，所以江河、湖泊之水也是沏茶的好水。唐代白居易的诗句"蜀茶寄到但惊新，渭水煎来始觉珍"，他认为用渭河水煎茶就很好，即使是混浊的黄河水，只要加以澄清处理，也能使茶汤香高味醇。

雪水和雨水被古人称之为"天泉"，尤其是雪水，更为茶人所推崇。唐代白居易的"扫雪煎香茗"，宋代辛弃疾的"细写茶经煮茶雪"，元代谢宗可的"夜扫寒英煮绿尘"，清代曹雪芹的"扫将新雪及时烹"，都是赞美雪水沏茶的佳句。至于雨水，因秋雨天高气爽、空中灰尘少，因此水味"清冽"，是雨水中的上品；因梅雨阴雨连绵、天气沉闷，会使水味"甘滑"，较为逊色；因夏雨飞沙走石、雷雨阵阵，会使水质不净，水味变差。

井水多为浅层地下水，特别是城市井水，易受污染危害，若用来沏茶，会损茶味。如果用清洁的活井水沏茶，也会得到一杯佳茗，明代陆树声所说的"井取多汲者，汲多则水活"指的就是用活井水沏茶。

自来水大多含有较多的用来消毒的氯气，并且会含有较多的铁质，如果用这种水沏茶，会严重损害茶的香味和色泽。氯化物与茶中的多酚类化合物发生作用，会使茶汤表面形成一层"锈油"，饮茶时会感到有苦涩味。当水中的铁离子含量超过万分之五时，就会使茶汤变成褐色。所以，用自来水沏茶，最好先将自来水静放一天，待氯气等散发后再煮沸沏茶，或者用净水器将水净化后再做沏茶用水。

总而言之，选水对品茶很重要，好茶需好水。正如许次纾在《茶疏》中所云："精茗蕴香，借水而发，无水不可与论茶也。"明代张大复在《梅花草堂笔谈》中说："茶性必发于水，八分之茶，遇十分之水，茶亦十分矣；八分之水，试十分之茶，茶之八分耳。"这就特别强调了择水重于泽茶。可以理解，水质不好，就不能正确地反映茶叶的色、香、味，尤其对茶汤的影响则更大。"龙井茶，虎跑泉"俗称"天下双绝"，名泉配名茶，相得益彰。

二、天下名泉

沏茶最好的选择是泉水。在祖国的锦绣河山中有许多名泉好水，如果能用这些名泉之水沏茶，那飘逸的茶香一定会让品茶者心旷神怡、回味无穷。

（一）北京玉泉

玉泉在北京西郊玉泉山东麓，玉泉的名字是同古代帝君品茗鉴泉紧密联系在一起的。清康熙年间，在玉泉山之阳修建澄心园，后来更名曰静明园。玉泉就在该园中，清朝初期，玉泉就为宫廷帝后茗饮御用泉水。乾隆皇帝更是一位品泉名家，他对天下诸名泉佳水做过深入的研究和品评后，将天下名泉列为七品：

> 京师玉泉第一；
>
> 塞上伊逊之水第二；
>
> 济南珍珠泉第三；
>
> 扬子江金山泉第四；
>
> 无锡惠山泉、杭州虎跑泉共列第五；
>
> 平山泉第六；
>
> 清凉山、白沙（井）、虎丘（泉）及京师西山碧云寺泉均列第七。

乾隆也在《玉泉山天下第一泉记》中说："则凡出于山下，而有洌者，诚无过京师之玉泉，故定为天下第一泉。"

（二）济南趵突泉

趵突泉又名槛泉，在山东济南市西门桥南趵突泉公园内。济南有趵突泉、黑虎泉、珍珠泉、五龙潭四大泉群共有七十二泉，而趵突泉为七十二泉之冠，也是我国北方最负盛名的大泉之一。

趵突泉是从地下岩溶洞的裂缝中涌出，浪花四溅，声若隐雷，势如鼎沸。北魏地理学家郦道元在《水经注》中说："泉源上奋，水涌若轮。"趵突泉的泉池略成方型，周砌石栏，池内清泉三股，昼夜喷涌，状如白雪三堆，冬夏如一。在泉池之北有泺源堂，堂前抱柱上刻有元代书法家赵孟頫撰写的槛联：

> 云雾润蒸华不注；
>
> 波涛声震大明湖。

在后院壁上嵌有许多明清以来咏泉石刻，西南有明代"观澜亭"，中立"趵突泉""第一泉""观澜"等明清石碑。池东有来鹤桥，桥东大片散泉汇注成池，并在水上建有"望鹤亭"茶厅。

（三）济南珍珠泉

珍珠泉在济南市泉城路北珍珠饭店院内，泉从地下上涌，状如珠串，泉水汇成水池，清澈见底。清代王昶的《游珍珠泉记》曰："泉从沙际出，忽聚忽散，忽断忽续，忽急忽缓，日映之，大者如珠，小者为玑，皆自底以达于面。"

珍珠泉水清碧甘冽，是烹茗的上等佳水。清乾隆皇帝在品评天下名泉佳水时，以清、洁、甘、轻为标准，将此泉评为"天下第三泉"。

历代的文人墨客亦曾在珍珠泉畔咏题诗词楹联。济南某县令赞泉联曰："逢人都说斯泉好，愧我无如此水清。"清末民初的杨度曾题珍珠泉联云：

> 随地涌泉源，时澄澈一讯，
> 莫使纤尖浑渊鉴；
> 隔城看山色，祁庄严千佛，
> 广施法雨惠苍生。

（四）杭州龙井泉

龙井泉在浙江杭州市西湖西面风篁岭上，又名龙湫，是以泉名井，又以井名村。龙井村是饮誉世界的西湖龙井茶的五大产地之一，此泉由于大旱不涸，古人以为与大海相通，有神龙潜居，所以名其为龙井，后来被人们誉为"天下第三泉"。

龙井泉水出自山岩中，水味甘醇，四时不绝，清如明镜。龙井泉旁有龙井寺，建于南唐保大七年（949 年），周围有神运石、涤心沼、"一片云"等景观，附近还有龙井、小沧浪、龙井试茗、鸟语泉声等石刻环列于井泉周围。龙井泉的西边是龙井村，该村盛产西湖龙井茶，因它具有色翠、香郁、味醇、形美之"四绝"而著称于世。

古往今来，名人雅士都慕名前来龙井游历，饮茶品泉，留下了许多赞赏龙井泉茶的优美诗篇。苏东坡曾以"人言山佳水亦佳，下有万古蛟龙潭"的诗句赞美龙井泉，乾隆皇帝曾写了《坐龙井上烹茶偶成》咏茶诗并题龙井联："秀翠名湖，游目频来溪处；腴含古井，怡情正及采茶时。"这些锦联妙语，为西子湖畔的龙井泉凭添了无限韵致，令许多中外游客向往。

（五）杭州虎跑泉

虎跑泉在浙江杭州市西南大慈山白鹤峰下慧禅寺侧院内，据说唐元和十四年（819年）高僧寰中来此，喜欢这里秀丽的风景，便住了下来。由于附近没有水源，他准备离开杭州，一夜在梦中有仙人托梦于他："南岳有一童子泉，当遣二虎将其搬到这里来。"第二天，他看见二虎跑（刨）地作地穴，清澈的泉水随即涌出，故名为虎跑泉。

虎跑泉是从大慈山后断层陡壁砂岩、石英砂中渗出，泉水晶莹甘冽，居西湖诸泉之首，和龙井泉一起并誉为"天下第三泉"。虎跑泉原有三口井，后合为二池。在主池泉边石龛内的石床上，寰中正在头枕右手小臂人侧身卧睡，神态安静慈善。另外，栩栩如生的两只老虎正从石龛右侧向入睡的高僧走来，形象生动逼真。

"龙井茶叶虎跑水"被誉为西湖双绝。古往今来，凡是来杭州游览的人们都要品尝一下以虎跑泉之水冲泡的西湖龙井茶。随着旅游业的迅速发展，杭州的茶文化事业也蓬勃发展，拥有了颇具规模的茶叶博物馆，以弘扬中华民族源远流长的茶文化，普及茶叶知识，促进中外茶文化的交流。

（六）苏州虎丘寺石泉水

苏州虎丘又名海涌山，位于江苏省苏州市阊门外西北山塘街。春秋晚期，吴王夫差葬后三日，有白虎蹲其上，故名虎丘。东晋时，司徒王珣和他的弟弟王珉在此创建别墅，后来王氏兄弟将其改为寺院，名虎丘寺，分东西二刹；唐代因避太祖李虎（李渊之祖父）名讳，将其改名为武丘报恩寺。

苏州虎丘不仅以风景秀丽闻名遐迩，还以拥有天下名泉佳水著称于世。据《苏州府志》记载：茶圣陆羽晚年在德宗贞元中曾长期寓居苏州虎丘，他一边著书，一边研究水质对茶的影响。他发现虎丘山泉甘甜可口，遂即在虎丘山上挖筑一石井，称为"陆羽井"，又称"陆羽泉"，并将其评为"天下第五泉"。据传当时皇帝听到这一消息，曾把陆羽召进宫去，要他用泉水煮茶，皇帝喝后大加赞赏，于是封其为"茶圣"。

因虎丘泉水质清甘味美，在继陆羽之后，又被唐代品泉家刘伯刍评为"天下第三泉"，于是虎丘石井泉就以"天下第三泉"名传于世。

（七）无锡惠山寺石泉水

惠山寺现位于江苏无锡市西郊惠山山麓锡惠公园内，又名惠泉山。

由于惠山有九个山陇，盘旋起伏，宛若游龙飞舞，故又称九龙山。

无锡惠山以其名泉佳水著称于天下，其中最负盛名的是"天下第二泉"。此泉共有三处泉池，入门处是泉的下池，开凿于宋代，池壁有明代弘治十四年（1501 年）大理石雕刻的龙头，泉水从上面暗穴流下，由龙口吐入地下。上面是漪澜堂，建于宋代，堂前有南海观音石，堂后是闻名遐迩的"二泉亭"。亭内和亭前有两个泉池，相传为唐大历末年（779 年），由无锡县令敬澄派人开凿的，分上池与中池。上池呈八角形，水质最佳；中池呈不规则方形，是从若冰洞浸出。在二泉亭和漪澜堂的影壁上，分嵌着元代书法家赵孟頫和清代书法家王澍题写的"天下第二泉"各五个石刻大字。

惠山泉，自从被陆羽评为"天下第二泉"之后，受到很多帝王将相、骚客文人的青睐，无不以一品二泉之水为快。唐武宗会昌年间（841—846 年），宰相李德裕住在京城长安，喜饮二泉水，竟然责令地方官吏派人用驿递方法把无锡泉水运去享用。唐代诗人皮日休有诗讽喻道：

> 丞相常思煮茗时，郡侯催发只嫌迟；
> 吴关去国三千里，莫笑杨妃爱荔枝。

宋徽宗时，将二泉列为贡品，按时按量送往东京汴梁。清代康熙、乾隆皇帝也都曾登临惠山，品尝过二泉水。

北宋文学家苏轼在任杭州通判时，曾作《惠山谒钱道人烹小龙团登绝顶望太湖》一诗，其中"独携天上小团月，来试人间第二泉"独具品泉妙韵。诗人比喻自己已羽化成仙，身携皓月，从天外飞来品饮这连浩瀚苍穹、闻名于世的"人间第二泉"。

（八）扬州大明寺泉水

大明寺在江苏扬州市西北的蜀岗中峰上，因建于南朝宋大明年间而得名。隋代仁寿元年曾在寺内建栖灵塔，又称栖灵寺，这里曾是唐代高僧鉴真大师居住和讲学的地方。

清乾隆三十年（1765 年），乾隆皇帝巡幸扬州，担心百姓因见"大明"二字而思念明朝，于是下令改名为"法净寺"，并亲笔题了寺名。1980 年 4 月，复称"大明寺"。

大明寺山门两边的墙上对称地镶嵌着"淮东第一观"和"天下第五泉"十个大字。唐代茶人陆羽在沿长江南北访茶品泉期间，品鉴了大明寺泉后，将其列为"天下第十二佳水"。由于唐代品泉家刘伯刍将扬州大明寺泉水评为"天下第五泉"，于是扬州大明寺泉水就以"天下第五泉"闻名于世。

大明寺泉，水味醇厚，最宜烹茶，凡是品尝过的人都公认宋代欧阳修在《大明寺泉水记》所说的"此水为水之美者也"是深识水性之论。

20世纪80年代初，扬州园林部门又在西花园建了五泉茶社，分上下两厅，两厅之间以假山连接。游人在饱览蜀岗胜景之后，可以在茶厅内小憩，品饮用五泉水冲泡的香茗，既可举目东望观音山色，又可俯视清雅秀丽的西湖风光。

（九）扇子山蛤蟆石泉

距湖北宜昌市西北25公里处的灯影峡之东，长江南岸扇子山山麓，有一呈椭圆形的巨石，从江中望去好像一只张口伸舌、鼓起大眼的蛤蟆，于是人们将其称为蛤蟆石。在蛤蟆尾部山腹有一石穴，穴中有清泉倾泄于"蛤蟆"的背脊和口鼻之间，状如水帘，垂注入长江之中，名曰"蛤蟆泉"。

唐代茶人陆羽曾前来品鉴过蛤蟆石泉水，他在《煮茶记》中记载："峡州扇子口山下，有石突然泄水独清冷，状如龟形，俗云蛤蟆泉水第四。"自从陆羽将蛤蟆泉水评为众多"天下第四泉"以来，引起了嗜茶品泉者的浓厚兴趣。在北宋年间，许多著名品泉高手、茶道大师都慕名而来，以一品蛤蟆泉水为快，并留下了赞美蛤蟆泉的诗篇。如文学家、史学家欧阳修的"哈蟆喷水帘，甘液胜饮酎"，诗人、书法家黄庭坚的"巴人漫说蛤蟆碚，试裹春芽来就煎"，苏轼和苏辙兄弟的"岂惟煮茗好，酿酒应无敌"。南宋爱国诗人陆游也在《蛤蟆碚》诗中写道：

> 不肯爬沙桂树边，朵颐千古向岩前。
> 巴东峡里最初峡，天下泉中第四泉。
> 啮雪饮冰疑换骨，掬珠弄玉可忘年。
> 清游自笑何曾足，擂鼓冬冬又解船。

（十）怀远县白乳泉

白乳泉在安徽省怀远县城南郊，因泉水甘白如乳而得名。泉左有"望淮楼",当登临闲叙,凭栏远眺,顿觉意趣盎然。泉右有双烈祠,是为纪念辛亥革命"黄花岗七十二烈士"中怀远籍烈士宋玉琳、程良而建。

白乳泉水含有多种矿物质,烹茶煮茗,芬芳清冽,鲜美可口。苏轼来此游历后赋诗留念,并将此泉誉为"天下第七名泉"。

(十一) 茶圣陆羽口中第一泉——庐山康王谷谷帘泉

康王谷又名庐山垅,位于庐山南山中部偏西,是一条长达7公里的狭长谷地,垅中涧流清澈见底,酷似陶渊明著的《桃花源记》中武陵人缘溪行的清溪。这条溪涧的源头就是谷帘泉。谷帘泉来自大汉阳峰,似从天而降,纷纷数十百缕,恰似一幅玉帘悬在山中,影影绰绰,悬注170余米。

谷帘泉经陆羽品定为"天下第一泉"后名扬四海,历代文人墨客接踵而至,纷纷品水题字。如宋代名士王安石、朱熹、秦少游等都在游览品尝过谷帘泉水后,留下了美词佳句。庐山有一大名产,即驰名海内外的庐山云雾茶。如果说杭州有"龙井茶叶虎跑泉"双绝的话,那么,庐山上的"云雾茶叶谷帘泉",也被茶界称为珠璧之美。

(十二) 镇江中泠泉——扬子江心第一泉

"扬子江心第一泉,南金来此铸文渊,男儿斩却楼兰首,闲品《茶经》拜羽仙。"这是民族英雄文天祥品尝了用镇江中泠泉泉水煎泡的茶之后所写下的诗篇。中泠泉又名南零水、中零泉,意为大江中心处的一股清冷的泉水,早在唐代就已天下闻名,唐代刘伯刍把它推举为全国宜于煎茶的七大水品之首。中泠泉原位于镇江金山之西的长江江中盘涡险处,汲取极为困难。自唐以来,达官贵人、文人学士,或派下人代汲,或冒险自汲,都对中泠泉表示出极大兴趣。中泠泉水表面张力大,满杯的泉水,其水面可高出杯口一二毫米而不外溢。如今,因江滩扩大,中泠泉已与陆地相连,仅是一个景观罢了。

三、烧水讲究

好茶需要好水沏泡,而有了好水,还需有好的烧水方法,才能泡出一杯好茶来。明代田艺蘅在《煮茶小品》中的"有水有茶不可无火。非无火也,失所宜也"说的就是这个意思。好茶没有好水,就不能把茶的品质发挥出来;而有了好水,烧水掌握不好"火候",也就显不出好茶、好水的风格来。所以,烧水用什么燃料,盛什么容器,烧到什么程度,都大有讲究。

烧水以无烟、无异味的坚木炭为好,否则开水会受烟味和异味的污染。烧开水应做到"老""嫩"适度,以初沸为宜;不能用文火慢烧或久沸,也不能用多次回烧的开水,或用锅炉蒸汽长时间加热煮沸的开水。

如今,烧水用的燃料有电、煤气、柴火,但不论采用何种热能的燃料烧水,都要注意几点:热量要高,以用电、煤气、酒精等为好,不能用文火烧;周围环境,不能有异味或异气,以防污染水质,烧水器需加盖;烧水不可久沸,或用多次回烧的开水,以免影响水质和茶汤滋味。

第二节 冲泡技术

一、冲泡要领

在饮茶时除了具有幽静清雅的品茶环境、优质的茶叶和高品质的茶具外,还应有高超的冲泡技术。在冲泡茶叶时不但要遵循一定的程序,还要掌握茶与水的用量、泡茶水温的高低、泡茶时间的长短和泡茶次数的多少等必备知识。

(一)泡茶的一般程序

不同的茶类有不同的冲泡方法,即使是同一种茶类也有不同的冲泡方法。在众多的茶叶中,由于每种茶的特点不同,在冲泡时要根据不同的特点采取相应的方法,以发挥茶叶本身的特色。但无论泡茶技艺如何变化,泡茶次序都相同,具体冲泡次序如下:

清具:清具时用热水冲淋茶壶,包括壶嘴、壶盖,同时烫淋茶杯。然后需要将茶壶、茶杯沥干,这样不但可以清洁饮茶器具,还可以提高茶具温度,使茶叶冲泡后温度相对稳定。

置茶:按茶壶或茶杯的大小,用茶匙置一定数量的茶入茶壶或茶杯中。

冲泡:当置茶入茶壶或茶杯后,按照茶与水的比例将开水冲入茶壶或茶杯中。在民间常用"凤凰三点头"之法，这种方法不但可以表示主人向宾客点头，欢迎致意，还可使茶叶和茶水上下翻动，使茶汤浓度一致。冲泡时除乌龙茶冲水须溢出壶口、壶嘴外，通常以冲水七分满为宜。

敬茶：敬茶时主人要脸带笑容将茶用茶盘送给客人，如果直接用茶杯奉茶，应避免手指接触杯口。正面上茶时，双手端茶，左手作掌状伸出，以示敬意。如果从客人侧面奉茶，若左侧奉茶，则用左手端杯，右手作请用茶姿势；若右侧奉茶，则用右手端杯，左手作请用茶姿势。这时，客人可用右手手指轻轻敲打桌面或微微点头，以表谢意。

赏茶：如果饮的是高级名茶，茶叶冲泡后，应先观色察形，接着闻香，再嚼汤尝味。尝味时应让茶汤从舌尖沿舌两侧流到舌根，再回到舌头，反复2—3次，以品尝茶汤的清香和甘甜。

续水：一般当已饮去2/3壶的茶汤时，就应续水，如果将茶水全部饮尽时再续水，续水后的茶汤就会淡而无味，续水通常2—3次即可。如果还想继续饮茶，应该重新冲泡。

（二）茶与水的用量

行家评茶时通常用的是一种特制的白色加盖有柄的瓷杯。泡茶时，每杯置茶5克，冲上沸水250毫升，然后加盖，5分钟后，开始评茶。评茶时，根据茶叶本身的要求，对各个品质先后进行评定。一般是先揭盖闻香，再察看汤色，后尝滋味，最后将杯中茶叶倒入茶杯盖中，用眼看、手摸评定茶叶叶底。这样，通过鼻闻、口尝、眼看、手摸，评出茶叶优劣。

家庭泡茶大多是凭经验行事，对茶叶和沸水用量的配比也应酌情而定。一般说来，绿茶、花茶，每克茶叶以冲泡50—60毫升沸水为好。通常，一只200毫升茶杯放入3—4克茶叶即可。冲泡时先冲上1/3杯沸水，少顷，再冲至七八成满。

茶叶与水的用量之比，还与茶类有关。如果冲泡乌龙茶、普洱茶，用茶量应高出大宗红、绿茶一倍以上。特别是冲泡乌龙茶，应先把乌龙茶冲泡在一只小壶内，再将壶内的茶汤倾入容量仅为4毫升的小茶杯内。这时，茶叶用量要比大宗茶增加一倍以上，而沸水的冲泡量却要减少50%。

另外，用茶量的多少，还要因人而异。如果饮茶人是体力劳动者，可以适当加大用茶量，泡上一杯浓茶汤；如果饮茶者是脑力劳动者，或无嗜茶习惯的人，可以适当少放一些茶叶，泡上一杯清香醇和的茶汤；如果不知道饮茶者的爱好，而又初次相识，可泡上一杯浓淡适中的茶汤。

（三）泡茶水温的掌握

泡茶时，水温的高低是沏好一杯茶的关键，水温过高，茶叶被烫熟泛黄，茶汤失去鲜爽感，茶叶的色、香、味、形全被破坏。水温过低，茶叶浮在汤面上，香气低、汤色浅、滋味淡，无法体现茶叶的色、香、味、形的特征。

据测定，用60℃的热水冲泡茶叶，与等量100℃的水冲泡茶叶相比，在时间和用茶量相同的情况下，茶汤中的茶汁浸出物含量，前者只有后者的45%—60%，表明冲泡茶的水温高，茶汁就容易浸出，冲泡茶的水温低，茶汁浸出速度慢。

泡茶水温的高低与茶的老嫩、松紧、大小有关。粗老、紧实、整叶的茶叶要比细嫩、松散、碎叶的茶叶冲泡水温高。

泡茶水温的高低还与冲泡茶的品种花色有关。如果是高档的名绿茶，一般用80℃左右的水冲泡，只有这样泡出来的茶汤才清澈不浑、香气纯正、滋味鲜爽。如果水温过高，汤色就会变黄，茶芽因"泡熟"而不能直立，不但失去欣赏性，还会降低茶的营养价值。如果水温过低，会使茶叶浮在表面，茶中有效成分难以浸出，茶味淡薄。

如果是冲泡大宗红、绿茶和花茶可用90℃左右的热水冲泡，如果冲泡的是乌龙茶、普洱茶等特种茶，须用刚沸腾的开水冲泡。特别是乌龙茶，要在冲泡前用滚开水烫热茶具，冲泡后用滚开水淋壶加温，才能将茶汁浸泡出来。不同茶类对水温的具体要求如下：

绿茶

冲泡绿茶时，粗老绿茶用100℃沸水冲泡，大宗绿茶用90℃—95℃热水冲泡，细嫩名优绿茶用80℃—85℃热水冲泡。如南京雨花茶用90℃热水冲泡，桂平西山茶用90℃热水冲泡，黄山毛峰用95℃热水冲泡，顾渚紫笋用95℃热水冲泡，太平猴魁用95℃热水冲泡，西湖龙井用85℃热水冲泡，洞庭碧螺春用80℃热水冲泡。

乌龙茶

乌龙茶必须用100℃沸水冲泡，冲泡时要用专门的茶具和传统的冲泡方法。泡茶前，先用沸水把茶具淋洗一遍，接着把茶投入壶中，用沸水冲泡。冲泡时，应沿壶口边作360度回旋缓冲法，当水溢出壶口和壶嘴时，立即将茶汤倒尽，然后立即冲入第二次水，水量约为壶容量的九成，盖上壶盖再用沸水淋壶身，一般浸泡1分钟后即可品饮。

花茶和红茶

冲泡花茶的水温通常为100℃，冲水后须马上加盖，以保持花茶的芳香；冲泡红茶的水温通常用100℃即可。

（四）泡茶时间的掌握

冲泡茶叶时，如果时间太短，茶汤会淡而无味，香气不足；如果时间太长，茶汤太浓，茶色过深，茶香也会因飘逸而变得淡薄。茶汤的滋味会随着冲泡时间延长而逐渐增浓，在不同时间段，茶汤的滋味、香气也会不同。

试验表明，用沸水泡茶，首先浸出的是维生素、氨基酸、咖啡碱，大约到3分钟后，茶汤滋味有鲜爽醇和之感，但缺少刺激味。随着茶叶浸泡时间的延长，茶叶中的茶多酚类物质陆续被浸泡出来，大约浸泡到5分钟后，茶汤鲜爽味减弱，苦涩味等相对增加。所以，为了获得一杯既鲜爽又甘醇的茶汤，如果冲泡的是大宗红、绿茶，头泡茶就以冲泡3分钟左右饮用为好。如果冲泡的是乌龙茶，由于用茶量较大，因此第一泡1分钟就可将茶汤倾入杯中；第二泡起，每次应比前一泡增加15秒左右，这样可使茶汤浓度大致相同。

茶叶中各种物质在沸水中浸出的快慢不但与浸泡的时间长短有关，还与茶叶的老嫩和加工方式有关。通常，细嫩的茶叶比粗老的茶叶容易浸出，冲泡时间宜短些；松散型的茶叶比紧压型的茶叶容易浸出，冲泡时间宜短；碎末型的茶叶比完整型的茶叶容易浸出，冲泡时间宜短些。

（五）泡茶续水次数的掌握

茶叶中各种有效成分的浸出时间不一样，茶叶冲泡第一次时，茶中的可溶性物质能浸出50%—55%；冲泡第二次时，能浸出30%左右；冲泡第三次时，能浸出约10%；冲泡第四次时，只能浸出2%—3%。所以，凡大宗红、绿茶中的条形茶，最好只冲泡2—3次。由于乌龙茶和花茶注重香气，所以在泡茶时应加盖。乌龙茶的特点是高香馥郁、滋味醇醇、入口含香；花茶的特点是茶引花香、香味谐调、使人闻之，香气扑鼻，饮后满口生香。为了不使香气散失，冲泡乌龙茶和花茶时，不但需要加盖，而且泡茶时间不宜过长，一般乌龙茶经 1 分钟左右，花茶经 2 分钟就可饮用。花茶可以连续冲泡 2—3 次，乌龙茶可连续冲泡 4—6 次。

红茶中的红碎茶，由于在加工时鲜叶经充分揉捻切细，只能冲泡一次。白茶中的白毫银针和黄茶中的君山银叶，由于加工时不经揉捻，是直接烘焙而成，所以只能冲泡一次，最多两次。冲泡银针时，当冲泡后4—5 分钟，茶叶才开始徐徐下沉，此时可先供人欣赏，到 10 分钟后才开始品赏。

目前市场上常见的袋泡茶，是由红茶、绿茶、花茶或普洱茶经切细后用袋包而成的，一经冲泡，茶汁很易浸出，所以最好只冲泡一次。

二、冲泡方式

（一）传统式泡法

传统式泡法的特色在于道具简单、泡法自由，并不十分苛求形式及道具，这是目前在国内流行的一种泡茶法，此种泡法十分适宜大众。第一泡后的洗杯，都是一起放入茶池中洗，这在卫生上曾引起非议。茶海可以解决这个难题，但是有部分饮者积习已深，喝完后仍习惯性在池中一沾，这是需逐渐改进的习惯。

备用具、备茶、备水：水壶用酒精灯只是求雅致，一般都是用插电式。

烫壶：将热水冲入壶中至溢满为止。

倒水：将烫壶的水倒净，可以顺注口而出，也可以从壶口倒出。

置茶：这是比较讲究的置茶，先放一个漏斗在壶口上，然后倒入，自由一点的用手抓茶叶即可。

冲水：将烧开的水倒入壶中，至泡沫满溢出壶口。

烫杯：烫杯的作用有二：一为保持茶汤的温度，不致于冷却太快；二为利用烫杯的时间来计量茶汤的浓度。

倒茶：接受茶汤的器具，桌上的叫公道杯，通称茶海。有了这种器具，就不会你淡我浓，极不均匀，因为茶汤先倒较淡，后倒较浓。

不用公道杯的倒法是，先提着壶沿着茶池轻点一圈，用意在于刮去水滴和摇动茶汤使茶汤均匀，叫"关公巡城"。戏称关公巡城是因为一般壶都是红色，刚从池中提出，热气腾腾，有如关公之威风凛凛，带云长巡弋，故戏称之。

摇动只是使茶汤稍为中和，浓淡平均就要靠倒杯的技巧，不能一次倒满，如有二杯，则来回倒壶盖；如有四杯，可分成四次，递次倒1/4；这种倒法，也有人戏称"韩信点兵"。

分杯：将茶海的茶汤倒入大小杯，以八分满为宜。

奉茶：自由取用，饮后归位。

去渣：一般饮茶，茶过三巡得宜，泡过三次后，即去渣。这个动作是在客人离去后才做的。若是换另一种茶，应备用另一把壶，但是若享用品质较高的茶，可至尽才去渣。

还原：客人离去后，去渣、洗杯、洗壶，一切归位，以备下次再用。

（二）宜兴式茶具泡法

宜兴式泡法是陆羽茶艺中心所整理以及提倡的一种新式泡法。此种泡法融合各地的泡法，然后研究出一套合乎逻辑的流畅泡法；并自创使用的茶具，讲究用水的温度是其最大的特点。特别需要说明的是，这种泡法较适合泡高级包种茶、轻火类的茶，焙火重的使用这套泡法，时间必须缩短。

赏茶：用来赏茶的器具叫茶荷，取其清新脱俗之意。宜兴式将以手抓茶的方式改进，而由茶罐直接倒茶入荷，荷亦具备了引茶入壶的功用。

温壶：以半壶热水将壶身温热后，倒于茶池。

置茶：将茶荷的茶叶倒入壶中，量为壶之1/2（标准4杯宜兴壶，约10克左右，是一两的1/4）。

温润泡：倒水入壶至满，盖上壶盖后立即倒掉，目的是让茶叶吸收温度和湿度，处于含苞待放的状态，时间越短越好。

温盅：温润泡的水倒入茶盅，将茶盅温热。

第一泡：将适温的热水冲入壶中，计时1分钟。

淋壶：淋壶并备洗杯水。

洗杯：将茶杯倒置于茶池中旋转，烫热后取出，置于茶盘中。

倒温盅水：将温盅的水倒掉。

干壶：将茶壶底部在茶巾上沾一下，沾去壶底水滴。

倒茶：将茶壶中浓度恰当之茶汤倒于茶盅内。

倒杯：再持茶盅倒入杯中达八分满。

去渣—倒渣：去渣第一动作，先漂洗壶盖。挖茶渣入孔。

洗壶：冲水半壶以冲洗余渣，将余渣倒入池中。

拨出壶垫—倒水：用渣匙拨出壶垫。倒掉池水。

还原：宜兴式自创茶车，各种茶具用完后，可收藏其中，甚至茶渣也可贮存。

注一：宜兴式泡法时间表

第一泡：1 分钟

第二泡：1 分 15 秒

第三泡：1 分 40 秒

第四泡：2 分 15 秒

注二：宜兴式泡法温度表

绿茶类：70℃

清茶类（冻顶、文山、松柏长青、白毫乌龙）：80℃—85℃

铁观音、武夷茶类：90℃—95℃

（三）潮洲式泡法

潮州位于韩江下游，居民饮茶功夫细腻，素负盛名，很多喝茶的故事及传说都来自古老的潮洲。

这类泡茶法都有师承，不能随意传授，下面所介绍的或已夹杂其他流派或仅是台派潮州式。

潮州式泡法的特点是针对较粗制的茶，将价格不高的粗制茶，泡出来的风味不止如此。

它所讲究的是一气呵成，在泡茶过程中，绝不讲话，避免任何干扰，精、气、神三者是其要求的境界。对于茶具的选用、动作的利落、时间的计算、茶汤的变化，都有极严格的标准，日本茶道仅讲究器具，绝难望其项背。

备茶：泡者端坐，大刀金马，静气凝神，右边大腿放包壶用巾，左边大腿上放擦杯白巾，桌面上放两块方巾；中间放中深茶池，壶宜用吸水性较强，音频较低者，壶盖绑细链，能自由旋转最佳，盅宜用较大的，杯数视客人人数而定。

温壶·温盅：用沸流的水烫壶，视其表面水分蒸散即倒入盅内，盅

（公道杯）内水不倒掉。

干壶：潮式干壶有特殊意义，一般高级茶用湿温润，潮式则用干湿润，亦即干烘。先持壶在大腿布上拍打，水滴尽了之后，轻轻甩壶，像摇扇般手腕必须放软，直到壶中水分完全干尽为止。

置茶：潮式置茶，以手抓茶，试其干燥程度，以定烘茶长短，茶量置壶的八分满。

烘茶：置茶入壶后，不是就火炉烘烤，而是以水温烘烤，烘烤能使粗制的陈茶，霉味消失，有新鲜感，香味上扬，滋味迅速溢出。

潮式茶壶，质料不一定要好，但壶口与壶盖的要求要严，塞住气孔时要能禁水，在烘茶之先，以手指轻沾，抹湿结合处，以防冲水时水分侵进。

烘茶的时间，视抓茶的感觉而定，若未受潮，不烘也可，若已受潮，则一烘再烘。

洗杯：在烘茶时以茶盅水倒水杯中。

冲水：烘茶后，把壶从池中提起，用壶布包起，摇动以便壶内温度配合均匀，然后放入池中冲水。

摇壶：冲水满后，迅速提起，置桌面巾上，按住气孔，快速左右摇晃，若第一泡摇四下，第二泡、第三泡顺序减一，其用意也是在使茶干浸出物浸出量均匀。

倒茶：按住壶孔摇晃后，随即倒茶入盅。

第一泡茶汤倒尽后，随即用布包裹，用力抖动，求的也是壶内上下湿度均匀。抖壶的次数与摇晃次数，恰恰相反，第一泡是摇多抖少，往后则摇少抖多。陈年茶最怕浸，久浸又苦又酸，所以浸的时间要逐次减短，抖动也是怕茶在壶中相濡相沫，所以越隔越严。

潮州式以三泡为止，其要求的尺度是三泡水的茶汤浓淡必须一致，所以泡者在泡茶过程中绝不能分神，至三泡完成，才如释重负，与客人分杯品茗。

（四）诏安式泡法

诏安在福建省南端，濒临阮溪西南，适合泡焙浓酽的茶，其特色在于用纸方由分出茶形，以及洗杯的讲究。

备茶具：壶倾斜45°的位置，布巾摺叠整齐，纸巾放在泡者习惯位置，茶盘放在壶的正前方。

整茶形：诏安式泡茶之泥壶不用有过滤网，而用单孔壶，不能用牙嘴通流，因用的都是陈年茶，碎渣多，所以要整形，将茶置纸巾上，折合轻抖，粗细自然分开。整理完茶形，将茶叶置于桌上，请客人鉴赏。

热壶热盖：一般泡法，壶盖可以连接邦壶壶身，诏安泡法不顾壶盖，烫壶时，盖斜置壶口，连盖一起烫。

置茶：烫壶水倒掉后，盖放杯上，等壶身一干，即可置茶。置茶时，流高耳低，细末倒在低处，粗形倒近流口，避免阻塞。

冲水：泡沫满壶口为止。

洗杯：诏安式所用茶杯为蛋壳杯，极薄轻，洗杯时排放小盘中央。每杯注水 1/3，洗杯时双手迅速将前面两杯水倒入后两杯，中指托杯底，拇指拨动，食指控制平衡，在杯上洗杯，动作必须利落灵巧、运用自如，泡茶内行与否，从洗杯动作断定。

诏安式以洗杯来计量茶汤浓度，第一泡以双手洗一遍，第二泡以双手洗一来回，第三泡则以单手洗一循环，主人喝的留在最后。水溢杯后用中指擦掉一小部分水，食指、拇指挟杯倒掉。

倒茶：这种泡法在倒茶时应特别注意，轻斟慢倒，不缓不急，第一杯留给自己，因为含渣机会可能较多，倒法也是巡弋倒法，茶流成滴即应停止。

诏安泡法以三巡为止，焙火较重的茶，三巡后，香味尽去，故不取。

（五）安溪式泡法

安溪在福建省南安县西、濒蓝溪北岸，北武夷、南京安溪，产茶自古著名。安溪式的泡法，适用铁观音、武夷茶之类的轻火茶。

安溪式泡法，重香、重甘、重纯，茶汤九泡，以三泡为一阶段。每阶段闻其香气高否，第二阶段尝其滋味醇否，第三阶段察颜色变否。所以有口诀曰：

一二三香气高，四五六甘渐增，七八九品茶纯。

这类泡法能使茶的原形毕露，是茶的另一层固定方式。

用具

备茶具：茶壶的要求与诏安式相同，安溪式泡法以烘茶为先，另备闻香高杯。

温壶温杯：湿壶与潮式无异，置茶仍以手抓，唯温杯时里外皆烫。

置茶：置茶量半壶。

烘茶：与潮式相比，时间较短，因高级茶一般保存都较好。

冲水：冲水后约呼五口气的时间即倒茶（利用这时间将温杯水倒回池中）。

倒茶：不用茶盅，而以点兵方式直接倒入高杯中，第一泡倒1/3，第二泡再倒1/3，第三泡倒满。

闻香：将空杯及高杯一齐放置在客人面前，若无闻香习惯，则暗示其倒换另一闻香杯，高杯用来闻香。

抖壶：第一泡与第二泡之间，用布包裹，用力摇三次，以下泡与泡之间皆三次，九泡共要二十七次。

茶汤倒出后的抖壶是要胡斯内外温度均匀，开水冲入后的不摇晃上为其使浸出物增多与潮式在摇晃的意义上恰恰相反，以为泡的茶品质一高一低之故。

安溪式泡法，在杯与壶的选配上，必须自己斟酌搭配，始能称心如意。

第三节　不同茶类的冲泡方法

冲泡不同的茶叶，要使用不同的茶具，冲泡方法也不相同。但是，有几个环节却是绝大多数茶叶冲泡过程中要共同做到的，其要求大体相同：

赏茶：包括观色、赏形、闻香。从茶叶罐中取出茶叶放在白色瓷质的赏茶盘中。白色瓷质的赏茶盘可更加衬托出茶叶的翠绿色，显现出茶叶的形状。

备用：根据茶叶品种准备合适的茶具。

洁具：将茶具用清水冲洗干净。

烧水：用随手泡或水壶将水烧开。

温壶（杯）：用开水注入茶壶、茶杯（盏）中，以提高壶、杯（盏）的温度，同时使茶具得到再次清洁。

置茶：将待冲泡的茶叶置入壶或杯中。

冲泡：将温度适宜的开水注入壶或杯中，如果冲泡重发酵或茶形紧结的茶类时，如红茶、乌龙茶等，第一次冲水数秒钟即将茶汤倒掉，称之为温润泡（也称洗茶），即让茶叶有一个舒展的过程。

分茶：冲泡好的茶汤倒入茶杯中饮用。采用循环倾注法，一般以茶汤入杯七分满为标准。若分三杯茶汤，那么，第一杯先注1/3，第二杯注2/3，第三杯注七分满；再依二、一顺序将其余二杯注满。以此类推。

茶的冲泡过程大致如此，具体到不同的茶叶和茶具，其冲泡方法各有特点，不尽相同，但是一些冲泡动作如持壶的手法，却大体一致。持壶手法有提梁烧水壶持壶方法和紫砂壶持壶方法两种。

手提提梁烧水壶倒水时，如果以单手持壶可以左（右）手四指并拢，轻握提梁，拇指从提梁上方抵住，再提壶倒水。

也可以左右手四指并拢，掌心朝上穿过提梁下方，轻抬拇指从提梁上方按住。

如果用双手持壶，可以左右手轻握提梁，将壶提起，另一只手五指并拢，中指抵住盖钮，再提壶倒水。

紫砂壶持壶方法有多种。你可以单手持壶，右手食指钩住壶把，拇指从壶把上方按住，中指抵住壶把下方，提壶倒水。

也可以单手持壶，右手中指和拇指捏住壶把，食指伸直抵住盖钮，但要注意不要堵住盖钮上的气孔。

如果习惯用双手持壶，可右手食指钩住壶把，拇指从壶把上方按住，中指抵住壶把下方，左手中指轻轻抵住盖钮倒水。

如果是紫砂提梁壶，可单手持壶，用右手四指握提梁的后半部，拇指轻抵盖钮倒水。还可以双手持壶，右手轻握提梁，将壶提起，左手五指并拢，中指抵住盖钮。

掌握正常的持壶方法，既可以避免在泡茶的过程中烫手，又可以让人看起来轻松，美观大方。

如前所说，不同的茶类，有不同的冲泡方法，即使是同类茶叶，由于原料老嫩的不同，也有不同的冲泡方法。也就是说，在众多的茶叶品种中，由于每种茶的特点不同，或重香，或重味，或重形，或重色，或兼而有之，这就要求泡茶要有不同的侧重点，并采取相应的方法，以发挥茶叶本身的特色。

一、绿茶的泡饮方法

绿茶是我国生产地区最广、产量最多、品种最为丰富、销量最大的茶类，绿茶的饮用方法也是多种多样。较为普遍的饮用方法有茶壶泡饮法、单开泡饮法、玻璃杯泡饮法、瓷杯泡饮法四种。

（一）绿茶玻璃杯泡法

赏茶后首先要准备并清洁茶具。可选择无刻花的透明玻璃杯，至于数量可根据品茶人数而定。将玻璃杯一字摆开，依次倾入 1/3 杯的开水，然后从左侧开始，右手捏住杯身，左手托杯底，轻轻旋转杯身，将杯中的开水依次倒入废水盂。这样又可让玻璃杯预热，避免正式冲泡时炸裂。

其次，置茶。因绿茶（尤其名绿茶）干茶细嫩易碎，因此从茶叶罐中取茶时，应轻轻拨取。轻轻转动茶叶缸，将茶叶倒入茶杯中待泡。

茶叶投放秩序也有讲究，有三种方法：上投法、中投法、下投法。上投法即先在杯中注入开水，然后再投入适量的茶叶。中投法是先在杯中注入 1/3 的水，再投入适量的茶叶，再加水。下投法也就是先投茶后加水的方法。夏季冲泡特别细嫩的绿茶可采用上投法；冬索松展的名茶如黄山毛峰、六安瓜片等适合中投法；秋冬季冲泡圆炒青绿茶可用下投法。

水烧开后，待到合适的温度，就可冲泡了。执开水壶以"凤凰三点头"法高冲注水。将水高冲入杯，并在冲水时以手腕抖动，使水壶有节奏地三起三落，犹如凤凰在向观众再三点头致意，这叫"凤凰三点头"。这样能使茶杯中的茶叶上下翻滚，有助于茶叶内含物质浸了出来，茶汤浓度达到上下一致。一般冲水入杯至七成满为止。

绿茶冲泡也可洗茶。即在冲泡前将开水壶中适度的开水倾入杯中，注水量为茶杯容量的 1/4 左右，注意开水注不要直接浇在茶叶上，应打在玻璃杯的内壁上，以避免烫坏茶叶。此泡时间掌握在 15 秒以内。

玻璃杯因透明度高。所以能一目了然地欣赏到佳茗在整个冲泡过程中的变化，所以适宜冲泡名优绿茶。

在欣赏名优绿茶时应先干看外形，再湿品内质。泡饮前先欣赏干茶的色、香、形。茶叶的色泽有碧绿、深绿、黄绿、多毫等；其香气有奶油香、板栗香、锅炒香，还有各种花香夹杂着茶香；其造型有条、扁、螺、针等。当欣赏过干茶的风韵后，就可以冲泡，其操作方法有以下两种：

一是对外形紧结重实的名茶采用"上投法"，如龙井、碧螺春、都匀毛峰、蒙顶甘露、庐山云雾、福建莲芯、苍山雪绿等。冲泡时先将开水冲入水杯中，接着将干茶投入杯中，此时可观赏到茶叶在杯中上下沉浮，千姿百态。然后观察茶汤颜色，有黄绿碧清的，有乳白微绿的，有淡绿微黄的，当赏茶后开始品茶。

二是对外形松展的名茶采用"中投法"，如黄山毛峰、太平猴魁等。冲泡时先将干茶投入杯中，冲入开水至杯容量 1/3 时，稍待 2 分钟，再冲开水至杯容量的 3/4 满即可。此时可观赏到茶叶在杯中的徘徊飞舞，或上下沉浮。

（二）绿茶盖碗泡法

赏茶后准备好茶具，即盖碗数只，并洁具。将盖碗一字排开，掀开碗盖。右手拇指、中指捏住盖钮两侧，食指抵住钮面，将盖掀开，斜搁于碗托右侧，依次向碗中注入开水，三成满即可，右手将碗盖稍加倾斜盖在茶碗上，双手持碗身，双手拇指按住盖钮，轻轻旋转茶碗三圈，将洗杯水从盖和碗身之间的缝隙中倒出，放回碗托上，右手再次将碗盖掀开斜搁于碗托右侧，其余茶碗同样方法——进行洁具。洁具的同时达到温热茶具的目的，使冲泡时减少茶汤的温度变化。

然后，将干茶依次拨入茶碗中待泡。通常，一只普通盖碗放上 2 克左右的干茶，就可以了。

接着，将温度适宜的开水高冲入碗，水注不要直接落在茶叶上，应落在碗的内壁上，冲水量以七八分满为宜，冲入水后，迅速将碗盖稍加倾斜，盖在茶碗上，使盖沿与碗沿之间有一空隙，避免将碗中的茶叶闷黄泡熟。

瓷杯较适宜泡软中、高档绿茶，讲究的是品味或解渴，重在适口，不注重观形。冲泡时可有"中投法"或"下投法"，开水冲泡须加盖，以保香和保温，并加速茶叶舒展下沉。待 3—5 分钟后，即可开盖闻香饮汤，饮至"三开"为止。

（三）绿茶的壶泡法

"嫩茶杯泡，老茶壶泡。"对于中、低档的绿茶，无论是外形、内质、还是色、香、味都略逊一筹，若用玻璃杯或白瓷冲泡，缺点尽现，有些不雅观。所以，可以选择使用瓷壶或紫砂壶冲泡法进行泡茶。

首先准备好茶壶、茶杯等茶具。将开水冲入茶壶，将茶壶摇晃数下，依次注入茶杯中，再将茶杯中的水旋转倒入废水盂，在洁净茶具的同时温热茶具。

将绿茶拨入壶内。茶叶用量按壶大小而定，一般以每克茶冲50—60毫升水的比例，将茶叶投入茶壶待泡。

将高温的开水先以逆时针方向旋转高冲入壶，待水没过茶叶后，改为直流冲水，最后用"凤凰三点头"将壶注满，必要时还需要壶盖刮去壶口水面的浮沫。

茶叶在壶中浸泡3分钟左右将茶壶中的茶汤低斟入茶杯。

冲泡绿茶以两到三次为宜，最多不能超过三次。经科学测定：第一次冲泡绿茶中含有的维生素、氨基酸和多种无机物浸出率为80%，第二次为95%。可见大部分的营养物质在头两次冲泡中就已浸出，因此第一泡绿茶质量最佳。

如果用茶壶泡茶，由于干茶投入茶壶中冲泡后不但无法欣赏到茶趣，而且茶叶会被闷熟而失去清爽鲜香之感。所以，茶壶泡饮法适合于冲泡中、低档茶叶，适宜众多人饮茶，而不宜冲泡高档细嫩绿茶。

（四）单开泡饮法

单开泡饮法是指冲泡一次就能使茶汁充分浸泡出来，如袋泡茶。袋泡茶可清饮，也可调味后饮用。调味茶是将茶去袋后，取茶汤，并兑入白糖、牛奶、水果等。

1. 龙井茶的茶具选择

冲泡龙井茶的茶具通常为玻璃杯，或质地坚硬、色彩素雅的有柄瓷杯，一些茶艺馆也常采用盖碗冲泡龙井茶。无论用什么杯冲泡，都得配以托子，以衬托龙井茶的高贵与幽雅。

质地坚硬的玻璃杯、瓷杯或瓷质盖碗，一般不易吸水、吸香，能使冲泡的茶香得以很好发挥。为了增加龙井茶冲泡后的观赏性，玻璃杯的杯身不宜过高，还应选择无色、无花纹、无棱角、无盖为宜。瓷杯宜选择内壁白色的青花瓷或青瓷为好，冲泡时不必加盖。如果用盖碗冲泡龙井茶，多选用黑釉盖碗冲泡，因为黑釉盖碗能呈现水的澄澈，衬托茶芽的青翠鲜绿；用盖碗冲泡龙井茶时，碗盖不能平放密封，需要露边斜放，以免焖黄芽叶。

2. 冲泡龙井茶的用量

如果使用大杯、大碗等容器，用大水量冲泡龙井茶，会把细嫩的茶芽叶烫熟，使茶汤失去翠绿而泛黄，茶姿变软而不能挺立，叶底由绿润变得枯黄，滋味会变得不够鲜爽。并且，还会因茶汤一时喝不完，浸泡过久而使茶的色、香、味、形失去观赏性。所以，冲泡龙井茶的容器以小杯为好，最好是个小身矮的玻璃杯、青花瓷杯，或黑釉盖碗更为适宜。

3. 冲泡龙井茶的水温

冲泡龙井茶的水温一定要适宜，如果水温太低，会使茶飘浮在水面，茶汤浓度也达不到品饮要求，从而失去品龙井茶的意义；如果水温太高，会使茶中的叶绿素因高温而遭受破坏，叶底变黄，茶香散失。冲泡龙井茶时，通常可将沸水先注入暖水瓶中，经3—4小时后，当沸水冷却至80℃左右时再进行冲泡。

4. 龙井茶的冲泡程序

龙井茶的冲泡程序如下：

备具：品饮龙井茶，除茶样罐、开水壶、品茶杯（碗）外，还须有茶巾、赏茶盘、茶荷、茶匙等，并将它们放于茶盘上。茶具搭配应错落有致，大小相称，色泽相配。一般应将茶样罐放在茶盘中前方，茶巾和赏茶盘放于茶盘下方靠右处，茶荷、茶匙放于茶盘下方靠左处，茶杯倒置，放于茶盘中间有序排开。

赏茶：在冲泡龙井茶前，可先介绍一下龙井茶的品质特征和文化前景。然后打开茶样罐，用茶匙摄取少量茶样并置于赏茶盘中，再端至客人前，用双手奉上，供客人观赏闻香。

置茶：将茶杯一字摆开，或呈弧形排放，然后将茶样罐打开，用茶匙将所需龙井茶拨入茶荷，分1—2次完成，并将茶样——拨入茶杯中。

浸润泡：根据冲泡所需水温，倾入茶杯容量1/5—1/4的开水，提杯向逆时针方向转动数圈，以使茶叶浸润，吸水膨胀，便于内含物质浸出。

冲泡：冲泡时，通常用"凤凰三点头"使茶杯中的茶叶上下翻滚，游移于沉浮之间，不但能使茶汤浓度上下一致，还能观看茶优美的舞姿，一般冲水入杯至七成满为止。

奉茶：给客人奉茶要面带微笑，做到欠身双手奉茶，茶杯的摆放位置要方便客人提取品饮。茶放好后，应向客人伸掌示意，请客人品尝。

5. 龙井茶的品饮

龙井茶以色、香、味、形四绝而誉称"中国十大名茶"之首，是历代文人骚客吟咏讴歌的题材，常用"黄金芽""无双品""香而清""淡而远"等词句来表达对龙井茶的酷爱。

在品饮龙井茶时应先观其形，即冲泡时透过清澈明亮的茶汤，观赏龙井茶在杯中的沉浮、舒展和最终颗颗成朵而又各不相同的茶芽美姿，以及龙井茶汁的浸出、渗透和汤色的显现。当端起茶杯时应先闻其香，然后呷上一口，含在口中，边吸气边使茶汤从舌尖沿舌头两侧来回旋转，反复数次，从中充分体会茶叶的滋味，最后再缓缓咽下。如此往复品赏，自然会产生飘飘欲仙的感觉，难怪清人陆次云品饮龙井茶后说："龙井茶真者，甘而不冽，齿颊留芳，啜之淡然，似乎无味。饮过后，觉有一种太和之气，弥沦于齿颊之间，此无味之味，乃至味也。"

二、红茶的冲泡方法

常见红茶的品饮方法以有杯饮法、壶饮法、调饮法、清饮法四种。

（一）红茶的清饮

红茶的清饮泡法也分杯泡和壶泡，清饮杯泡要准备白色带托有柄瓷杯数只。用开水冲杯，以洁净茶具，并起到温杯的作用。

清饮壶泡要准备紫砂壶或咖啡壶。因品饮红茶，观色是重要内容，因此，盛茶杯以白瓷或内壁呈白色为好，而且壶与杯的用水量须配套。用开水注入壶中，持壶摇数下，再依次倒入杯中，以洁净茶具。

倒适量茶叶入壶，根据壶的大小，每60毫升左右水容量需要干茶1克（红碎茶每克需70—80毫升）。

将温度适宜的开水高冲入壶。

静置3—5分钟后，提起茶壶，轻轻摇晃，待茶汤浓度均匀后，采用循环倾注法——倾茶入杯。

清饮法是指在冲泡红茶时不加任何调味品，仅品饮红茶纯正浓烈的滋味。如品饮功夫红茶，就是采用清饮法。功夫红茶分小种红茶和功夫红茶两种，小种红茶中较著名的有正山功夫小种和坦洋功夫小种，功夫红茶中较著名的有祁门功夫、云南功夫、政和功夫。功夫红茶是条形茶，外形条索紧细纤秀，内质香高、色艳、味醇。冲泡时可在瓷杯内投入 3—5 克茶叶，用沸水冲泡 5 分钟。品饮时，先闻香，再观色，然后慢慢啜，体会茶趣。

（二）红茶的调饮

中国人大多采用清饮法喝红茶，只有在广东的少数地区流行加糖、牛奶之类的调味品，目的是为了增加茶的口感与营养价值。相比之下，调饮法在欧美国家更为普遍。冲泡调饮红茶多采用壶泡法，与清饮壶泡法相似，只是要在泡红的茶汤中加入调味品。选用的茶具，除烧水壶、泡茶壶外，盛茶杯多用带柄带托瓷杯。接着将开水注入壶中，持壶摇数下，再依次倒入杯中，以清洁茶具。

按每位宾客 2 克的红茶量将茶叶置于茶壶。用温度适宜的水，以每克茶 50—60 毫升（红碎茶为每克 70—80 毫升）用水量，从较高处向茶壶冲入。

泡茶后，静置 3—5 分钟，滤去茶渣，并倾茶入杯。随即，再加上牛奶和糖；或切一片柠檬，插在杯沿；或洒上少量白兰地酒；或加入一两勺蜂蜜等。其调味用量的多少，可依每位宾客的口味而定。

品饮时，须用茶匙调匀茶汤，进而闻香、尝味。

除清饮、调饮外，我国部分少数民族地区还流行着一种将红茶放入铜壶中煎煮的煮饮法。在铜壶中放入适量红茶，加水煎煮，煮沸后再从铜壶中倒入杯内，加糖、牛奶等饮用。俄罗斯人还有一种奇怪的红茶饮法，他们将糖粒放在嘴里，喝一杯红茶，便把糖连同茶水一起吞下。

调饮法适合袋泡茶，可先将袋茶投入杯中，用沸水冲 1—2 分钟后，去茶袋，留茶汤。品饮时可依个人喜好兑入糖、牛奶、咖啡、柠檬、蜂蜜，以及各种新鲜水果块或果汁。

（三）杯饮法

杯饮法适合功夫红茶、小种红茶、袋泡红茶、速溶红茶，可将茶投入白瓷杯或玻璃杯内，用沸水冲泡后品饮。功夫红茶和小种红茶可冲 2—3 次；袋泡红茶和速溶红茶均只冲泡 1 次。

（四）壶饮法

壶饮法适合红碎茶和片末红茶，低档红茶也可以用壶饮法。可将茶叶置入壶中，用沸水冲泡后，将壶中茶汤倒入小茶杯中饮用。这些茶也一般冲泡2—3次，适宜众多人一起品饮。

三、乌龙茶的冲泡方法

相比之下，乌龙茶的冲泡方法就讲究得多，通常称作功夫茶。因为这种冲泡方法不仅要下功夫精心选购茶具，冲泡时要下功夫操作，喝茶时要有闲功夫细细品饮，所以得名。功夫茶冲泡方法在广东潮汕和福建上州等地区非常流行。说它讲究，主要就在于茶具的讲究。

功夫茶的茶具都要配套。以前，一套功夫茶专用器具众多，分为煮水、冲泡、品茗三大类用途。煮水用具有风炉、火炭、风扇、水壶等。风炉又叫灿头风炉，在现代生活中，一般家庭都已改用方便清洁的电炉，风炉、火炭、风扇已不多见。煮水用的水壶俗称为玉书（茶）碾，能容水200毫升，大约200克。闽南、粤东和台湾省人将陶瓷质水壶通称为"碾"，以广东潮安出产的最为著名。"玉书"两字的来源有二：一是水壶的设计制造者的名字；二是由于此壶出水时宛如玉液输出，故称"玉输"，但"输"字不吉利，因而改之为"玉书"。

功夫茶的冲泡用具主要有茶壶、茶船和茶盘。茶壶为宜兴紫砂壶，叫"孟臣壶"。当然，真正的孟臣壶为明代惠孟臣所制，壶底刻有"孟臣"铭记，传世非常少。我们现在所用的大多是仿制品。孟臣壶最大的特点是"壶小如香橼"，即小巧玲珑，只能容水5毫升，约5克。

茶船和茶盘是用来盛冲泡时流出来的热水的，同时对茶壶茶杯起保温和保护作用，比一般的茶托要大得多，在台湾称茶池。

品茗用具则主要是若琛杯。若琛杯，相传为清代江西景德镇烧瓷名匠若琛所作，为白色敞口小杯，与小巧的紫砂壶十分相配。现代人更追求杯与壶在色调上的协调，将白色的若琛杯制成与紫砂壶同样的颜色。为了观赏汤色，又在杯中涂了一层白釉与白色杯效果相关无几。

今天，功夫茶具逐渐简化为四件：孟臣壶、若琛杯、玉书碾、汕头风炉（电炉），我们称之为"烹茶四宝"。

乌龙茶冲泡以潮汕功夫茶、福建功夫茶以及台湾乌龙茶泡法为代表。

（一）潮汕功夫茶冲泡

首先准备茶具，如烧水炉具，即风火炉，用于生火煮水，多用红泥或紫泥制成。当然，为方便快捷，也可用电热壶烧水。盖碗（或紫砂小壶），由于潮汕功夫茶多选用凤凰水仙系茶品，该种茶条索粗大挺直，适合用大肚开口的盖碗冲泡。品茗杯即若琛杯。传统潮汕功夫茶多选薄胎白瓷小杯，只有半个乒乓球大小。茶承，用来陈放盖碗和品茗的工具，分上下两层，上层是一个有孔的盘，下层为钵形水缸，用来盛接泡茶时的废水。

温具：泡茶前，先用开水壶向盖碗中注入沸水，斜盖碗盖，右手从盖碗上方握住碗身，将开水从碗盖与碗身的缝隙中倒入一字排开的品茗杯里。

赏茶：取出适量茶叶至赏茶盘，欣赏茶的外形和香气。

置茶：将碗盖斜搁于碗托上，拨取适量茶叶入盖碗。

冲水：用开水壶向碗中冲入沸水，冲水时，水柱从高处直冲而入，要一气呵成，不可断续。

水要冲至九分满，茶汤中有白色泡沫浮出，用拇指、中指捏住盖钮，食指抵住钮面，拿起碗盖，由外向内沿水平方向刮去泡沫。

第一次冲水后，15 秒内要将茶汤倒出，即温润泡。可以将茶叶表面的灰尘洗去，同时让茶叶有一个舒展的过程。倒水时，应将碗盖斜搁于碗身上，从碗盖和碗身的缝隙中将洗茶水倒入茶承。

然后正式冲泡，仍以高冲的方式将开水注入盖碗中。如产生泡沫，用碗盖刮去后加盖保香。

接着是洗杯。用拇指、食指捏住杯口，中指托底沿，将品杯侧立，浸入另一只装满沸水的品杯中，用食指轻拨杯身，使杯子向内转三周，均匀受热，并洁净杯子。最后一只杯子在手中晃动数下，将开水倒掉即可。

第一泡茶，浸泡 1 分钟即可斟茶。斟茶时，盖碗应尽量靠近品杯，俗称低斟，可以防止茶汤香气和热量的散失。倾茶入杯时，茶汤从斜置的碗盖和碗身的缝隙中倒出，并在一字排开的品杯中来回轮转，通常反复二三次才将茶杯斟满，称该式为"关公巡城"。茶汤倾毕，尚有余滴，须尽数一滴一滴依次巡回滴入各人茶杯，称其为"韩信点兵"。采用这样的斟茶法，目的在于使各杯中的茶汤浓淡一致，而避免先倒为淡，后倒为浓的现象。

（二）福建功夫茶泡法

冲泡之前，先要煮水。在等候水煮沸期间可将一应茶具取出放好，如紫砂小壶、品茗杯、茶船（茶洗）等。

洁具：用开水壶向紫砂壶注入开水，提起壶在手中摇晃数下，依次倒入品杯中，这一步也称"温壶烫盏"。温壶又叫"孟臣淋霖"，不光要往壶内注入沸水，还要浇淋壶身，这样才能使壶体充分受热，温壶彻底。烫盏也有讲究。茶杯要排放在茶船中，依次注满沸水后，先将一只杯子的水倒出，然后以中指托住杯底，用拇指来360°转动杯子，使杯沿在盛满沸水的杯子中完全烫洗，既消了毒又烫了杯。其余各杯以此法依次烫好备用。

置茶：拨取茶叶入壶，也称"乌龙入宫"。投放量为1克茶、20毫升水，差不多是壶的三成满。放茶叶入壶之前，可先观赏乌龙干茶的色泽、形状、闻其香味。投茶有一定的顺序，先用茶针分开茶的粗叶、细叶以及碎叶。先放茶末、碎叶，再投粗叶在其上；最后将较匀称的叶子放在最上面。这样做是为了防止茶的碎末或粗条将茶壶嘴堵塞，使茶汤不能畅流。

洗茶：用开水壶以高冲的方式冲入小壶，直至水满壶口，用壶盖由外向内轻轻刮去茶汤表面的泡沫，盖上壶盖后，立即将洗茶水倒入废水盂。

正式冲泡时用开水壶再次高冲，并上下起伏以"凤凰三点头"之式将紫砂壶注满，如产生泡沫，仍要用壶盖刮去，为"春风拂面"。然后，盖上壶盖保香。

用开水在壶身外均匀淋上沸水，可以避免紫砂壶内热气快速散失，同时可以清除沾附壶外的茶沫。

大约浸泡1分钟后，用右手食指轻按壶顶盖珠拇指与中指提紧壶把，将壶提起，沿茶船四边运行一周，这叫"游山玩水"。目的是为了避免壶底的水滴落到杯中，这样壶底的水会先落到茶船里。将壶口尽量靠近品茗杯，把泡好的茶汤巡回注入茶杯中。将壶中剩余茶汁，一滴一滴分别点入各茶杯中。杯中茶汤以七分满为宜。

注意：斟第二道茶之前仍要烫盏，将杯子用开水烫后再斟茶，以免杯凉而影响茶的色香味。以后再斟，同样如此。

20世纪80年代以后，在潮州、闽南功夫茶的基础上，台湾地区进行了一系列的改革，形成了独具特色的台式乌龙茶泡法。台式乌龙茶与潮州功夫茶的最主要的区别在于茶具上的改革，即在原有功夫茶的基础上为了更好地欣赏茶的色泽与香味，增加了闻香杯，与每个若琛杯配套使用。闻香杯杯体又细又高，将茶汤散发出来的香气笼住，使香味更浓烈，更容易让人闻到。

除了闻香杯之外，台式乌龙茶还发明了茶盅，即公道杯。用茶壶泡好茶之后，在斟入若琛杯之前，将茶壶中的茶汤先注入公道杯，再从公道杯中将茶汤倒入各若琛杯中。这样能使倒入每一杯中的茶汤浓度均匀，体现出公平合理的茶道精神。如果用茶壶直接将茶汤倒入若琛杯中，后倒出来的茶汤由于在茶壶中浸泡的时间较长，相对来说比先倒出来的茶汤要浓，这样对饮用先斟出的茶汤的客人不公平。

闻香杯与公道杯的发明，使功夫茶的冲泡过程有了一定的改进。

（三）台湾乌龙茶泡法

准备茶具：茶盘用来陈放泡茶用具。一般用木或竹制成，分上下两层，废水可以通过上层的箅子流入下层的水盘中。紫砂壶，可根据品茶人数，选择容量适宜的壶（如两人壶、四人壶等）。还有公道杯、闻香杯、若琛杯等。将茶具摆放好，茶壶与公道杯并列放置在茶盘上，闻香杯与若琛杯对应并列而立。

温壶烫盏：将开水注入紫砂壶和公道杯中，持壶摇晃数下，以巡回往复的方式注入闻香杯和若琛杯中，再把杯中水倒入茶盘。

取出茶叶，可先观赏片刻再投入茶壶中。

洗茶：将沸水注入茶壶中，冲满后盖上茶盖，淋去溢出的浮沫。

正式冲泡时仍以"凤凰三点头"之式将茶壶注满，用壶盖从外向内轻轻刮去水面的泡沫，再用开水均匀淋在壶的外壁上。静候1分钟后，将茶汤注入公道杯中。趁茶壶犹烫，再次冲入开水泡茶。

依次将闻香杯和若琛杯中的烫杯水倒掉，并一对对的放在杯垫上，闻香杯在左，若琛杯在右。杯身上若有图案或分正反面，应将有图案的一面或正面朝向客人。

将公道杯中的茶汤均匀注入各闻香杯中。各闻香杯都斟满后，把若琛杯倒扣过来，盖在闻香杯上。接着再依次把扣合的杯子翻转过来，以若琛杯在下，闻香杯在上。

品茶时，先将闻香杯中的茶汤轻轻旋转倒入若琛杯，使闻香杯内壁均匀留有茶香，送至鼻端闻香。也可转动闻香杯，使杯中香气得到最充分的挥发。尔后，以拇指、食指握住若琛杯的杯沿，中指托杯底，以"三龙护鼎"之式执若琛杯品饮。

要提醒大家注意的：在乌龙茶在第一泡后要逐渐增加冲泡的时间，这样才能使茶叶中的有效物质完全浸出。

四、黄茶的泡饮方法

要冲泡好黄茶，首先需要选好茶，好的黄茶冲泡后，香气清幽，滋味醇和。品黄茶主要在于观其形、赏其姿、察其色，其次是尝味、闻香。冲泡黄芽茶，通常每克茶的开水用量为 50—60 毫升。冲泡时一般只能用 70℃左右的热水冲泡，如果水温过高会泡熟茶芽，使饮茶者无法观赏茶芽的千姿百态。另外，由于黄芽茶制作时几乎未曾经过揉捻，加上冲泡时水温又低，所以黄芽茶的冲泡时间通常在 10 分钟后才开始品茶。

君山银针是一种较为特殊的黄茶，它幽香、醇味，具有茶的所有特性，但它更注重观赏性，因此其冲泡技术和程序十分关键。

冲泡君山银针用的水以清澈的山泉为佳，茶具最好用透明的玻璃杯，并用玻璃片作盖。杯子高度 10—15 厘米，杯口直径 4—6 厘米，每杯用茶量为 3 克，其具体的冲泡程序如下：

赏茶： 用茶匙摄取少量君山银针，置于洁净赏茶盘中，供宾客观赏。

洁具： 用开水预热茶杯，清洁茶具，并擦干杯，以避免茶芽吸水而不宜竖立。

置茶： 用茶匙轻轻地从茶样罐中取出君山银针约 3 克，放入茶杯待泡。

高冲： 用水壶将 70℃左右的热水，先快后慢冲入盛茶的杯子，至1/2 处，使茶芽湿透。稍后，再冲至七八分满为止。约 5 分钟后，去掉玻璃盖片。

赏茶： 君山银针经冲泡后，可看见茶芽渐次直立，上下沉浮，并且在芽尖上有晶莹的气泡。

君山银针是一种以赏景为主的特种茶，讲究在欣赏中饮茶，在饮茶中欣赏。刚冲泡的君山银针是横卧水面的，加上玻璃片盖后，茶芽吸水下沉，芽尖产生气泡，犹如雀舌含珠，似春笋出土。接着，沉入杯底的直立茶芽在气泡的浮力作用下，再次浮升，如此上下沉浮，真是妙不可言。当启开玻璃杯盖片时，会有一缕白雾从杯中冉冉升起，然后缓缓消失。赏茶之后，可端杯闻香，闻香之后就可以品饮。

五、白茶的泡饮方法

白茶是由新梢上多白色茸毛的茶树品种茶叶采制而成，成品茶满披白色茸毛、色白隐绿。冲泡后，茶汤浅淡、滋味醇和。

白茶因产地、采摘原料不同，有银针、贡眉和白牡丹之分：银针主要产于福建的福鼎和政和两县，则由政和大白茶和福鼎大白茶的壮芽采制而成，所以芽头肥壮、满披白毫、挺直如针、色白如银。政和产的滋味鲜醇，香气清芳；福鼎产的茶芽茸毛厚、色白有光、汤色杏黄、滋味鲜美。贡眉主要产于福建的建阳、建瓯、浦城等县，由一芽二叶为原料加工而成。优质贡眉毫心显露、色泽浅绿、汤色橙黄、叶底匀整明亮、滋味鲜爽、香气鲜纯。白牡丹主要产于福建的福鼎和政和两地，其原料主要来自政和大白茶和福鼎大白茶的早春芽叶，要求芽和二片叶必须满披白色茸毛。白牡丹两叶抱一芽、叶态自然、色泽呈暗青苔色、叶张肥嫩、叶背遍布白毫、芽叶连枝。冲泡后，汤色杏黄或橙黄，滋味鲜醇，叶底浅灰柔软。

在这里我们着重介绍银针白毫的泡饮方法。冲泡银针白毫的茶具通常是无色无花的直筒形透明玻璃杯，品饮者可从各个角度欣赏到杯中茶的形色和变幻的姿色。冲泡时银针白毫的水温以 70℃ 为好，其具体冲泡程序如下：

备具：多采用有托的玻璃杯。

赏茶：用茶匙取出白茶少许，置于茶盘供宾客欣赏干茶的形与色。

置茶：取白茶 2 克，置于玻璃杯中。

浸润：冲入少许开水，让杯中茶叶浸润 10 秒钟左右。

泡茶：接着用高冲法，按同一方向冲入开水 100—120 毫升。

奉茶：用双手端杯奉给宾客饮用。

品饮：白毫银针冲泡开始时，茶芽浮在水面，经 5—6 分钟后才有部分茶芽沉落杯底。此时，茶芽条条挺立、上下交错，犹如雨后春笋。

约 10 分钟后，茶汤呈橙黄色，此时方可端杯闻香和品尝。

六、黑茶的冲泡方法

根据普洱茶的品质特点和耐泡特性，其一般选用盖碗冲泡，用紫砂壶作公道杯，最后用小茶杯品茶。其冲泡程序如下：

赏具：赏具又称孔雀开屏，通常选用长方形的小茶杯，上置泡茶用的盖碗和品茶用的若琛杯，多用青花瓷，花纹和大小应配套，公道壶以大小相宜的紫砂壶为上。另外，还有茶匙等。

温茶：温茶又称温壶涤器，即用烧沸的开水，冲洗盖碗、若琛杯。

置茶：置茶俗称普洱入宫，即用茶匙将茶置入盖碗，用茶量为 5—8 克。

涤茶：涤茶又称游龙戏水，即用现沸的开水呈 45 度角大小流冲入盖碗中，使盖碗中的普洱茶随高温的水流快速翻滚。

淋壶：淋壶又称淋壶增温，即将盖碗中冲泡出的茶水随即淋洗公道壶。

泡茶：泡茶又称翔龙行雨，即用现沸开水冲泡盖碗中泡茶，开水用量约 150 毫升。冲泡时间分别为：第一泡 10 秒钟，第二泡 15 秒钟，第三泡后依次冲泡 20 秒钟。

出汤：出汤又称出汤入壶，即将冲泡的普洱茶汤倒入公道壶中，出汤前要刮去浮沫。

沥汤：沥汤又称凤凰行礼，即把盖碗中的剩余茶汤，全部沥入公道壶中，以"凤凰三点头"的姿势向宾客致意。

分茶：分茶又称普降甘霖，即将公道壶中的茶汤倒入杯中，每杯倒七分满。

敬茶：敬茶又称奉茶敬客，即将杯中的茶放在茶托中，举杯齐眉，奉给宾客。

品饮：品饮普洱茶重在寻香探色，品饮时先观汤色，重在闻香，然后再啜味。

七、花茶的冲泡方法

花茶的冲泡方法与绿茶差不多，不同在于花茶更注重保持茶的外形完好以及防止香气的散发。瓷质有盖茶具密度大，保温性能良好，能有效地保持茶的芳香。特别是盖碗的碗口大，能清楚地观察到茶形。因此，冲泡花茶适合用有盖的茶具，以白瓷盖碗或白瓷有盖茶杯为佳。常见的泡饮方法有玻璃盖杯法、茶壶泡饮法和白瓷盖杯法三种：

（一）玻璃盖杯法

玻璃盖杯法适合冲泡上等细嫩花茶，如茉莉银毫、茉莉寿园、茉莉毛峰、茉莉春芽、茉莉东风茶。细嫩的茶叶具有较高的观赏性，通过透明玻璃杯冲泡可以观赏到茶叶在杯中徐徐舒展的过程。通过观赏、闻香、品味，花茶特有的茶味和香韵才能真正体现出来，给人以完美的享受，冲泡后的花茶一开盖便会顿觉香气扑鼻而来，愉悦的心情会油然而生。

准备好茶具后要清洁茶具。花茶以独具花之芳香为特色，因此保有其真香是冲泡的重中之重。使用的茶具，甚至冲泡用水都要洁净无味，以免损害了原有的香味。而且，洁具与温具是同步进行的，事先冲烫茶具使其具有一定的温度能使茶香更快地被激发。冲烫盖碗，要先向碗中注入约三成沸水，然后双手托住盖碗，往顺时针方向旋转碗身，使碗内的水从下到上旋至碗口，让碗内壁充分被水清洗。然后，将碗盖垂直放入碗中，在碗中将碗盖旋转一周，使碗盖全部被水浸洗。最后用碗中热水淋洗碗托。

置茶：将2—3克茶叶放入碗中，同时可赏茶。

冲泡之前先浸润，即先用些许开水，按同一方向高冲入碗，以浸润茶叶。

约10秒钟后，再向碗中冲水至七八分满，随即加盖，避免香气散失。

花茶经冲泡后，需静置2分钟左右，方可饮用。品饮前，用左手托起碗托，右手轻轻将碗盖掀开一条缝，先深闻缝隙间香味，再揭开碗盖闻其上"盖面香"。再用碗盖轻轻推开浮叶，从斜置的碗盖和碗沿的缝隙中品饮。

（二）茶壶泡饮法

茶壶泡饮法一般选用低档花茶或花茶干，用沸水冲泡5分钟后将茶汤倒入茶杯中饮用。如冲泡中、低档花茶，茶叶外型无多少观赏价值，可采用壶泡法，即用茶壶泡茶。茶壶一般为白瓷茶壶，冲泡法与杯泡法相同。泡好后分茶入杯，可使茶叶外形不与人直接见面，人们看到的只是分茶后的茶汤，依然可以通过对茶汤的闻香和品尝中得到花茶的香和味。而且，壶泡可多次冲泡。

（三）白瓷盖杯法

白瓷盖杯法一般选用中档花茶，强调茶味醇厚、香气芬芳，而不注重观赏性。用沸水冲泡 5 分钟后，即可揭盖闻香品茶。

第四节　合理饮茶

一、选择适合自己的茶

喝茶有益于身体健康，但由于每个人体质不同、爱好和习惯不一样，所以每个人更适合喝哪种茶应因人而异。

一般说来，初始饮茶者或平日不大饮茶的人，最好品尝清香醇和的高级名绿茶，如黄山毛峰、庐山云雾、西湖龙井和都匀毛尖等；有饮茶习惯、嗜好清淡品味者，可以选择高档烘青和一些地方优质茶，如旗枪、敬亭绿雪、茉莉烘青和天目青顶等；身体肥胖的人，饮去腻消脂力强的福建乌龙茶以及云南和四川的沱茶更为适合；平时要求茶味浓醇者，则以选择炒青类茶叶为佳，如珍眉、珠茶等；平时畏寒者，以选择红茶为好，因为红茶茶性温，喝了有去寒暖胃之功；平时畏热者，选择绿茶为上，因为绿茶性寒，喝了有清凉之感。

二、注意饮茶时机

什么时候饮茶最好，要因人、因环境和工作性质而定。口干时，喝杯茶能润喉解渴；滞食时，喝杯茶能消食去腻；疲劳时，喝杯茶能舒筋消累；心烦时，喝杯茶能静心解烦。

一般来说，以解渴为目的的饮茶，渴了就饮，有随意性；在看电视时喝点茶既有助明目；脑力劳动者边思考，边饮茶，可以保持清醒头脑，有利于提高工作效率；早晨起来饮茶可以帮助洗涤肠胃、醒脑提神，更好地全身心投入到学习和工作中；在宴后饮茶可以促进脂肪消化、解酒、消减肚子胀饱不适和上火；有口臭和爱吃辛辣食品的人若在与人交谈前先喝一杯茶，可以消除口臭；嗜烟的人倘在抽烟时适当喝点茶，可以减轻尼古丁对人体的毒害。总之，要根据茶的性质，结合人们所处的工作环境条件，做到适时饮茶。

三、女性"四期"少饮茶

因为饮茶能给人们提供一定的营养成分且有防病治病的作用，所以女性在经期、孕期、临产期、哺乳期，可适当饮用些清淡的茶叶。但是，妇女在"四期"期间，由于生理需求的不同，不宜多饮茶，尤其忌喝浓茶。

女性经期饮浓茶，由于茶叶中咖啡碱对神经和心血管有一定刺激作用，从而使经期基础代谢增高，引起痛经、经血过多，甚至经期加长等现象。而经血中含有比较高的血红蛋白、血浆蛋白和血色素，所以女性经期过后会流失大量铁质，应多补铁。而茶中有 30% 以上的鞣酸，它在肠道中易同铁离子结合，产生沉淀，妨碍肠粘膜对铁离子的吸收。

女性孕期饮浓茶，由于咖啡碱的作用，会使其心跳加速，增加肾血流量，加重孕妇的心、肾负担。不仅如此，在孕妇吸收咖啡碱的同时，胎儿也会被动吸收，而胎儿对咖啡碱的代谢速度要比成人慢得多，其作用时间相对较长，这对胎儿的生长发育不利。

女性临产期饮茶会因咖啡因引起的心悸、失眠而导致产妇体质下降、精神疲惫，造成难产。

女性哺乳期饮浓茶，有可能产生副作用。因为浓茶中茶多酚含量较高，一旦被孕妇吸收进入血液便会收敛乃至抑制乳腺分泌，最终影响哺乳期奶水的分泌。另外，浓茶中的咖啡碱含量相对较高，被母亲吸收后，会通过奶汁进入婴儿体内，对婴儿起到兴奋作用，或者使其发生肠痉挛。

四、不要空腹饮茶

一般来讲，空腹饮茶还是弊大于利的。古时有人说："早起一杯茶，胜似强盗入穷家（一无所得）；饭后一杯茶，闲了医药家。"这是一种夸张的比喻，意思是说：早晨空腹饮茶没有什么用，饭后饮茶作用才大，空腹饮茶冲淡了胃液。茶汤的酸度仅及胃酸的千分之一。其中有些碱性物质，因中和而降低，同时降低了胃酸的功能，因而妨碍消化。一般人经过一夜的休息，精力恢复、体力充沛，也没必要再饮早茶以驱除疲劳。所以，早晨空腹饮茶没有多大的实际意义，既影响消化，又是一种不必要的浪费。

饭后饮茶，胃的排出速度既稳又快，茶汤与胃的分泌物有相同的作用，能缓和肠管紧张、加强小肠的运动、促进胆汁和肠液的分泌。饭后饮茶可助消化，减轻食后不适，有一定的科学道理。

五、不宜过量饮用浓茶

饮茶有提神、明目、愉悦心情的功效。但若饮法不当，饮用浓茶，既浪费了茶叶，又使茶碱积累过多、刺激性过强、神经功能失调，因而引起不良效果。根据分析：绿茶中含有化学成分 100 多种，红茶中含有化学成分 300 多种。其中，有些化学成分摄入过多，对人体健康无益，反而有害。因此，在古今中外都反对饮浓茶或过量饮茶。所以，平时喜欢喝茶的人最好泡茶的浓度不要太高，量也不要太大，每天 5—10 克茶叶为宜。可细茶多些，粗茶少些，分 2 次泡饮，每次饮用量约在 100 毫升为宜。

六、不要用茶水服药

茶水不能同小苏打、安眠药、奎宁、铁剂等药物同时饮用，这是因为茶叶中含有大量鞣酸（茶多酚类物质），如果用茶水服药，鞣酸同药物中的蛋白质、生物碱及金属盐等发生化学作用而产生沉淀，影响药物疗效，甚至失效。如患贫血的人，常服铁剂，茶叶中的鞣酸遇到药物中的铁时，便会产生成另一种新的沉淀叫鞣酸铁，使药物失去疗效，并刺激胃肠引起不适，甚至会引起腹痛、腹泻等。吃镇静安神、催眠等药物前后也不要饮茶。同时，在服用药物后经过 15—20 分钟，再饮茶就不会损害药效了。所以医嘱写明要用温开水服药，就是这个道理。

七、不宜饮用隔夜茶

在日常的食物中，有许多自身含有硝酸盐或亚硝酸盐类物质的，它们在人体内，由于特定的条件可与二级胺合成亚硝胺，而亚硝胺在物体内特定的代谢作用下有致癌的趋势。由于发现隔夜茶中含有亚硝酸盐，有些人便惊慌起来，以为喝了隔夜茶就会得癌症。

其实亚硝酸盐本身并不致癌，它需要一定的条件，即存在二级胺，并与之合成为亚硝胺，但茶中含有的多酚类化合物和维生素 C 对合成亚硝胺有抑制作用。另外，据化学定量分析测定：并不是所有的隔夜茶中都含有亚硝酸盐，有些隔夜茶中即便有，其含量也是极少的，所以喝隔夜茶会得癌症的说法，其科学根据并不充足。茶叶中虽有亚硝酸盐，但比起其他食物，如鱼、肉、蔬菜中的含量，那简直就是小巫见大巫了。

但这并不是提倡人们去饮隔夜茶。饮食品大抵都是以新鲜者为佳，茶叶也不例外。随泡随饮，不仅香气浓郁，营养物质也更丰富些，又可减少杂菌污染的机会。特别是当肠道传染性疾病多发季节，茶水隔夜再饮会给病原菌的传播造成便利条件。所以茶最好现泡现饮，不要喝隔夜凉茶。

八、睡前不宜饮茶

人的精神状态和不同体质对茶叶的效用反应有较大的差异，有的人饮茶会引起失眠，而有的人则不受影响依然能够入睡。茶叶中含有茶碱（咖啡因）等成分，具有强心、兴奋大脑高级神经中枢、促进心脏肌能亢进的作用。一般说来，在临睡前若服大量的浓茶会引起失眠，即使再服镇静药物，也无济于事。对于一些饮茶后不能入睡的人，在下午 4 时以后最好不要饮茶，如果晚上吃了肉食则可喝一点茶。有饮茶习惯的人如果晚上不需要工作，晚饭后也以少饮为好。如晚上要工作，时间又较长，也可饮茶；如工作时间短，则要注意少饮。饮茶对人体的影响——淡茶在二至三个小时，浓茶在四至五个小时。如经常饮用浓茶，四五周后其影响作用开始降低。

第 五 章
茶 之 保 健

第一节　茶与健康

历代古籍中记述饮茶有利于健康的论述很多，从《神农本草经》到李时珍的《本草纲目》都有很多关于茶作药用的记载。明代钱椿年在《茶谱》说："人饮真茶，能止渴消食、除痰少睡、利水道、明目益思、除烦去腻，人固不可一日无茶。"这些茶的功效论述，已被后来的医疗科学所证实。现代医学试验表明：茶叶具有明显的保健功能，科学饮茶促进饮茶者身心健康。

我国最早在 2000 多年前就将茶叶作为解毒治病之用，后来才逐步发展到作为饮料。近百年来，由于科学的发展和分析化学测定手段的不断完善，人们对茶叶内含物质的了解也愈趋深化。据分析测定：到目前为止，茶叶中含有的茶素（又称为茶叶中的咖啡碱）、茶单宁（又称茶多酚类物质）、蛋白质、维生素、氨基酸、糖类、类脂等有机化合物约有 450 种以上，还含有钠、钾、铁、铜、磷、氟等 28 种无机营养元素。经过现代生物化学和医学研究证明，各种化学成分之间的组合十分协调。因此，茶叶是一种富有营养价值与药用价值的、不同于咖啡和可可的饮料，对人体的健康非常有益，被誉为"最理想的饮料"。

一、茶叶的营养成分

茶叶中的各种营养成分很多，主要有蛋白质和氨基酸、糖类与类脂、多种维生素，以及茶叶中的各种矿物质等，都是人体不可缺少的营养物质。因此，饮茶可补充人们某种营养之不足，有利于促进人体的健康。

（一）蛋白质与氨基酸

茶叶中的蛋白质含量很多，约占茶叶干重的 15%—23%。它在茶叶加工制造过程中能与茶单宁结合，加热后凝固，剩下能溶解于水的不到 2%。如每天饮茶 5—6 杯，从中摄取的蛋白质有 70 毫克，对人体所需大量蛋白质能起到一点补充作用。在茶汤中加入牛奶、酥油、乳酪等，这样能大量增加蛋白质含量。牛奶中的干酪素和茶叶中的单宁能结合，可以减少茶叶的收敛性，但并不影响蛋白质的正常消化。这种饮茶方法受到我国西北地区和欧美国家人民的喜爱。

茶叶还含有多种氨基酸，这些成分都是溶解于水的水溶性物质，且在柔嫩芽叶中含量很多，其中苏氨酸、丙氨酸等为人体所必需，人体内不能合成，要靠外界供给。有的虽然不是必要成分，但对人体健康有益。同时，茶叶中含有少量氨基酸，对茶叶的香气和鲜甜滋味起着十分重要的作用，这就是新茶受人欢迎的主要因素。

（二）糖类与类脂

茶叶中的糖类包括糖、淀粉、果胶、多缩戊糖、已糖等。其中淀粉不溶于开水，水溶性果胶和多缩戊糖含量很少，营养价值不大。茶叶含糖量为 1%—5%，对人体的健康多少有些关系。茶叶是一种低热量饮料，每天喝茶 6 杯约可提供一兆焦耳的热量，可满足每天需要量的 7%—10%。

（三）多种维生素

茶叶中还含有多种维生素。如维生素 B1、B2、C、P、E、K 等，都是对人体有益的成分。

维生素 B1：茶叶中含量很多，是治疗脚气病的有效成分。

维生素 B2：是黄酶的辅基成分，有促进生长的功能。缺少核黄素时，会影响生物的氧化，使物质代谢发生障碍，引起皮肤病，如唇炎、舌炎、口角炎等。

维生素 B5：茶叶中含量很多，是生物氧化中某些主要辅酶的组成部分，缺乏这种成分时，会引起癞皮病、皮肤病、下痢等。每杯茶叶约含有 127 微克维生素 B5，每天饮茶 5 杯就可满足每天人体需要量的 5.2% 左右。

维生素 BC：每杯茶叶中约含有 1.3 微克，对正常血细胞的形成有促进作用，每天饮茶五杯就可满足人体每日需要量的 6%—13%。

维生素 H：是生物体固定二氧化碳的重要因素，易与鸡蛋白中的一种蛋白质结合。如大量食用生蛋白质，会阻碍生物素的吸收，从而导致它的缺乏，引发脱毛、皮肤发炎等。每杯茶叶中约含有 1.4 微克，如每天饮茶 5 杯，可满足人体每日需要量的 30%。

肌醇：每 100 克茶叶中约含有 1000 微克，它和生物体内磷酶代谢有密切联系，缺乏它会引起发育不良等多种疾病。每杯茶叶中含有 17 微克。

维生素 C：又名抗坏血酸，茶叶中含量很多，特别是在鲜叶和绿茶叶中，几乎可与柠檬和肝脏所含数量相媲美。一个人每天约需维生素 C70 毫克，而一杯品质好的绿茶中则含有 5—6 毫克，每天饮茶 5—6 杯就可以从茶叶中直接得到很大的补充。茶叶中的维生素 C 是以与茶叶中其他成分协同作用，尤其是与茶素和茶单宁一起起着对人体的保健作用。

维生素 A：又名"抗干眼病维生素"，它对促进儿童发育，提高抗病力，防止夜盲症、角膜软化病、皮肤干裂以及呼吸道、泌尿道疾病等，都有很好的功效。

维生素 E：可促进细胞分裂、延迟细胞衰老，因此多喝茶有利于延长寿命。在污染环境中工作的人，多喝茶是有保护作用的。

维生素 K：茶叶中维生素 K 的含量不低于鱼和蔬菜中的含量，每一克干茶中含有 300—500 生物学单位。如每天饮茶 5 杯，即可全部满足人体对维生素 K 的需要。

（四）茶叶中的矿物质

茶叶中含有矿物质的种类很多，有钠、钾、铁、铜、磷、氟等 28 种。这些无机物质在茶叶中的含量是 4%—7%，在热水里能被溶解的有 60%—70%，其中大部分元素是人体健康必不可少的成分。从食物中摄取这些矿物质，茶叶是好的来源之一，居住在高原、沙漠、海岛，以及靠近南北极缺少新鲜水果、蔬菜的人尤为需要。所以在西藏、内蒙古、新疆、青海、甘肃等地区的居民，特别是牧区人民都喜欢饮茶，消费量也较高。

微量的铜：对人体有重要的生理功能，缺乏铜时可使造血系统受到干扰。成年人每天需铜量 2—3 克，茶叶中含铜 12—70ppm，如每天喝茶 5—6 杯，可满足每天需要量的 7% 左右。

铁：在茶叶中含量很高，约有56—333ppm。铁在人体内含量很少，但其生理功能极为重要，能造血和制造红血球，所以有人认为饮茶可以预防贫血。

锌：在茶叶中含量为20—36ppm。锌是人体内碳酸酐酶的组成成分，可以直接影响蛋白质的合成。每天饮茶5杯，可满足人体需要量的10%左右。

钠：在茶叶中含量为19—667ppm之间。钠是人体不可缺少的营养成分，钠和氯是维持细胞外液渗透压的主要离子，还可增加神经肌肉的兴奋性。如每天饮茶5杯，约可摄取钠5毫克。

锰：在茶叶中的含量约在155—1533ppm之间，人体中的所有组织都含有锰，每100毫升血液中含锰20—150微克。锰在人体内也参与造血，能促进某些维生素及酶的代谢，所以是人体不可缺少的营养成分。茶叶中含锰量与蔬菜差不多，每天饮茶5—6杯，从茶叶中可得到1.8毫克，相当于每日需要量的45%。

二、茶叶的药效成分及疗效

茶叶中除了含有蛋白质、氨基酸、糖类、类酯、矿物质，多种维生素等营养价值成分外，还含有茶素、茶单宁、维生素C等其他多种药理成分。根据目前国内外的大量研究报道：茶叶中的多种化学成分的作用以及它们之间协调组合和互相作用，对部分疾病有一定的疗效。

（一）茶素

茶素又名咖啡碱，是茶叶生物碱中的主要成分，它在茶叶中的含量在1%—5%之间。茶叶冲泡后，约有80%以上的茶素能溶解于沸水中，茶味微苦，就是因为含有茶素的缘故。茶素被称为温和无害的标准兴奋剂，是中枢神经兴奋药、强心利尿药，对人体有下面几种药理作用：

提神兴奋，减轻疲劳

喝茶有提神驱眠的效果，唐代诗人白居易在诗中就有"破睡见茶功"的形象比喻。茶素对大脑皮层和筋肉伸缩是有较强的刺激作用，能提高中枢神经的敏感性、缩短反应时间、减轻神经疲劳、有利思维、提高工作效率。喝茶不仅能兴奋中枢神经，而且对治疗高血压头痛和神经衰弱也有一定的镇静作用。

解酒敌烟

酒后常饮浓茶能醒酒敌烟，这是众人皆知的事实。古人常常"以茶醒酒"，表明茶确有解酒作用。而茶叶中的茶素能提高肝脏对药物的代谢能力，促进血液循环，把人体血液中的酒精和尼古丁从小便中排泄出去，减轻和消除由酒精和尼古丁带来的身体副作用。当然，这种作用不仅仅是茶素的单一功效，而是与茶单宁、维生素 C 等多种成分协同配合的共同结果。

强心利尿

实践已证明：饮茶对心脏病浮肿和高血压有治疗效果，这同茶素的利尿作用有关。茶的利尿主要是茶素的作用，它能增强肌肉活动的伸缩功能，刺激骨髓，使肾脏发生收缩，促进尿素、尿酸、盐分的排出总量增加。《内经》有这样一段记载："多食盐，则脉凝注而色变"，"味过咸，大骨气伤，心气抑"。食味过咸使小动脉收缩，有害于心脏。茶素的利尿作用表现为：从小便、皮肤毛细孔渗透中带走较多的盐分，这种功效对高血压患者有利，对心脏病浮肿的患者也有所帮助。

帮助消化

广大群众早已有饮茶能帮助食物消化的经验。实践证明，饮茶是消食除腻的最好方法。而饮茶有助于萎垂的肠胃，因为茶叶中的咖啡碱能兴奋中枢神经，影响全身各器官的生理功能，刺激胃液分泌、消除胃中的积食、帮助消化、促进食欲。同时，茶汤中含有的肌醇、叶酸等维生素物质以及蛋氨酸、卵磷脂、胆碱等，都具有调节脂肪代谢的功能，能促进脂肪的消化。此外，茶叶中的咖啡碱还具有与纯咖啡碱不同的特殊功能。当人在呕吐、腹泻之后，会使体液酸碱失去平衡，饮茶后，茶素具有恢复体液平衡的功能，有利于身体的恢复。

防治心血管病

茶有松弛冠状动脉、促进血液循环的作用，常饮茶对患有心脏病的人有好处。据国外研究：如给心脏病人饮茶，能使心脏指数、脉搏指数、氧消耗和血液每分钟吸收氧气的指标得到显著提高。所以，茶也可以成为治疗心肌梗塞的最好辅助剂。据我国医疗小组在西藏高原考察：当地居民大都居住在海拔 3000—4000 米的地带，空气中含氧量较少，但长寿的人较多，百岁老人在牧区并不罕见。虽然医疗卫生条件较差，但心肌梗塞、心血管病的发病率都很低，其中就有常饮茶的原因。

（二）茶单宁

茶单宁又叫茶多酚，属于多酚类物质，在茶叶中含量为 8%—25%。茶单宁的化学性质和单宁酸或单宁（商品）不同，与其他植物中或果实中的单宁也不同，它不会引起不利于肠胃的反应；和蛋白质虽然也起作用，但不像其他单宁那样具有较强的可逆的反应。

茶单宁能增强毛细血管的活性，降低毛细血管的渗透性，提高对血管破裂的抵抗性，从而降低动脉硬化的发病率。

茶单宁还具有消炎作用。因为它能降低毛细血管渗透性，同减少出血的特性是结合在一起的，故能具有收敛止血作用。我国古代医学书中早就有茶叶可以消炎的记述。如民间常用浓茶汤来敷涂伤口、消炎解毒，促使伤口愈合。另外，从茶单宁分离中发现的黄酮醇，具有强化血管的作用，现已作为治疗高血压的一种药剂。

茶单宁还能调节甲状腺的功能和提高维生素 C 的药效。绿茶茶单宁能有使甲状腺毒素症引起的甲状腺亢进恢复到正常的作用，对维生素 C 的新陈代谢产生积极的影响，某些成分能防止组织内维生素 C 的氧化，从而提高了药效。

茶单宁也有止泻和杀菌的作用。在我国民间早就有饮用茶叶作为止泻的治疗方法，古代医学书籍中也有不少利用绿茶素来治疗细菌性痢疾、赤痢、白痢、急性肠炎、急性胃炎等的记载。茶单宁为什么能起止泻和杀菌作用呢？主要是由于茶进入肠胃道后，能使肠道的紧张功能松弛，缓和肠道运动。同时，茶单宁能使肠道蛋白质凝固，因为细菌的本身是由蛋白质构成的，茶单宁与细菌蛋白质相遇后，细菌即行死亡，起到了保护肠胃粘膜的作用，所以有治疗肠炎的功效。

茶单宁对放射性射线有防护作用。它被认为有防止放射线侵害的作用，是日本最早发现的。在第二次世界大战中原子弹爆炸后，受其影响产生了大量的放射性同位素，而在其波及区域内，发现一些爱喝茶叶的人（日本人惯饮蒸青绿茶）所受的影响较少，不喝茶的人则影响较大。这一奇特的现象经日本静冈药科大学校长次贞二和药物教授林荣一博士的研究后，于 1959 年 7 月宣布，"茶叶中的茶单宁能溶解锶"，有阻碍其侵入骨内的功能。自此以后，许多国家都相继进行了研究，也都证明它对放射线有防护作用。

国外又从茶叶中提取酯多糖，经使用证明它对解除辐射伤害有一定的效果。因此，有些国家把茶叶称为"原子时代的饮料"。有的还甚至宣传"茶叶可以把你从辐射中拯救出来"。这种作用在于茶单宁中的黄烷醇（儿茶素和没食子儿茶素），对锶在进入骨髓之前和造成长期辐射损害之前，就能从人体内予以排除。当然，这是茶单宁和维生素 C 协同作用的共同结果。根据化验分析结果表明，茶单宁在绿茶中含量较多。因此，对从事各种同位素、X 光射线等辐射环境工作的人，多喝些绿茶是大有好处的。

（三）维生素 C

茶叶中含有丰富的维生素 C，它与茶素和茶单宁的关系很密切，协同产生药理作用，能比单纯的维生素 C 起到更多的作用。

对病菌有抑制作用。茶可解毒，这在我国古代《神农本草经》中已有记述。现代科学也证明茶有解毒的功效。这是因为茶叶中含有大量的维生素 C 和茶单宁，与上述金属盐类或生物碱类结合，使之沉淀而排出体外，起到解毒的作用。

经日本村田晃研究和临床证明：茶叶中的维生素 C 对控制乙型肝炎的发病率和防止流感，也有一定的效果。

茶叶中的维生素 C，还有治疗由高血压引起的动脉硬化的效果。一般上了年纪的人，血管壁上粘有脂肪，会引起动脉血管硬化，其硬化程度和新陈代谢有很大关系。茶叶中的维生素 C 能促使脂肪氧化，降低胆固醇，对保护血管的健康有很好的作用。这种作用，与茶单宁能增强毛细血管的活性和降低毛细血管渗透性的作用是相辅相成的。

对治疗坏血病等有功效。这是因为茶叶中的维生素 C 是属于还原型的，能促进肠道内铁的吸收，可以作为治疗贫血时的辅助药物，具有防止坏血病的功能。同时，绿茶中的维生素 C 对长期发热的慢性传染病，也有一定的疗效。

有抗癌的功能。诺贝尔奖获得者波林认为：癌肿可能是一种维生素的缺乏症，因为阻碍癌肿生长的第一道屏障是细胞间基质，维生素 C 是保护这屏障结构完整的必需物。因此，他认为大剂量的维生素 C 能使晚期癌症患者延长 4 倍平均生存期。茶叶的抗癌作用还与茶叶中的维生素 A、E，以及其他一些成分的协同作用也有一定的关系。

（四）其他

饮茶能增强眼睛对颜色的辨认能力。据美国化学杂志报道：茶叶中的胡萝卜素不仅具有维生素 A 的生理作用，而且还可以通过体内的生理化学作用与赖氨酸合成视黄醛（维生素 A 醛），增强视网膜对颜色的辨别。据化学分析资料：每百克绿茶约含胡萝卜素 16 毫克，每百克红茶含有 7—9 毫克。因此，饮茶能增强眼睛辨别颜色的能力，对预防和治疗色盲症有一定的药理功效。《神农本草经》中就有这样的记载："茶味苦，饮之使人益思，少卧，轻身，明目。"

茶叶中的维生素 E 的特性是易被氧化，在体内可保护维生素 A 和不饱和脂肪酸等易被氧化的物质不被破坏，是有效的抗氧剂。据国外研究表明：维生素 E 对预防脑疾患、心脏病、动脉硬化以及改善免疫力、防止细胞癌变都有一定的功效。

饮茶可以预防虫牙。茶叶中的氟化物约有 40%—80% 溶解于沸水，对牙齿有保健作用。如每天喝茶五六杯，氟化物不会超过 1 毫克。

日本提倡饭后喝一杯茶，已成为防止虫牙的一项保健措施。饭后饮茶还可清除齿缝间油腻和臭味，从而达到净化口腔、保健牙齿的目的，目前在欧美许多国家颇为流行。这是他们为了解决由于饮食中含有乳酪、肉类较多而引起的口臭所采取的措施之一。早在我国宋代时期，苏东坡就有饭后以茶嗽口的习惯等历史记载。

茶对糖尿病有显著的疗效。日本医学博士小川吾七郎等人在《茶叶新闻》杂志上宣称：他们对 10 名糖尿病患者进行试验，饮茶对所谓慢性糖尿病毫无例外地有显著疗效。他们认为茶的饮用对于中等程度和轻度糖尿病患者来说，能使尿糖减少到很少，或者完全消失。对于患有严重程度的糖尿病患者，要使尿糖全部消失是困难的，但是可以使其尿糖降低，减轻各种主要症候。

饮茶还是清热降火、止渴生津、防暑降温的好饮料。在盛夏酷日当空、暑气逼人的时候，饮上一杯清凉茶或是一杯热茶，会使人感到身心凉爽、生津解暑。这是因为茶汤中含有的化学成分如茶多酚类物质、糖类、氨基酸、果胶、维生素等与口腔中的唾液起了化学反应，滋润口腔，所以能起到止渴生津的作用。加上茶叶中的咖啡碱作用，促使大量的热量能从人体的皮肤毛孔里驱走。据报道：喝一杯热茶，通过人体的皮肤毛孔出汗散发的热量相当于这杯茶的 50 倍，故能使人感到凉爽、解暑。

第二节　多效茶方

一、功能调养茶

机体功能失调指脏腑、气血、津液功能减退或失调，表现在体质上可分为阴虚体质、阳虚体质、气虚体质、血虚体质以及体质虚弱、年老体弱等。为了更好地养生保健，保证身心健康，可根据不同体质选择适宜的功能调养茶。

人参花茶

材料：人参花 100 克。

做法：人参花用糖渍后备用，每次取 5 克泡茶饮。

功效：补气壮阳，兴奋神经，为阳虚、气虚体质者的保健饮品。

壮阳增力茶

材料：淫羊藿 6 克，枸杞子 12 克，红茶 3 克。

做法：上药共碾粗末，以沙布包，置于容器中，冲入沸水盖闷 5—10 分钟或水煎取汁，代茶饮。

功效：滋补肝肾、壮阳增力。治疗性欲减退、阳痿，亦为阳虚体质者的保健饮料。

提神茶

材料：枸杞子 12 克，淫羊藿、沙苑子、山芋肉各 9 克，五味子 6 克。

做法：上药共碾粗末，以纱布包，置于容器中，冲入沸水盖闷 5—10 分钟或水煎取汁，代茶饮，每日 1 剂。

功效：滋补肝肾、助阳益智。治疗抑郁型神经衰弱、困倦无力、记忆力减退。

硫黄茶

材料：硫黄、诃子皮、紫笋茶各 9 克。

做法：硫黄研成细末，三药和匀，以纱布包。加水按常法煎茶，每日 1 剂。

功效：温肾止泻。治疗阳虚泄泻，阳虚体质者亦可饮之。

四君子茶

材料：党参10克，白术6克，茯苓12克，甘草4克。

做法：上药共碾粗末，以纱布包，置于容器中，冲入沸水盖闷5—10分钟或水煎取汁，代茶饮。

功效：补气、健脾、养胃。治疗脾胃气虚、运化力弱、饮食减少、语言轻微、全身无力、大便溏泄。亦可作为气虚体质者的养生茶。

生脉茶

材料：党参15克，麦冬12克，五味子6克。

做法：上药共碾粗末，以纱布包，置于容器中，冲入沸水盖闷5—10分钟或水煎取汁，代茶饮。

功效：益气敛汗、养阴生津。治疗劳倦伤气引起的口干舌燥、气短懒言、肢体倦怠、眩晕少神，及肺虚咳喘、自汗等。气虚体质者可常饮之。

虫草速溶晶

材料：本品为中成药，由人参、冬虫夏草等药制成。

做法：药厂生产。每次用2克（1袋），沸水冲溶，代茶饮用。

功效：补肾益气。治疗气虚乏力、神经衰弱、疲劳动度、精神不振。

党参红枣茶

材料：党参15—30克，红枣（去核）5—10枚。

做法：上药共碾粗末，以纱布包，置于容器中，冲入沸水盖闷5—10分钟或水煎取汁。代茶饮，4—6日为1个疗程。

功效：健脾补血，治疗病后体弱，贫血、心悸、脾虚气短、四肢无力。血虚体质者常饮此茶甚佳。

龙眼绿茶

材料：龙眼肉9克，绿茶6克。

做法：用沸水冲泡，趁温代茶饮之，每日1剂。

功效：补血清热，血虚体质者可常饮此茶。

阿胶红茶

材料：阿胶6克，红茶3克。

做法：将红茶用沸水冲泡取汁，加入烊化好的阿胶，搅匀备用，趁温饮之。

功效：补虚滋阴、振奋精神。治疗血虚头晕、面色萎黄，血虚体质者可常服此茶。

牛奶热茶

材料：红茶1克，砂糖15克，牛奶75克或奶油50克。

做法：将牛奶加热煮沸，离火加糖，和茶水（红茶泡为茶水）混合，趁热饮之。

功效：补血润肺、提神暖身，为血虚体质者的保健饮料。

山药茶

材料：山药（干品）50克，红茶5克。

做法：上药共碾粗末，以纱布包，置于容器中，冲入沸水盖闷5—10分钟或水煎取汁。代茶饮，每日1剂。

功效：健脾益胃，治疗脾胃虚弱、食欲不振、倦怠乏力。脾胃素虚可常饮之。

太子参茶

材料：太子参、麦芽各9克，红茶3克，红糖30克。

做法：前3味药共碾粗末，以纱布包，置于容器中，冲入沸水盖闷5—10分钟或水煎取汁，加入红糖搅匀即可。代茶饮，每日1剂。

功效：健脾益气。治疗脾虚纳呆，脾胃素虚者可常常饮之。

白术乌龙茶

材料：白术6克，山楂、乌龙茶各5克。

做法：上药共碾粗末，以纱布包，置于容器中，冲入沸水盖闷5—10分钟或水煎取汁。代茶饮，每日1剂。

功效：温中健脾。治疗脾虚之食欲不振、消化不良、腹胀、便溏。脾胃素虚者可常饮之。

康宝茶

材料：枸杞子、黄精各9克，淫羊藿、甘草各6克，刺五加12克，熟地15克，山楂10克。

做法：上药共碾粗末，以纱布包，置于容器中，冲入沸水盖闷5—10分钟或水煎取汁。代茶饮，每日1剂。

功效：滚补肝肾、补养气血。适用于体质虚弱、倦怠乏力，为体质虚弱者的养生茶。

刺五加茉莉花茶

材料：本品为中药，由刺五加、茉莉花、绿茶等组成。

做法：药厂生产，沸水冲泡，当茶频频饮之。

功效：补肾填精、安神益智。治疗体质虚弱、气短乏力、神疲倦怠、神经衰弱、失眠、健忘、多梦、肾虚腰痛。亦为体质虚弱者的养生茶。

牛奶糖浆茶

材料：牛奶 400 克，茶糖浆 90 克。

做法：先将牛奶煮沸，加入茶糖浆搅匀。趁热频频饮之。

功效：营养滋补、开胃健脾、振奋精神。体质虚弱者服此甚佳。

增力提神茶

材料：党参 10 克，枸杞子 12 克，麦芽 15 克，山楂 20 克，红糖 30 克，乌龙茶 5 克。

做法：上药共碾粗末，以纱布包，置于容器中，冲入沸水盖闷 5—10 分钟或水煎取汁。代茶饮。

功效：补气养血、增力提神。为体质虚弱者的良好保健饮料。

人参核桃茶

材料：人参 3 克，核桃 3 个（敲碎取仁）。

做法：将人参切片，与核桃肉共放沙锅内，加水适量，置武火上烧沸，再用文火煮 1 小时即成。吃人参及核桃肉，饮茶汁。

功效：益气固肾。适用于气短、自汗、不耐劳累、形体瘦弱者，是年老体弱者较为理想的养生茶。

洋参茶

材料：西洋参 2 克，白茶 3 克。

做法：先将洋参切成薄片，与白茶共置于容器中，用沸水冲泡取汁，代茶饮，亦可将洋参食下。

功效：补气养阴、延年益寿、补肺止咳、生津止渴、固精安神。凡阴虚火旺不宜用人参温补者，皆可用西洋参，是老年体弱者较为理想的养生茶。

二、职业养生茶

由于社会分工不同，人们从事着各种各样的工作，从而养成各种职业习惯。这些习惯中有少部分可能是不利于身心健康的，因此需要进行一定的调理和调养。不同职业者可根据自己的情况选择职业养生茶，使身心更加健康。

菟丝子茶

材料：菟丝子 10 克，红糖 30 克。

做法：将菟丝子洗净、捣碎，置容器中，用沸水冲泡取汁，再调入红糖搅匀即可，代茶饮。

功效：补肾益精、养肝明目、延年益寿。适用于肾虚男女不育（孕）症，肝虚目昏及脑力劳动者，是脑力劳动者的理想养生茶。

健脑茶

材料：桑叶 5 克，何首乌 15 克，白蒺藜 10 克，绿茶 3 克，丹参 9 克。

做法：上药共碾粗末，以纱布包，置于容器中，冲入沸水盖闷 5—10 分钟或水煎取汁。代茶饮。

功效：益智健脑、活血化瘀、清热明目。治疗用脑过度引起的头胀、头痛、头昏、失眠、梦多等，是脑力劳动者的理想养生茶。

枸杞龙井茶

材料：枸杞子 15 克，山楂 10 克，龙井茶 3 克。

做法：上药共碾粗末，以纱布包，置于容器中，冲入沸水盖闷 5—10 分钟或水煎取汁。代茶饮。

功效：补肾填精、健脑益智。适用于脑力劳动者记忆力减退、头昏脑涨等，是脑力劳动者的理想滋补茶。

蒲公英花茶

材料：蒲公英花蕾晒干 6 克，绿茶 2 克。

做法：上药共碾粗末，以纱布包，置于容器中，冲入沸水盖闷 5—10 分钟或水煎取汁。代茶饮，每日 1 剂。

功效：清热解毒、抗菌、抗病毒。可以治疗因久居城市，或在办公室久坐而活动量小，用脑用目过度，以致出现头晕眼花、腰酸背痛、精神不振、头昏脑涨等症状。

大英雄茶

材料：刺五加根茎（干品切碎）12 克，鸡血藤 10 克，乌龙茶 5 克。

做法：上药共碾粗末，以纱布包，置于容器中，冲入沸水盖闷 5—

10 分钟或水煎取汁。代茶饮。

功效：强骨壮筋、补肾安神、抗疲劳、祛风湿。体力劳动者常服有益。

强力补甜茶

材料：刺五加根茎（切碎干品）15 克，仙鹤草、枸杞子各 10 克，红茶 3 克。

做法：上药共碾粗末，以纱布包，置于容器中，冲入沸水盖闷 5—10 分钟或水煎取汁。代茶饮。

功效：补肾壮骨、抗疲劳、振奋精神。可治神经衰弱、肾虚腰酸、劳累过度，亦可作为运动员、体力劳动者的保健饮料。

糖糟茶

材料：糖糟 500 克，鲜生姜 120 克。

做法：将糖糟打烂，和姜再捣，做成小饼晒干，放瓷瓶藏之。每日清晨，取饼 1 枚（约 30 克重），泡沸水内，15 分钟后代茶饮。

功效：益气暖胃、温中散寒。体力劳动者常服有益。

强记茶

材料：熟地、麦冬、生枣仁各 30 克，远志 6 克。

做法：上药共碾粗末，以纱布包，置于容器中，冲入沸水盖闷 5—10 分钟或水煎取汁。代茶饮，每日 1 剂。

功效：补肾健脑、增强记忆力，可治疗健忘症。

龙眼碧螺春茶

材料：龙眼肉 6 克，碧螺春茶 3 克。

做法：上药共碾粗末，以纱布包，置于容器中，冲入沸水盖闷 5—10 分钟或水煎取汁。代茶饮，每日 1 剂。

功效：养心安神、健脑、振奋精神、增强记忆力。治疗失眠健忘、头晕乏力，亦是增强记忆力的保健茶。

读书茶

材料：刺五加根茎（干品切碎）、茯苓、核桃仁各 9 克，茉莉花茶（各种花茶亦可）3 克。

做法：上药共碾粗末，以纱布包，置于容器中，冲入沸水盖闷 5—10 分钟或水煎取汁。代茶饮，每日 1 剂，每剂煎服 3 次。

功效：健脑强身、益智宁神、增强记忆力。

胡萝卜茶

材料：胡萝卜 200 克。

做法：将胡萝卜洗净切碎，置容器中煎煮取汁备用，代茶饮。

功效：增强人体抵抗力，预防上呼吸道感染，润泽皮肤，补充维生素 A，帮助人体排汞、防癌、减轻吸烟导致的副作用，为吸烟者良好的养生茶。

南瓜藤红糖茶

材料：鲜南瓜藤、红糖适量。

做法：鲜南瓜藤切碎，捣泥，滤汁，调入红糖，冲入适量沸水备用，代茶饮。

功效：可帮助戒烟。

高效解酒茶

材料：茶叶 50 克，菊花 20 克，葛花、山楂、藿香各 10 克。

做法：共研末，包成袋泡茶，每袋 1.5 克。每次 1 袋，沸水冲泡，代茶饮。

功效：可治疗酒后头晕头痛，口渴心烦，恶心呕吐，意识模糊。

葛花茶

材料：红茶 2 克，茉莉花 3 克，葛花 9 克。

做法：上药共置容器中，冲入沸水盖闷 2 分钟，代茶频频饮服，可立见功效。

功效：和胃化湿、健脾利湿、醒酒解醉，可用于解酒。

奶茶

材料：砖茶、鲜牛奶、炒米、食盐及辅料适量。

做法：将砖茶敲碎，加水煮沸半小时后，加适量鲜奶、少量食盐及炒米等辅料再煮沸，即成奶茶。代茶饮。

功效：消食开胃、营养滋补、消解油腻、振奋精神。适用于喜食肉者及身体虚弱者。

山楂乌龙茶

材料：山楂 30 克，乌龙茶 5 克。

做法：上药共碾粗末，以纱布包，置于容器中，冲入沸水盖闷 5—10 分钟或水煎取汁。代茶饮。

功效：消食化瘀、解油腻、和血脉。适用于食肉过多、脾虚胃弱、食欲不振，以肉食为主者亦宜常饮之。

砂仁茶

材料：砂仁 3 克，槟榔、红茶各 5 克。

做法：上药共碾粗末，以纱布包，置于容器中，冲入沸水盖闷 5—10 分钟或水煎取汁。代茶饮。

功效：温胃理气、消食开胃。治疗食肉过多造成的脾胃不和。

山楂橘皮茶

材料：山楂 20 克，橘皮 5 克。

做法：山楂用文火炒至外皮呈淡黄色，取出放凉，与橘皮共放容器中，用沸水冲泡取汁备用，代茶饮。

功效：健脾胃、理气滞、解油腻。治疗肉积食滞、食欲不振、消化不良、脘腹胀闷，以肉食为主者亦宜常饮之。

三、美容美发茶

润泽的面容、健康的鬓发，不仅是身体健康的重要标志，也是仪容美的标准之一。随着人们生活水平的不断提高，人们越来越重视容貌形体的健美。我国古代医家积累了丰富的美容美发经验，现将有关药茶方介绍如下，可酌情选用。

美容茶

材料：柿叶 5 克，茶叶 3 克，当归 10 克。

做法：上药共碾粗末，以纱布包，置于容器中，冲入沸水盖闷 5—10 分钟或水煎取汁。代茶饮，每日 1 剂。

功效：补充维生素 C，润肤美容，使肌肤白净，并可治疗黄褐斑。

牛乳红茶

材料：鲜牛奶 100 克，红茶 3 克，食盐适量。

做法：先将红茶熬成浓汁，滤取汁。再把牛乳煮沸，盛在碗里，加入茶汁，同时加入适量的食盐，调匀。每日 1 剂，空腹代茶缓缓温饮。

功效：营养滋补、润泽皮肤。

枸杞叶茶

材料：干枸杞叶（每年五六月间将鲜嫩的枸杞叶，置于阴凉处阴干所得）适量。

做法：干枸杞叶置容器中，用沸水冲泡。每次 6 克，代茶饮。

功效：枸杞叶含有丰富的维生素、路丁、叶绿素等，有增强免疫力、改善血管，以及美容的作用，心血管病患者可常服。

葡萄茶

材料：葡萄 80 克，绿茶 4 克，白糖适量。

做法：将绿茶以滚水冲泡，将葡萄与糖以冷开水搅拌均匀，加入绿茶中即可饮用。

功效：可以美肤活肤，使肌肤容光焕发。

核桃芝麻茶

材料：豆浆 180 毫升，黑芝麻 25 克，牛乳 180 毫升，核桃仁 25 克，白糖适量。

做法：将核桃仁与芝麻研磨成粉；将核桃仁与芝麻粉倒入豆浆与牛乳中，煮滚后加入白糖即可饮用。

功效：有效润肤，防止肌肤黯沉老化。

蜂蜜茶

材料：蜂蜜、红茶适量。

做法：将红茶叶放入滚水中冲成茶汁，将适量蜂蜜调入红茶汁中搅拌均匀，即可饮用。

功效：有效润肤、提供润泽、延缓肌肤老化。

小麦胚芽茶

材料：小麦胚芽 45 克，红茶 4 克。

做法：将红茶叶放入滚水中冲成茶汁，将小麦胚芽放入红茶汁中一起浸泡，搅拌均匀即可饮用。

功效：富含粗纤维的茶饮，可以有效地帮助抗氧化、延缓衰老。

杏仁芝麻茶

材料：杏仁 15 克，芝麻 25 克，牛乳 150 毫升，茶叶 8 克，白糖、蜂蜜各 10 克。

做法：芝麻与杏仁研磨成细粉，将茶叶冲入滚水，冲成茶汁，加入牛乳冲成奶茶，将奶茶中加入芝麻与杏仁粉，再加入白糖与蜂蜜调匀即可。

功效：具有抗衰老的作用，使肌肤保持润泽。

芝麻茶

材料：芝麻（黑芝麻更佳）500 克，红茶 5 克。

做法：先将芝麻炒焦研末，每次取 40 克用纱布包，放容器中，冲入红茶水（红茶 5 克煎为茶水）。趁热饮之。每日服 1 次。

功效：补血润燥、乌须黑发。治疗头发早白、贫血、习惯性便秘。

黑发茶

材料：制何首乌 20 克，熟地 30 克，当归 15 克，绿茶 3 克。

做法：上药共碾粗末，以纱布包，置于容器中，冲入沸水盖闷 5—10 分钟或水煎取汁。代茶饮，每日 1 剂。

功效：补肾养血、乌须黑发。治疗白发症。

四、瘦身健体茶

养生的目的不外乎是健康、快乐和长寿，瘦身健体茶不仅能防治疾病，还能养生保健、延年益寿。我国古代医家积累了丰富的经验，现将有关药茶方介绍如下，以备选用。

柿叶茶

材料：柿树叶 6—10 克。

做法：将柿树叶（干品切碎）放容器中，用沸水浸泡 10—15 分钟。代茶饮之，可冲泡 2—3 次。

功效：补充维生素 C，增强机体抵抗力，健全毛细血管功能，养生保健。长期饮用柿叶茶，对高血压、冠心病、食道癌等皆有一定疗效。

多维茶

材料：以柿子叶和黑枣叶为主要原料，采用先进的工艺设备，经过精制加工而成。

做法：茶厂生产，每日饮 1—2 杯多维茶，每杯用多维茶 5 克，常服有益。

功效：多维茶含有多种维生素，尤含丰富的维生素 C，可养生保健、延年益寿、防治癌症，为新型养生保健饮料。

擂茶

材料：生大米，生姜，芝麻，花生，茉莉花茶，白糖适量。

做法：将生大米、生姜、芝麻、花生放擂钵内捣碎，移置容器中，加茉莉花茶、白糖，用沸水冲泡而成豆腐状，即成擂茶，代茶饮。

功效：延年益寿、防病保健、清热解毒。为湖南益阳桃花江人常喝的保健饮料。

桑叶枸杞茶

材料：桑叶 6 克，枸杞子 12 克，绿茶 3 克。

做法：上药共碾粗末，以纱布包，置于容器中，冲入沸水盖闷 5—10 分钟或水煎取汁。代茶饮。

功效：桑叶具有抗应激、延缓衰老、增强机体耐力、降低血清胆固醇及调节肾上腺功能等作用。枸杞子具有补肾益精、养肝明目等作用，二者相合，共奏延年益寿之功。

红枣茶

材料：红枣 3—5 枚。

做法：用刀将红枣划破，放入容器中，沸水冲泡。代茶饮。

功效：补益气血、调补脾胃，长期饮用此茶，可延年益寿。

沙苑子茶

材料：沙苑子 10 克。

做法：将沙苑子洗净捣碎置容器中，用沸水冲泡。代茶饮。

功效：补肾强腰、延年益寿。

减肥轻身茶

材料：茉莉花、玫瑰花、荷叶、草决明、枳壳各 10 克，泽兰、泽泻各 12 克，桑椹、补骨脂、何首乌各 15 克。

做法：将上药置于容器中，冲入沸水盖闷 5—10 分钟或水煎取汁。代茶饮，每日 1 剂，30 日为一个疗程。

功效：增强新陈代谢，调节内分泌功能，减肥轻身。

降脂乌龙茶

材料：乌龙茶 3 克，首乌 30 克，槐角、冬瓜皮各 18 克，山楂肉 15 克。

做法：将后 4 味中药共煎去渣，以其汤液冲泡乌龙茶。代茶饮。

功效：消脂降脂，肥胖人宜常饮之。

五、防治常见病药茶

（一）防治感冒茶方

感冒是一种由病毒或细菌感染引起的上呼吸道传染病，是家庭中常见的疾病，四时皆可发病，但以冬春寒冷季节为多见。中医称为"伤风感冒"，在症候表现上有风寒和风热之分。风寒感冒以恶寒、发热、无汗、头身疼痛、鼻塞流涕为主症；风热感冒以身热、微恶心、头痛、咽喉肿痛或口干欲饮、出汗为特征。流行性感冒，中医称为"时行感冒"，与一般感冒相似，但病情较重，而且具有较强的传染性和流行性。

核桃姜葱茶

材料：核桃仁6克，生姜25克，葱白25克，红茶18克。

做法：将核桃仁、生姜与葱白切成细碎状。将三种材料与红茶一起混合放入锅中，加入滚水煎煮约10分钟即可。去掉渣滓，取汁饮用即可。

功效：可以帮助发汗生热，能够有效驱寒预防与治疗感冒。

板蓝根菊花茶

材料：板蓝根8克，蒲公英6克，金银花6克。

做法：将所有材料放入锅中，加入适量清水煎煮。煮好后过滤渣滓即可。

功效：预防感冒有效，但已有感冒症状的人不宜饮用。

白木耳冰糖茶

材料：白木耳20克，茶叶4克，冰糖20克

做法：将白木耳炖烂，加入冰糖。加入茶叶，再一起熬煮5分钟即可饮用。

功效：有效帮助清热，帮助排除身体发热感冒症状。

姜葱绿豆茶

材料：生姜4片，大葱白4克，绿豆6克，绿茶3克。

做法：将生姜片、大葱白加入水中煎煮。加入绿豆与绿茶一起煎煮，待绿豆煮烂即可饮用。

功效：有效预防与治疗感冒。

麻酱糖茶

材料：芝麻酱适量，红糖适量，茶叶1撮。

做法：将红糖、茶叶与芝麻酱调匀，以沸水冲泡，热服，加被得汗止。

功效：发汗解表，适用于外感初起。

薄荷茶

材料：薄荷2克，茶叶5克。

做法：以沸水冲泡，频服。

功效：辛凉解表，用治风热外感、头痛目赤、食滞腹胀。

银花茶

材料：银花 20 克，茶叶 6 克。

做法：以沸水冲泡，代茶频服。

功效：辛凉解表、清热解毒。用治风温感冒初起、咽喉肿痛。

（二）咳嗽

咳嗽是呼吸系统疾病的主要症状之一，因肺脏上通咽喉，开窍于鼻，外合皮毛，职司呼吸；同时肺为娇脏，畏寒畏热，所以不论外感或内伤疾患，一旦影响到肺，致使肺气失宣或肺气上逆，均可发生咳嗽。为此，凡治咳嗽，先要辨病辨症，酌情予以药疗和茶疗。

银翘杏桔茶

材料：金银花、连翘、杏仁、桔梗各 5 克。

做法：将杏仁砸烂，将桔梗切为小碎块，与其他药一起置入容器内，用沸水冲泡，盖闷 10—15 分钟去渣取汁备用。代茶饮，边饮边加沸水，每日上午、下午和晚上睡前各饮 1 剂。

功效：清热解毒、润肺止咳。主治风热上犯的上呼吸道感染，症见流涕、喷嚏、咽痛、咽痒、干咳无痰，口干渴，舌苔薄黄。

注意：饮茶时，可将口鼻对着药液呼吸，让药液的蒸气通过口鼻，直接在上呼吸道发挥作用，则其疗效更理想。

清肺化痰止咳茶

材料：黄芩、桑白皮各 5 克，知母、栝楼各 3 克。

做法：将以上各药切成小碎块，并置入容器内，用沸水冲泡，盖闷 10—15 分钟去渣取汁备用。代茶饮，边饮边加沸水，直到药味清淡。每日上午和下午各饮 1 剂。

功效：清肺、化痰、止咳。主治痰热壅肺的咳嗽，症见咳喇痰多而稠黄、咳痰有力、口干渴、舌红。

注意：饮此茶期间，忌食各种辛辣油腻食品。

葱姜杏仁茶

材料：茶叶 3 克，连须葱白 3 茎，生姜 3 片，杏仁 9 克，红糖 15 克。

做法：将前 4 味水煎取汁，调红糖适量，趁热服，盖被取汗即愈。

每日 1 剂。

功效：发散风寒、宣肺止咳。适用于外感风寒咳嗽，症见怕冷、发热、无汗、鼻塞、流清涕、喷嚏、咳嗽痰白清稀。

麦冬茅根茶

材料：绿茶 5 克，茅根 15 克，麦冬 20 克，冰糖 25 克。

做法：将上药水煎取汁或用沸水冲泡，盖闷 10—15 分钟去渣取汁备用。代茶饮，每日 1 剂。

功效：清热生津、润燥止咳，适用于燥热咳嗽。

橘红茶

材料：绿茶 5 克，橘红 10 克。

做法：以沸水冲泡，再入沸水锅中隔水蒸 20 分钟。代茶饮，每日 1 剂。

功效：健脾燥湿、化痰止咳。适用于咳嗽之痰湿蕴肺症，症状见咳嗽、痰多、痰黏、不易咳出。

生姜川贝茶

材料：茶叶、川贝母各 3 克，生姜 6 克，冰糖 9 克。

做法：研为细末，以纱布包，用沸水冲泡取汁，代茶饮。

功效：止咳化痰解表。适用于感冒咳嗽。

鱼腥草茶

材料：鱼腥草 30 克，冰糖适量。

做法：先将鱼腥草煎汤后，去渣，纳入冰糖，令溶解即得。代茶饮。

功效：清热解毒、排脓利尿。适用于肺热咳嗽、高热不退、痰黄量多；肺痈咳吐脓血；小便灼热疼痛、点滴不畅；热毒疮疡，局部红肿疼痛。

知楼参冬养肺茶

材料：知母、栝楼、沙参、麦冬各 5 克。

做法：将以上药物切成小碎块，并置入容器内，沸水冲泡，盖闷 15—20 分钟去渣取汁备用。代茶饮，边饮边加沸水，每日上午和下午各泡服 1 剂。

功效：清热化痰、养阴补肺。主治肺阴亏虚、燥热伤肺的咳嗽，症见咽痒而咳、干咳无痰、或痰少不利、口干唇燥。

注意：饮用时，可将口鼻对着药茶深呼吸，让药液的蒸气充分进入肺中，以润泽肺组织。

甘草沙参润肺蜜茶

材料：甘草3克、沙参5克、蜂蜜适量。

做法：将沙参和甘草切成小碎块，并置入容器内，用沸水冲泡，盖闷约20分钟去渣取汁备用。饮用时，先将蜂蜜倒入药液中，搅拌均匀后再徐徐咽下，每剂泡1次，每日上午和下午各泡服1剂。

功效：润肺止咳。主治燥邪伤肺、肺失宣降的咳嗽，症见干咳无痰、口干口渴、鼻唇干燥、舌红少苦。

注意：饮此茶期间，忌吃辛辣食物并注意保暖，避免着凉。

诃杏茶

材料：诃子、杏仁各5克，甘草3克。

做法：将诃子砸碎，与甘草一起置入容器内，用沸水冲泡，盖闷10—15分钟去渣取汁备用。代茶饮，边饮边加沸水，每日上午和下午各泡服1剂。

功效：敛肺止咳，主治肺气不足、肺气不敛，宣降失常的久咳不止，以及气短懒言、汗多乏力、脉弱等。

注意：凡外感咳嗽、热邪或寒邪所致之实咳，皆忌用本药茶。

润肺止咳茶

材料：玄参、麦冬各60克，乌梅24克，桔梗30克，甘草15克，茶叶10克。

做法：上药去杂质，干燥后共研碎混匀。每次18克，用纱布包，用白开水冲泡，代茶饮。每日2次。

功效：润肺止咳。适用于阴虚引起的燥咳痰少、咽喉不利。

桑菊杏仁茶

材料：桑叶、菊花、杏仁、茶叶各10克，白砂糖适量。

做法：将杏仁捣碎与前两味共置保温容器中，用沸水适量冲泡，盖闷15分钟，再加入白砂糖适量。代茶频频饮用，每日1剂。

功效：疏散风热、宣肺止咳。适用于外感风热、咽痛喉痒、咳嗽音哑、痰稠微黄、口渴、身热恶风，舌苔薄黄。如上呼吸道感染、扁桃体炎、急性支气管炎等。

注意：慢性咳嗽、痰黄稠厚者忌用。

贝母紫菀养肺茶

材料：川贝母、紫菀、麦冬、桔梗各5克。

做法：将川贝母砸碎、紫菀、桔梗和麦冬切为小碎块，同时置入容器内，沸水冲泡，盖闷15—20分钟去渣取汁备用。代茶饮，边饮边加沸水，每日上午和下午各饮1剂。

功效：养阴润肺、祛痰止咳。主治肺阴亏虚引起的久咳不止、痰少不易咯出、咳振胸痛、口干渴。

注意：饮茶时，可将口鼻对着药液深呼吸，让药液的蒸气充分地进入肺中，使药性更有效地发挥作用。

百合固金花

材料：百合、玄参、生地各5克，川贝母3克。

做法：将川贝母砸碎，将其余的药切为小碎块，同时置入容器内，用沸水冲泡，盖闷约20分钟去渣取汁备用。代茶饮，边饮边加沸水，直至药味清淡，每日上午和下午各饮1剂。

功效：养阴润肺、化痰止咳。主治阴虚肺燥所致的咳嗽，症见干咳无痰，或痰少而黏、难以咳出、久咳不愈。

注意：饮此茶期间，忌食辛辣燥火的食物。

玉竹润肺止咳茶

材料：川贝母2克，玉竹、桔梗、紫菀各5克。

做法：将川贝母砸碎，将其余的药切为小碎块，同时置入容器内，用沸水冲泡，盖闷约15—20分钟去渣取汁备用。代茶饮，边饮边加沸水，每日上午和下午各饮1剂。

功效：清热润肺、化痰止咳，主治肺经热盛、燥邪伤阴，肺失宣降的燥咳，症见干咳无痰，或痰少而黏、不易咳出。

注意：饮用期间，忌抽烟和吃辛辣食物。

玉米须橘皮茶

材料：玉米须15克，橘皮9克。

做法：将上述药水煎取汁或用沸水冲泡，盖闷10—15分钟，再加白糖20克后去渣取汁备用。代茶饮，每日1剂，每剂煎服2次。

功效：健脾祛湿、化痰止咳，治疗脾虚不健、痰湿咳嗽。

注意：饮茶时，同时尽量将药液的蒸气吸入肺中，从而有利于痰液的稀释和排出。

（三）解暑茶方

中暑是夏日酷暑或高温环境下引起的以高热、汗出、昏厥为主要表现的急性热病。轻者仅头晕头痛、口渴、心慌、恶心、汗出；严重者骤然高热、神志昏迷、嗜睡，甚至躁扰抽搐。好发于田间作业的农民，高温作业的工人，以及高温环境下行军、训练的军人，尤以年老体弱，长期卧床的患者及产妇、幼儿见多。

薄荷荷叶茶

材料：茶叶 8 克，薄荷 12 克，荷叶 1 张。

做法：把荷叶切成细碎状，将荷叶与其他两种材料一起放入杯中，以滚水冲泡，5 分钟后即可饮用。

功效：有效地化解暑气，赶走身体暑热湿气。

茉莉荷叶茶

材料：绿茶、茉莉花各 3 克，荷叶 1 张。

做法：荷叶切成细碎状，与其他两种材料放入锅中，加入适量清水一起煎煮约 5 分钟后，即可饮用。

功效：有效地消解暑气，驱走身体多余的热气，也能够改善夏季头晕胸闷的症状。

西瓜皮薄荷茶

材料：绿茶 8 克，薄荷 10 克，西瓜皮 800 克。

做法：西瓜皮切成碎状，放入锅中，加入适量清水、薄荷与绿茶叶，一起煎煮约 5 分钟即可饮用。

功效：可以有效解暑，改善夏季疲劳、食欲不振的症状。

荷花茶

材料：荷花 8 克，茶叶 10 克。

做法：将荷花与茶叶混合，以滚水冲泡，约 5 分钟后即可饮用。

功效：每天喝一次，具有解暑、排除身体热气的作用。

茅根茶

材料：白茅根，茶叶各 8 克。

做法：将白茅根与茶叶混合，以滚水煎煮 10 分钟后即可饮用。

功效：每天喝一次，具有生津止渴的作用，还有解毒疗效，可以改善夏季缺水的症状。

柠檬茶

材料：柠檬汁、茶叶各 12 克，蜂蜜适量。

做法：将茶叶以滚水冲泡成茶汁，将茶汁与柠檬汁、蜂蜜混合，晾凉后即可饮用。

功效：解除暑热口渴的症状，有效解暑。

西瓜茶饮

材料：西瓜汁 180 毫升，绿茶 4 克。

做法：将绿茶加入适量清水煎煮成茶汁，加入西瓜汁一起拌匀即可饮用。

功效：有效清热解暑，帮助生津止渴。

丝瓜绿茶

材料：丝瓜汁 120 克，绿茶、盐各适量。

做法：丝瓜去皮后，切成片状。将丝瓜放入锅中，加入适量清水煮滚。加入绿茶叶一起煮后，加入盐调味即可。

功效：有助解暑，还可以解除夏季中暑症状。

盐茶

材料：茶叶 10 克，食盐 5 克。

做法：用沸水 1 升，冲泡溶解，待凉饮用。

功效：清热解暑、生津止渴，用于预防中暑、中暑后口渴。

玉竹麦冬生津茶

材料：玉竹、麦竹各 5 克。

做法：将以上药材切成小碎块，并置入容器内，用沸水冲泡，盖闷10—15 分钟去渣取汁备用。代茶饮，边饮边加沸水，每日上午和下午各泡服 1 剂。

功效：养阴生津，主治暑热或邪热伤及肺胃，津液耗伤的口干唇焦、口渴喜饮、引饮无度、心中烦躁、舌红少津。

注意：本药茶宜凉饮。饮用期间，忌吃辛辣食物。

麦冬乌梅止渴茶

材料：麦冬 5 克，乌梅 3 枚。

做法：将以上药物切成小碎块，并置入容器内，用沸水冲泡，盖闷10—15 分钟去渣取汁备用。代茶饮，边饮边加沸水，每日上午、下午、晚上各泡服 1 剂。

功效：生津止渴。主治暑热或热病伤及胃阴所致的咽干口渴、引饮无度、心中烦热。

注意：本药茶凉饮其疗效较佳。饮用期间，忌吃辛辣燥火的食物。

竹叶清热除烦茶

材料：竹叶、麦冬各 5 克，知母 3 克。

做法：将知母掰成小碎块，与其他药材一起置入容器里，用沸水冲泡，盖闷 10—15 分钟去渣取汁备用。代茶饮，边饮边加沸水，直到药味清淡。每日上午和下午各泡服 1 剂。

功效：清暑益气，养阴除烦。主治暑热内陷所致的烦渴，症见高热心烦、口渴思饮、舌红、脉洪大。

注意：饮此茶期间，忌食各种辛辣燥火之物。

藿香佩兰茶

材料：茶叶 6 克，藿香、佩兰各 9 克。

做法：将上药置入容器里，用沸水冲泡，盖闷 10—15 分钟去渣取汁备用。代茶饮。

功效：解暑、止吐泻。

注意：饮此茶期间，忌食各种辛辣燥火之物。

消暑止渴茶

材料：百药煎、细陈茶各等分，乌梅肉适量。

做法：将上药置入容器里，用沸水冲泡，盖闷 10—15 分钟去渣取汁备用。代茶饮。

功效：消暑止渴。

注意：饮此茶期间，忌食各种辛辣燥火之物。

藿香花茶

材料：茉莉花、青茶各 3 克，藿香、荷叶各 6 克。

做法：沸水浸泡，代茶饮。

功效：治疗夏季暑湿、发热头胀、胸闷。

注意：饮此茶期间，忌食各种辛辣燥火之物。

三叶青蒿茶

配方：青竹叶 1 把，鲜藿香叶 30 克，青蒿 15 克，茶叶 10 克。

做法：将上药水煎汁或用沸水冲泡，盖闷 10—15 分钟即可取汁冲泡茶叶饮用。代茶饮。

功效：治疗中暑、高热、胸闷恶心等。

注意：饮此茶期间，忌食各种辛辣燥火之物。

大青银花茶

材料：大青叶20克，金银花15—30克，茶叶5克。

做法：将上药水煎汁或用沸水冲泡，盖闷10—15分钟后取汁。代茶饮。

功效：解暑热。

注意：饮此茶期间，忌食各种辛辣燥火之物。

冰红茶

材料：红茶适量。

做法：将上药水煎取汁或用沸水冲泡，盖闷10—15分钟后取汁。代茶饮。

功效：解暑热。

注意：饮此茶期间，忌食各种辛辣燥火之物。

银花香薷暑感茶

材料：金银花、香薷各5克，茉莉花茶2克。

做法：将以上药物切成小碎块，并置入容器里，用沸水冲泡，盖闷10—15分钟去渣取汁备用。代茶饮，边饮边加沸水。每日上午、下午和晚上各泡服1剂。

功效：清热解暑。主治暑热之邪袭扰卫表，症见头昏痛、微发热、口干口渴、咽痛、小便短赤、舌红少津。

注意：本药茶宜凉饮。饮用期间，应当注意保暖，避免当风受凉。

淡竹叶茶

材料：茶叶、淡竹叶各6克。

做法：以沸水冲泡盖闷片刻，趁热饮用，每日2—3次饮服。

功效：清热、除烦、利尿。适用于中暑，尤宜于防治暑热心烦、口渴喜饮、小便短少等。

注意：饮此茶期间，忌食各种辛辣燥火之物。

（四）泄泻

泄泻又称腹泻，一年四季都可以发生，是指排便次数增多，粪便稀薄，甚至如水样。其主要病变在脾胃与大小肠，为急慢性肠炎、肠结核、胃肠神经功能紊乱等病症之主要临床表现。

芪连茶

材料：黄芪 5 克，黄连 2 克。

做法：将黄芪和黄连切成小碎块，并置入容器内，沸水冲泡，盖闷15—20 分钟去渣取汁备用。代茶饮，边饮边加沸水。每日上午、下午、晚上各泡服 1 剂。

功效：益气固肠、清热燥湿。主治中气下陷、湿热下注的肠炎，症见大便日行数次、清稀如水、腹隐痛、气短懒言、神疲倦怠。

注意：饮此茶期间，忌吃生冷、油腻、辛辣和不易消化的食物。

椒术茶

材料：花椒 2 克，白术 5 克。

做法：将白术切成小碎块，与花椒一起置入容器内，用沸水冲泡，盖闷15—20 分钟去渣取汁备用。代茶饮，边饮边加沸水。每日上午、下午各饮 1 剂。

功效：温中运脾、除湿止泻。主治脾不运湿所致的慢性肠炎，症见大便溏泻、日行数次、脘腹隐痛、不思饮食、口腻泛甜、舌苔白腻。

注意：饮此茶期间，忌吃生冷和不易消化的食物。

粟壳枣肉茶

材料：罂粟壳、甘草各 3 克，陈皮 5 克，砂仁 6 克，沱茶 2 克。

做法：将砂仁切成小碎块，与其他药一起置入容器内，用沸水冲泡，盖闷15—20 分钟去渣取汁备用。代茶饮，边饮边加沸水。每日上午、下午各泡服 1 剂。

功效：调理脾胃、涩肠止泻。主治脾胃不调，水湿不运的慢性胃肠炎，症见呕吐恶心、泄泻不止、日久不愈、不思饮食、食入反胀。

注意：本药茶宜热饮。饮用期间，忌吃生冷和油腻的食物。实热之泄泻，忌用本药茶。

砂姜暖脾茶

材料：砂仁、干姜、茯苓各 5 克，陈皮 3 克。

做法：将砂仁砸碎，将干姜、陈皮和茯苓切成小碎块，同时置入容器内，用沸水冲泡，盖闷10—15 分钟去渣取汁备用。代茶饮，边饮边加沸水。每日上午、下午各饮 1 剂。

功效：暖脾散寒、升清止泻。主治脾胃虚寒、清阳下陷的慢性肠炎，症见下利清谷、滑脱不止、四肢不温、腹部冷痛、舌淡白、脉沉弱。

注意：本药茶宜热饮，饮用期间，忌吃生冷食物并注意腹部保暖。

补骨姜枣茶

材料：补骨脂3克，生姜5克，大枣5枚。

做法：将补骨脂和生姜捣烂，将大枣切碎去核，同时置入容器内，用沸水冲泡，盖闷15—20分钟去渣取汁备用。代茶饮，边饮边加沸水。每日上午和晚上各泡服1剂。

功效：补肾健脾。主治肾阳不足、脾土失温和慢性肠炎，症见每日清晨泄泻、不思饮食、肢冷畏寒、肚腹隐痛。

注意：饮此茶期间，忌吃生、冷、硬及油腻的食物。大便干结者不宜用本药茶。

清食清肠茶

材料：神曲、麦芽、山楂、白术各9克，乌梅12克，红茶1克。

做法：将上药水煎取汁或用沸水冲泡，盖闷15—20分钟去渣取汁备用。代茶饮，每日1剂，连服3日。

功效：开胃消食、涩肠止泄。治疗泄泻、急性肠炎、消化不良。

止泄红糖茶

材料：茶叶30克，红糖50克。

做法：先浓煎茶叶，再放入红糖，熬至茶水发黑，趁温饮用。

功效：涩肠止泄。治疗腹泻、消化不良。

凤眼茶

材料：凤眼（即椿牌，椿树之种荚）1把（50—100克）。

做法：加水适量，用武火煎至100毫升，加适量红（白）糖。温服，每日1剂。连服7日。

功效：健脾和胃，治疗水土不服产生的泄泻。

仙灵脾茶

材料：仙灵脾、炒六神曲各15克，煨木香9克，茶叶6克。

做法：上药共研为粗末，以纱布包，置于保温容器内，用沸水冲泡，盖闷15—20分钟后取汁备用。每次尽量多饮些，饮完再冲再饮。

功效：温脾助阳、暖中开胃。适用于肾阳不振以致脾胃阳虚，不能腐熟水谷、大便泄泻、日行数次、肠鸣气臌、胀痛不适、精神不振、腹部胀痛、胃口不开、纳谷甚少，或偶觉脘中有冷感，如慢性胃炎。

注意：肝胆湿热引起的纳减、腹胀不宜饮用。

豆蔻五味子茶

材料：茶叶 5 克，吴茱萸 10 克，补骨脂、肉豆蔻、五味子各 15 克。

做法：将上药水煎取汁或用沸水冲泡，盖闷 10—15 分钟去渣取汁备用，趁热服。

功效：治疗五更泻。

醋茶

材料：浓醋 1 杯。

做法：加米醋少许，趁热服。

功效：治疗热性腹泻。

姜盐米茶

材料：茶叶 15 克，炮姜、食盐各 3 克，粳米 30 克。

做法：上药同炒至黄，水煎。趁热服用。

功效：治疗寒性水泻不止。

苏姜茶

材料：茶叶、生姜各 15 克，紫苏叶 10 克。

做法：将上药水煎取汁或用沸水冲泡，盖闷 10—15 分钟去渣取汁备用，代茶饮。

功效：治疗寒湿腹泻、消化不良。

荠菜花茶

材料：茶叶、荠菜茶各 15—20 克。

做法：将上药水煎取汁或用沸水冲泡，盖闷 10—15 分钟，饭前服用。

功效：防治腹泻。

车前子茶

材料：炒车前子（布包）10 克，红茶 3 克。

做法：将上药水煎取汁或用沸水冲泡，盖闷 10—15 分钟，代茶饮。

功效：治疗腹泻。

（五）头痛

头痛是临床常见的自觉症状之一，可单独出现，也可发生于各种急慢性疾病的过程之中。凡外感或内伤以头痛为主症者，皆可属于中医

"头痛"的范畴。

茉莉花茶

材料：茉莉花 1 汤匙，冰糖适量。

做法：将茉莉花取一茶匙放入茶壶中，以滚水冲泡 5 分钟，加入适量冰糖调匀即可饮用。

功效：有效地舒缓与治疗头痛症状。

川芎茶

材料：川芎 4 克，茶叶 5 克。

做法：将川芎研磨后，加入茶叶混合，以滚水冲泡 10 分钟后即可饮用。

功效：有效地止住头痛症状，并可以消除肢体酸疼症状。

香蕉蜂蜜茶

材料：香蕉 150 克，绿茶叶 1 克，盐少许，蜂蜜 20 克。

做法：将香蕉与绿茶放入碗中，加入沸水浸泡。加入蜂蜜与盐搅拌冲泡 5 分钟后即可饮用。

功效：有效帮助清热，治疗头晕目眩的症状。

陈皮茶

材料：陈皮 12 克，绿茶 6 克。

做法：将陈皮与绿茶放入锅中，加入清水煎煮。煮滚后即可饮用

功效：有效降火，治疗头晕头昏症状。

辣味茶

材料：辣椒 450 克，绿茶 8 克，胡椒、盐适量。

做法：将所有材料捣碎，加入盐拌匀。放入瓶中保存，每次取适量，冲入滚水后即可饮用。

功效：有效驱寒，治疗头痛症状。

橘皮红茶

材料：新鲜橘子皮 1 颗，红茶包 1 个，冰糖适量。

做法：橘子皮洗干净，切成细丝，将其放入锅中，加入适量清水煮。煮滚后加入红茶包与冰糖，再煮片刻即可。

功效：舒缓头痛、赶走风寒。

天麻川芎茶

材料：川芎 10 克，明天麻、雨前茶各 3 克。

做法：用 1 碗酒，上三味药置酒中，煎至半碗，取其渣再用酒 1 碗，煎至半碗，晚服。

功效：祛风止痛。用于治头风、满头作痛。

川芎葱白茶

材料：茶叶、川芎各 10 克，葱白 2 段。

做法：以水煎服。

功效：祛风、通阳、止痛，用治外感风寒头痛。

（六）食欲不振、消化不良

食欲不振是由多种疾病引起的一种最常见的消化系统病症，又称食欲减退，中医称为"胃呆或纳呆"。多由于功能障碍，如胃肠神经症、神经性厌食等引起；或因器质性病变，如胃肠道炎症、心力衰竭、甲状腺功能减退等而导致厌食症状。另外，吸烟过度、味觉异常、应用抗生素或抗癌等药物等，也是影响食欲的原因。

消化不良一般可因胃肠道功能和器质性病变造成，多因饮食不当、受凉、过劳、睡眠不足等诱因而出现。症状为上腹满闷、不思饮食、食后腹胀不适等，属于中医"胃虚""肝胃不和"的范畴。

红糖茶

材料：红茶 8 克，红糖 40 克。

做法：以滚水冲泡红茶，加入红糖搅拌即可饮用。

功效：有利于健胃，具有开胃解毒、帮助止泻的作用。

红糖蜜茶

材料：红茶 6 克，蜂蜜、红糖适量。

做法：以滚水冲泡红茶叶，加入红糖、蜂蜜搅拌均匀后即可饮用。

功效：有效帮助健胃，改善胃部虚寒症状。

茉莉花茶

材料：茉莉花、石菖蒲各 6 克，青茶 10 克。

做法：将上药共研成细末，每日 1 剂，沸水冲泡，随意饮用。

功效：理气化湿、止痛。用治慢性胃炎、脘腹胀痛、纳谷不香。

茉莉玫瑰茶

材料：玫瑰花 8 克，茉莉花 8 克，绿茶 6 克，甘草 5 克。

做法：将玫瑰花、茉莉花与甘草放入锅中，以滚水冲泡，煮滚后加入绿茶冲泡即可。

功效：利于健脾胃，可帮助止泻。

茉莉花甘草茶

材料：绿茶 8 克，陈皮 5 克，玫瑰花 5 克，金银花 8 克，茉莉花、甘草各 3 克。

做法：将所有材料洗干净，放入杯中以滚水冲泡。15 分钟后即可饮用。

功效：具有活血、保健胃肠，有效止泻的作用。

苹果皮茶

材料：绿茶 2 克，苹果皮 45 克，蜂蜜 25 克。

做法：将苹果皮、绿茶放入锅中，加入适量清水煎煮，煮 5 分钟后，加入蜂蜜调匀即可饮用。

功效：有效健脾补气，帮助生津止渴。

肉桂茶

材料：肉桂 3 克，茶叶 4 克，蜂蜜 20 克。

做法：将肉桂研磨成细碎状，加入适量清水煎煮，加入蜂蜜与茶叶煮 3 分钟后即可饮用。

功效：有效治疗脾胃虚寒的症状。

湖茶醋饮

材料：湖茶 10 克，醋 20 毫升。

做法：先煎茶取液 250 毫升，加醋和匀，1 次服。

功效：和胃缓急止痛，用治年久心胃痛。

无花果茶

材料：无花果适量，绿茶 12 克。

做法：无花果切成小片状。将无花果与绿茶放入锅中，加入适量清水煮 10 分钟即可饮用。

功效：有效地帮助清肠，改善消化不良症状。

炒麦芽茶

材料：炒麦芽 25 克，茶叶 5 克。

做法：将炒过的麦芽与茶叶一起放入杯中，加入滚水冲泡 10 分钟即可饮用。

功效：有效帮助消化，改善食欲不振症状。

乌梅茶

材料：乌梅 10 克，茶叶 5 克，白糖适量。

做法：乌梅放入锅中，加入适量清水煮，将乌梅汁加入茶叶一起冲泡，再加入白糖调匀即可饮用。

功效：帮助消化。

香蕉茶

材料：香蕉180克，蜂蜜20克，绿茶1克，盐少许。

做法：香蕉切成细丁状，把香蕉丁与其他材料加入滚水一起冲泡20分钟，再加入盐调匀即可饮用。

功效：改善消化不良的症状，帮助排便通畅。

茶叶酱油汤

材料：茶叶9克，酱油半茶杯（约30毫升）。

做法：茶叶以水1杯先煮开，加酱油半杯再煮开，顿服，每日2—3次。

功效：消食、开胃、止痛，用治消化不良、胃脘胀痛、腹痛腹泻。

橘花茶

材料：橘花、红茶各3克。

做法：用沸水冲泡，每日1剂，代茶饮。

功效：理气和胃。用治胃脘胀痛、咳嗽痰多、嗳气呕吐、食积不化或伤食生冷瓜果等。

（七）便秘

便秘是指粪便干燥、硬结难解，是较为常见的一种病症，分结肠性便秘和直肠性便秘两类。结肠性便秘是由食物残渣在结肠中运行过于迟缓而引起，直肠性便秘是由食物残渣在直肠中滞留过久所致。便秘可引起痔疮、肛裂，中医称为"阳结""阴结"和"脾约"等，一般将其分为热秘、气秘、虚秘和冷秘等。

蜜茶

材料：蜂蜜适量，茶叶3克。

做法：将蜂蜜与茶叶放入杯中，以滚水冲泡，5分钟后即可饮用。

功效：改善便秘症状，有效帮助润肠通便，还可以润燥。

决明菊花茶

材料：决明子8克，菊花8克，茶叶3克。

做法：决明子研磨成细碎状，将其与菊花、茶叶一起放入杯中，加入沸水冲泡5分钟后即可饮用。

功效：有效润燥，改善便秘症状。

荞麦茶

材料：荞麦面 100 克，茶叶 5 克，蜂蜜 50 克。

做法：茶叶捣成细末，将茶叶末与荞麦面、蜂蜜搅拌，冲入滚水即可饮用。

功效：有效帮助降低血脂、润肠通便，改善便秘症状。

（八）高血压、高脂血症

高血压是指动脉血压增高，特别是以舒张压持续升高为特点，易造成心、脑、肾等脏器的损害。临床上分为原发性和继发性两类。高脂血症指血浆中血脂高于正常水平，胆固醇、三酰甘油、游离脂肪酸等脂质浓度超过正常范围的一种病症。由于血浆中的脂质大部分与蛋白质结合，故本症又称高脂蛋白血症，主要症状是头晕、心悸、乏力、胸闷、腹痛等。

番茄绿茶

材料：番茄 80 克，绿茶 2 克。

做法：将番茄洗干净后切片，加入适量水煮沸，煮 3 分钟后加入绿茶一起冲成茶饮。

功效：每天喝一次，具有生津止渴、帮助降低血压的效果。

绿豆荷叶茶

材料：干荷叶 2 克，绿豆 5 克，绿茶 2 克。

做法：绿豆放入锅中炒过，捣成碎末状；将荷叶与绿茶一起放入锅中，加入绿豆末和适量清水煮，煮滚后去掉渣滓，取茶饮用即可。

功效：有效清热、降低血脂、帮助降压。

山楂菊花茶

材料：山楂 15 克，菊花 15 克，决明子 15 克。

做法：将三种材料一起洗干净放入锅中，在锅中放入清水，把材料煎煮成茶饮。

功效：有效地降低血脂，改善血脂过高引起的症状。

茉莉玫瑰茶

材料：玫瑰花 5 克，茉莉花 5 克，绿茶 10 克。

做法：将上述三种材料洗干净，放入杯中，冲入沸水，焖约 10 分钟即可饮用。

功效：有效活血，帮助降低血脂。

乌龙决明茶

材料：决明子 2 克，荷叶 6 克，乌龙茶各 6 克。

做法：决明子放入锅中炒干，荷叶切成细片。将乌龙茶与上述两种材料放入杯中冲入沸水，焖约 10 分钟即可饮用。

功效：有效地消除血脂过高症状。

菊花山楂茶

材料：菊花、山楂、茶叶各 10 克。

做法：用沸水冲泡，代茶，每日 1 剂，常饮。

功效：清热、降痰、消食健胃、降脂。用治高血压、冠心病及高脂血症。

杜仲茶

材料：杜仲叶、高级绿茶各 6 克。

做法：用开水冲泡，加盖 5 分钟后饮用，每日 1 次。

功效：补肝肾、强筋骨、降压。最适宜高血压和心脏病患者饮用。

菊槐茶

材料：菊花、槐花、绿茶各 3 克。

做法：以沸水冲泡，待浓后饮用，每日代茶常饮。

功效：清热散风、降压。用治高血压眩晕。

（九）痛经

痛经是指女性患者在月经前或行经期间发生难以忍受的下腹疼痛，甚至影响生活和工作。疼痛常为阵发性或持续性而有阵发加剧，有时放射至阴道、肛门及腰部并引起尿频及排便感。严重时，面色苍白、手足冰凉、出冷汗、恶心、呕吐，甚至昏厥。一般都在经血畅流后，少数在有膜状物排出后腹痛缓解。

桃红归芍茶

材料：桃仁、当归、白芍各 5 克，红花 3 克。

做法：将桃仁砸碎，当归和白芍切成小碎块，与红花一起置入容器内，沸水冲泡，盖闷 15—20 分钟去渣取汁备用。代茶饮，边饮边加沸水，每日上午和下午各泡服 1 剂。

功效：化瘀止痛。主治瘀血内停，气血不畅所致的痛经，症见经行前小腹疼痛，拒按不适，行经困难，经量稀少、紫暗有血块。

注意：每次月经来潮前 3 日开始饮用，经行痛减后即可停药，连续饮用 3—6 个月经周期。饮用期间，忌吃生冷食物，避免动怒生气。孕妇忌用本药茶。

山楂红糖茶

材料：山楂 50 克，红糖 40 克。

做法：先水煎山楂，滤取浓山楂汁，加入红糖调匀备用。趁温饮之。

功效：每月行经前 3 日开始饮用本药茶，行经后即可停用。饮此茶期间，忌吃生冷食物。

当归艾叶茶

材料：当归 30 克，生艾叶 15 克，红糖 60 克。

做法：上药煎熬取 3 碗。用 3 次温服，在经期服用。

功效：温经止痛。治疗经行腹痛，下腹凉，手足不温。

注意：每月行经前 3 日开始饮用本药茶，行经后即可停用。饮此茶期间，忌吃生冷食物。

泽兰通经茶

材料：绿茶 1 克，泽兰 15 克。

做法：将绿茶与泽兰一同放入容器中（有磁化容器则更佳），用沸水冲泡，盖闷 5 分钟后饮服。如用磁化容器泡沏，则于 30 分钟后服用。代茶饮。

功效：健脾舒肝、活血化瘀、通经止痛。适用于气滞血瘀型痛经，症见小腹胀痛拒按、经行下畅、经色紫暗、夹有血块、块下痛减；经后腹痛消失、胸胁乳胀、面色暗滞、情绪抑郁、苔薄、舌质紫、舌边有瘀点、脉弦。

注意：每月行经前 3 日开始饮用本药茶，行经后即可停用。饮此茶期间，忌吃生冷食物。

月季花茶

材料：鲜月季花 15 克，茶叶 5 克。

做法：夏秋季节采收半开放的花朵与茶叶混匀，每日 1 次，沸水冲泡，代茶服，连续数次。

功效：活血调经，适用于月经不调、经来腹痛。

注意：每月行经前 3 日开始饮用本药茶，行经后即可停用。饮此茶期间，忌吃生冷食物。

益母茶

材料：绿茶 1 克，益母草 20 克。

做法：上药捣碎，置保温容器中，冲入沸水适量，盖闷 10 分钟去渣取汁备用。代茶饮。

功效：治疗痛经、高血压、功能性子宫出血。

注意：每月行经前 3 日开始饮用本药茶，行经后即可停用。饮此茶期间，忌吃生冷食物。

泽兰茶

材料：绿茶 1 克，泽兰叶 10 克。

做法：上药捣碎，置保温容器中，冲入沸水适量，盖闷 10 分钟去渣取汁备用。代茶饮。

功效：治疗原发性痛经。

注意：每月行经前 3 日开始饮用本药茶，行经后即可停用。饮此茶期间，忌吃生冷食物。

二花茶

材料：玫瑰花、月季花各 9 克，红茶 3 克。

做法：共研末，沸水冲泡。代茶饮。

功效：治疗痛经和闭经。

注意：每月行经前 3 日开始饮用本药茶，行经后即可停用。饮此茶期间，忌吃生冷食物。

（十）月经不调

月经不调，泛指月经的周期、血量、血色、经质异常的病症。临床常见的月经先期、月经后期、月经无后不定期、月经过多、月经过少等。均属月经不调。

月经先期：

月经周期提前 7 日以上，又称经期超前或经行先期。

月经后期：

月经周期延后 7 日以上。

月经先后不定期：

月经周期提前或延后 7 日以上，气血紊乱，时而超前时而错后。

月经过多：

经量多于平时，或经来时间过长。

月经过少：

经量少于平时，或排血时间短，月经期仅持续 1—2 日者。

当归疏肝茶

材料：当归、柴胡各 5 克，栀子 3 枚。

做法：将栀子砸碎，当归切成小碎块，与柴胡一起置入杯内，沸水冲泡，盖闷 15—20 分钟去渣取汁备用，代茶饮，边饮边加沸水，每日上午和下午各泡服 1 剂。

功效：养血、舒肝、调经。主治肝郁化火，热迫血行的月经先期，症见每次月经提前 7—10 日、经色鲜红、经血量多、舌红、脉细数。

注意：每次行经前 10 日开始饮用本药茶，经行干净后停药，宜连续饮用 3—6 个周期。

二仁茶

材料：火麻仁、桃仁各 5 克。

做法：将以上药物砸碎，并置入容器内，沸水冲泡，盖闷 15—20 分钟去渣取汁备用，代茶饮，边饮边加沸水，每日上午和下午各泡服 1 剂。

功效：养血化瘀。主治血虚瘀阻的月经不调，症见月经每 3—5 个月行经 1 次，经血清少，但见瘀块，腹部隐痛。

注意：每次行经前 7 日开始饮用本药茶，来潮后即可停药。饮用期间忌吃生冷食物。

泽兰益母茶

材料：泽兰、益母草、香附各 5 克。

做法：将香附砸碎，与其他药一起置入容器内，用沸水冲泡，盖闷 15—20 分钟去渣取汁备用，代茶饮，边饮边加沸水，每日上午和下午各泡服 1 剂。

功效：活血、舒肝、调经。主治肝不条达、气滞血瘀的月经不调，症见月经或先或后、经量或多或少、经血或清或稠、少腹疼痛。

注意：每次行经前 3 日开始饮用本药茶，经行后次日即可停药，宜连续饮用 3—6 个周期。孕妇忌用本药茶。

散寒茶

材料：当归、小茴香各 5 克，干姜 3 克，肉桂 2 克。

做法：将当归、干姜和肉桂切成小碎块，与小茴香一起置入容器内，沸水冲泡，盖严容器盖，15—20 分钟去渣取汁备用，代茶饮，边饮边加沸水，每日上午和下午各泡服 1 剂。

功效：散寒止痛、化瘀通经。主治寒滞冲任，经行不畅的痛经，症见每次经行前少腹疼痛、得寒则剧、遇暖则舒。

注意：本药茶宜热饮。每次行经前 3 日开始饮用本药茶，经行痛缓后即可停药，宜连续饮用 3—6 个周期。饮用期间，忌吃生冷食物。

归地调经止血茶

材料：当归、生地、侧柏叶各 5 克，艾叶 3 克。

做法：将当归和生地切成小碎块，与其他药一起置入容器内，用沸水冲泡，盖闷约 20 分钟去渣取汁备用。1 剂泡 1 次，1 次饮完，每日上午和下午和晚上睡觉前各饮 1 剂。

功效：调和冲任、摄经止血，主治冲任气虚，不能统摄经血所致的月经绵绵不止，症见月经过多、绵绵不止、经血色淡、舌苔淡白、脉弱。

注意：本药茶适于每次行经后次日开始饮用，经血止即可停用。

调经逍遥茶

材料：当归、柴胡各 5 克，白芍、香附各 3 克。

做法：将当归、白芍和香附切成小碎块，与柴胡一起置入容器内，用沸水冲泡，盖闷 20 分钟去渣取汁备用，代茶饮，边饮边加沸水，直至药味清淡。每日上午和下午各泡服 1 剂。

功效：舒肝解郁、养血调经。主治肝气郁滞所致的月经不调或痛经，症见行经或提前或延后、来潮前腹部疼痛、腰骶酸胀、乳房胀痛、舌淡、脉弦。

注意：本药茶应于每次行经前 3 日开始饮用，来潮 3 日后即可停药。饮用本药茶期间忌食生冷食物。

八角红糖茶

配方：八角茴香 15 克，红糖 30 克。

做法：上药捣碎，置保温容器中，冲入沸水适量，盖闷 10 分钟。或水煎取汁。代茶饮。

功效：补气活血、调经止痛、治疗身体虚弱、月经不调、经期少腹胀痛。

月季茶

配方：月季花 30 克，红花、当归各 9 克。

做法：上药捣碎，置保温容器中，冲入沸水适量，盖闷 10 分钟。或水煎取汁。代茶饮，每日 1 剂。

功效：活血调经，治疗月经不调。

橘叶艾叶茶

配方：鲜橘叶、红糖各 30 克，艾叶 6 克。

做法：上药捣碎，置保温容器中，冲入沸水适量，盖闷 10 分钟。或水煎取汁。代茶饮，每日 1 剂，连服 1 周为 1 个疗程。

功效：理气活血、调经止痛。治疗经前乳胀、经期延后、行经不畅、经期腹痛。

（十一）更年期综合症

更年期是卵巢功能逐渐衰退到最后消失的一个过渡时期，在此期间，最突出的征象是月经发生变化乃至绝经。绝经的年龄因人而异，一般在 45—50 岁。部分妇女在绝经前后会出现一些因雌激素减少引起的自主神经系统功能失调症状，诸如阵发性烘热、出汗、胸闷、气短、心悸、眩晕、血压忽高忽低等心血管症状，以及易于激动、紧张，有时忧郁、易哭，有皮肤异样感觉等精神神经症状。

更年降火茶

材料：苦丁茶、菊花各 3 克，莲心 1 克，枸杞子 10 克。

做法：共放入容器中，以沸水冲泡，盖闷 10 分钟后即成，代茶频频饮用，可复泡 3—5 次。

功效：滋阴降火。适用于阴虚火旺型更年期综合症，症见头晕目眩、耳鸣耳聋、头面部烘热或潮热、五心烦热、烦躁易怒、腰膝酸软、阵发汗出、口干、便秘、小便黄、月经紊乱、经量时多时少，或见绝经、舌质红、稍苦、脉弦或脉细数。

佛手解郁茶

材料：绿茶 2 克，佛手花 5 克。

做法：将佛手花、绿茶同置入容器中，以沸水冲泡，盖闷 10 分钟即成。代茶频饮，可复泡 3—4 次饮服。

功效：舒肝理气、解郁散结。适用于肝郁气滞型更年期综合征。

（十二）视力减退

视力减退包括近视眼、夜盲症等，是指视力逐渐下降的症状，大致可分为两种性质不同的类型：一类是眼部疾病所引起；另一类与屈光不正有关。

菊花龙井茶

材料：龙井茶叶4克，菊花12克，冰糖适量。

做法：将两种材料放入杯中，以滚水冲泡，加入适量的冰糖调匀饮用。

功效：有效明目，帮助身体消除多余的体热，防止肝火过旺。

杞子茶

材料：红茶3克，枸杞子12克。

做法：将两种材料放入杯中，以滚水冲泡。

功效：可以补肝肾，具有保健眼睛的作用，还可以治疗体质虚弱的症状。

盐茶

材料：茶叶3克，盐1克。

做法：茶叶放入杯中，以滚水冲泡；将盐放入茶叶中混合即可饮用。

功效：可以保健眼睛，改善眼部红肿的症状。

杞菊茶

材料：枸杞子、白菊花各10克，优质绿茶3克。

做法：将上药放入容器，冲入沸水，加盖闷泡15分钟，每日1剂，分数次饮服。连服15—30日见效。

功效：养肝滋肾、疏风明目。适于视力衰退、夜盲及青少年近视眼患者饮用。

注意：饮用期间，注意用眼卫生，不在昏暗光线下看书，少看电视，并宜多吃动物肝脏。

茉莉花茶

材料：茉莉花500克，冰糖适量。

调味料：冰糖。

做法：将茉莉花放入杯中，加入适量滚水冲泡。将冰糖放入杯中调匀即可饮用。

功效：有效保护眼睛，减缓视力衰退。

苦瓜茶

材料：新鲜苦瓜1条，茶叶适量。

做法：苦瓜去瓤，切成小块状，将苦瓜块与茶叶混合，每天取出 2 汤匙放入保温杯中，以滚水冲泡即可饮用。

功效：可以有效地保健眼睛，还可以有效解毒、去湿。

枸杞茶

材料：枸杞子 20 克。

做法：将上药放入容器，冲入沸水，盖闷泡 20 分钟，代茶饮。每日 1 剂，频频冲泡饮服。连服 15—30 日见效。

功效：养肝明目、补肾益精。适于视力减退、老年性羞明、夜盲症的患者饮用。

注意：饮此茶期间，宜多吃动物肝脏。

女贞沙菀明目茶

材料：女贞子、沙菀蒺藜、菊花各 5 克。

做法：将女贞子砸碎，沙菀藜切碎，与菊花一起置入容器内，用沸水冲泡，盖闷 10—15 分钟，去渣取汁备用。代茶饮，边饮边加沸水。每日上午和下午各泡服 1 剂。

功效：滋肾育肝、益精明目。主治肝肾阴虚、眼目失养而致的视物昏花、模糊不清。

注意：饮此茶期间，宜多吃动物肝脏。

五味子蜜茶

材料：绿茶 1 克，北五味子（炒焦）4 克，蜂蜜 25 克。

做法：绿茶、北五味子捣碎，置保温容器中，冲入沸水适量，盖闷 10 分钟或水煎取汁，再调入蜂蜜去渣取汁备用。代茶饮。

功效：治疗目眩和视力减退。

注意：饮此茶期间，宜多吃动物肝脏。

（十三）牙痛

牙痛是生活中常见症状之一，可由龋病、牙周炎、急性智牙冠周炎、牙釉重度磨耗、牙颈部楔状缺损等多种牙源性病症引起，也可由三叉神经痛、上颌窦炎、颌骨肿瘤等非牙源性疾病引起。

蒲公英茶

材料：蒲公英 25 克，绿茶 6 克，白糖 10 克。

做法：将蒲公英洗干净，切成细碎状，加入绿茶，以滚水一起冲泡，再加以适量白糖调匀即可饮用。

功效：治疗牙龈肿痛，或是防止牙龈出血症状。

盐茶

材料：绿茶5克，盐2克。

做法：将茶叶以滚水冲泡约数分钟，加入盐搅拌调匀即可饮用。

功效：可治疗牙周疾，并舒缓牙痛症状。

醋茶

材料：茶叶3克，陈醋2—3滴。

做法：将滚水冲泡茶叶5分钟，将茶叶过滤掉，加入陈醋搅拌均匀即可饮用，每天可饮用两次。

功效：可有效治疗牙痛症状。

沙参细辛茶

材料：沙参30克，细辛3克。

做法：上药研为粗末，以纱布包，置保温容器中，冲入沸水适量，盖闷15分钟。频频代茶饮，1日内饮完。

功效：养阴清热、散火止痛。适用于胃阴不足、胃火上炎引起的牙痛和口疮。

注意：脾胃虚寒或肾阳不足之浮火而致的牙痛、口疮患者不宜服用。

苍耳含漱牙痛茶

材料：苍耳子10克。

做法：将本药砸碎，并置入容器内，用沸水冲泡，盖闷15分钟左右去渣取汁备用，服用时先将药液在口中含漱片刻，再慢慢咽下，每日上午和下午各泡服1剂。

功效：祛风止痛。主治风寒或风热上攻导致的牙痛病，症见牙龈红肿，疼痛难忍。

注意：饮用期间，忌饮酒及吃辛辣食物。本药茶不宜长久饮服，最多服用2—3日。

独活含漱牙痛茶

材料：独活、生地各5克，升麻3克。

做法：将以上药物切成小碎块，并置入容器内沸水冲泡，盖闷15—20分钟，去渣取汁备用。先含药液在口中片刻，再慢慢咽下。每日上午和下午各泡服1剂。

功效：散风止痛。主治风火上炎所致的牙痛，症见牙龈红肿、牙根浮动、疼痛难忍。

注意：本药茶宜稍凉含漱，以口感舒适为度。饮用期间，忌吃辛辣燥火食物。

（十四）慢性咽喉炎

慢性咽炎系咽黏膜的慢性炎症，常为呼吸道慢性炎症的一部分。主要症状是自觉咽部不适，干、痒、胀，分泌物多而灼痛，易恶心，有异物感，咳之不出、吞之不下，以上症状在说话稍多、过食刺激性食物后、疲劳或天气变化时加重，呼吸及吞咽均畅通无阻。

慢性喉炎一般为急性喉炎反复发作，或急性喉炎治疗不当，经常大声喊叫，言语或烟酒过度等所引起，患者以声音嘶哑为主要症状，常伴咽干痛，痰黏，有异物感，言语乏力，甚至多言后失音。

甘草茶

材料：金银花 6 克，甘草 6 克，冰糖适量。

做法：将金银花与甘草放入清水浸泡片刻，将金银花与甘草放入锅中，加水煎煮 8 分钟即可。

功效：有效地清热解毒，帮助缓和喉咙的疼痛，有效地解除喉咙发炎不适。

胖大海茶

材料：绿茶 4 克，橄榄 4 颗，胖大海 3 颗，蜂蜜 1 匙。

做法：将橄榄放入水中煮沸，在橄榄水中冲泡胖大海与绿茶，最后加入蜂蜜即可。

功效：清除肺部的热气，有利于帮助消炎，改善喉咙疼痛症状。

菊花麦冬茶

材料：菊花、麦冬、金银花各 10 克。

做法：将所有材料洗干净，放入茶杯中用滚水冲泡即可饮用。

功效：具有清热解渴的功效，可以改善咽喉疼痛，缓解发炎症状。

橘子茶

材料：橘子 6 克，茶叶 3 克。

做法：橘子瓣外膜剥除，切成小块状。将茶叶与橘子块放入杯中，加入滚水冲泡。

功效：去咳止痰，去除身体的湿气，保护喉咙。

橄榄乌梅茶

材料：橄榄 6 颗，乌梅 3 颗，绿茶 4 克，白糖 8 克。

做法：锅中放入清水把所有材料放入锅中煎煮，将渣滓过滤掉取茶汁饮用即可。

功效：有效地帮助消肿止痛，解除咽喉疼痛症状。

双叶盐汤

材料：茶叶、苏叶各 3 克，食盐 6 克。

做法：先用砂锅炒茶叶至焦，再将食盐炒呈红色，同苏叶加水共煎汤服。每日 2 次。

功效：清热、宣肺、利咽，用治因外感引起的声音嘶哑等症。

蝉蜕茶

材料：蝉蜕 5 克，绿茶 10 克。

做法：将上两味放入茶壶内，用沸水冲泡，随饮随泡。

功效：疏风清热、利咽开音。用治风热喉痹失音、急慢性咽炎。歌唱演员常饮，可保持嗓音清亮、不哑。

丝瓜茶

材料：丝瓜 200 克，茶叶 5 克。

做法：将茶叶用沸水冲泡，取汁。把丝瓜洗净、切片，加盐煮熟，倒入茶汁，拌匀服食。

功效：化痰、清热、凉血，用治咽炎、喉炎、扁桃体炎。

乌梅薄荷茶

材料：绿茶、薄荷、甘草各 3 克，乌梅 6 颗。

做法：以沸水冲泡盖闷 10 分钟。代茶频饮，每日 1 剂，15 日为一个疗程。一般可服 1—3 个疗程。

功效：清热解毒、利咽消炎。适用于慢性咽炎。

注意：饮茶时宜将药液含在口中片刻后，再慢慢咽下，其疗效更佳。

青果茶

材料：藏青果 6 颗，茶叶 3 颗。

做法：洗净捣碎，白开水冲泡。代茶饮，1 次 1 剂，每日 1 次。

功效：清热生津、利咽解毒。适用于慢性咽喉炎。

注意：饮茶时宜将药液含在口中片刻后，再慢慢咽下，其疗效更佳。

薄桔铁笛茶

材料：薄荷、桔梗各 5 克，连翘 3 克，胖大海 1 颗。

做法：将以上药物置入容器内，用沸水冲泡，盖闷 15—20 分钟去渣取汁备用。代茶饮，边饮边加沸水，直至药味清淡。每日上午、下午和晚上睡前各饮 1 剂。

功效：疏风清热、祛痰利音。主治风热闭肺或痰火壅肺所致的暗哑，症见声音突然嘶哑，甚至不能发音，咽喉干燥不适、口干、舌红。

注意：饮此茶期间，尽量少讲话以保护嗓音，同时应适当添加衣被避免感冒。

二花桔萸茶

材料：月季花、玫瑰花、绿茶各 3 克，桔梗、山萸肉各 6 克。

做法：共研末，以纱布包，用沸水冲泡。代茶饮。

功效：治疗慢性咽喉炎。

注意：饮此茶期间，应少吃辛辣食品，忌抽烟，避免高声长时间说话。

二绿女贞茶

材料：绿萼梅、绿茶、橘络各 3 克，女贞子 6 克。

做法：沸水冲泡，代茶饮。

功效：治疗慢性咽喉炎。

注意：饮此茶期间，应少吃辛辣食品，忌抽烟，避免高声长时间说话。

苏叶盐茶

材料：绿茶 3 克，苏叶、精盐各 6 克。

做法：上药捣碎，置保温容器中，冲入沸水适量，盖闷 10 分钟。或水煎取汁，代茶饮。

功效：治疗声音嘶哑。

注意：饮此茶期间，应少吃辛辣食品，忌抽烟，避免高声长时间说话。

橄竹梅茶

材料：咸橄榄 5 个，乌梅 2 颗，竹叶、绿茶各 5 克，白糖 10 克。

做法：上药捣碎，置保温容器中，冲入沸水适量，盖闷 10 分钟。或水煎取汁，代茶饮。

功效：治疗久咳失音。

注意：饮此茶期间，应少吃辛辣食品，忌抽烟，避免高声长时间说话。

罗汉果茶

材料：罗汉果 20 克，绿茶 1 克。

做法：沸水冲泡，代茶饮。

功效：治疗咽喉炎。

注意：饮此茶期间，应少吃辛辣食品，忌抽烟，避免高声长时间说话。

金银花茶

材料：茶叶、金银花各 6 克。

做法：沸水冲泡，代茶饮。

功效：治疗咽喉炎。

注意：饮此茶期间，应少吃辛辣食品，忌抽烟，避免高声长时间说话。

（十五）强身滋补茶方

人参桂圆茶

材料：人参 15 克，桂圆 30 克，茶叶 15 克。

做法：将人参与桂圆切成细碎状。将上述材料与茶叶一起拌匀，以沸水冲泡 5 分钟即可饮用。

功效：强健身体、补充元气，还可以帮助健脑。

黄芪红茶

材料：黄芪 15 克，红茶 2 克。

做法：将适量清水放入锅中，加入黄芪一起煮。把红茶叶放入一起煮约 5 分钟后，即可饮用。

功效：有效补气健胃，可改善身体虚弱的症状。

冬虫夏草茶

材料：冬虫夏草 5 克，红茶、蜂蜜适量。

做法：把冬虫夏草放入锅中，煎煮半小时。将红茶叶放入一起煮约 5 分钟后，加入蜂蜜调匀即可饮用。

功效：有效强健身体，改善体虚症状。

元气茶

材料：黄芪 8 克，人参 6 克，肉桂 3 克，生姜 1 片，甘草 2 克。

做法：将所有的材料放入清水中浸泡 2 小时。将泡好的材料放入锅中，以小火煎煮半小时后即可饮用。

功效：有效补气，改善体虚与元气不足的症状。

四神茶

材料：黄芪 10 克，金银花 10 克，当归 20 克，甘草 6 克。

做法：将所有材料洗干净，放入杯中，以滚水冲泡 15 分钟后即可饮用。

功效：有效补充体力，治疗体虚症状，还可以帮助清热解毒。

酥油茶

材料：酥油（即奶油，系以鲜乳提炼而成）150 克，砖茶适量，精盐适量，牛奶 1 杯。

做法：先把酥油 100 克、约 5 克盐和牛奶 1 杯倒入干净的茶桶内，再倒入约 2 千克熬好的茶水；然后用细木棍上下抽打 5 分钟，再放进 50 克酥油，再抽打 2 分钟。打好后，倒进茶壶内加热 1 分钟左右（不可煮沸，否则茶油分离，破坏口感）即可。倒茶饮用时轻轻摇匀，使水、乳、茶、油交融，更加香美可口。

功效：有提神、滋补之功。病后体弱者，常饮酥油茶，可增强食欲、增强体质、加快康复。老人常饮，可增加活力。产妇多饮，可增乳汁、补身体。

牛乳红茶

材料：鲜牛乳 100 克，红茶、食盐各适量。

做法：将红茶用水熬浓汁，再把牛乳煮沸，盛在碗里，掺和红茶，调入食盐。每日 1 次，空腹服。

功效：益气填精。令人体健而润泽，是滋补佳品。

第三节　幽香茶点茶膳

中国是茶叶的原产地，也是发现和利用茶叶最早的国家。从吃茶树鲜叶，到煮粥，到加辅料，到成为食品，直到今天独树一帜的膳食——

茶膳，经历了几千年。茶膳是将茶作为食品、菜肴、小点和饮料的制法和食用方法的总和，是食文化与茶文化融合发展的结晶，是特色中餐。

　　茶膳具有多种形式：一是早膳茶。可供应热饮和冷饮红茶、绿茶、乌龙茶、花茶、八宝茶、茶粥、茶面、茶奶、茶包、茶饺、茶蛋糕、茶饼干、炸茶元宵等。二是茶快餐和套餐。可供茶面、茶饺、茶包、茶蛋玉屑等，汤可选一碗茶汤、一杯茶、一盒茶饮料。三是家常茶菜、茶饭。如熏茶笋、茗香排骨、松针枣、春芽龙须、鸡丝面等。四是特色茶宴。如婚礼茶宴、生辰茶宴、毕业茶宴、庆功茶宴、春宴茶等。五是茶膳自助餐。可供应冷热菜80多种，茶饮、汤品40多种，茶冰淇淋多种，还可自制茶香沙拉、茶酒等。不管是哪种形式，茶膳总的分类不外乎茶叶食品、茶叶菜肴、茶叶小点、茶汤茶粥和茶叶酒水5大类。

　　茶膳分为食、肴、汤、点和酒水。食就是主食，或俗称饭。如茶米饭、茶面条、雨花麻饼、碧螺春卷、翠芽菜泡饭、茶饺等。肴，就是菜肴，主要是指炒菜，茶膳的"肴"如茶香猪排、银针悬宝、碧螺戏虾、霸王赏菊、毛峰蒸鱼、雨茶蛇排、乌龙烧大排、鲍鱼护碧螺、绣球鱼翅、翠玉西芹、猴鲜面筋等。汤，是指食物加水煮熟后的液汁。肉、菜加水烹调，水多物少谓之汤。粮食加水加菜（或肉）煮熟，水多粮少谓之粥，茶汤与茶粥，都是以茶配伍烹调的汤和粥。如茶汤有桃溪浮翠、龙井捶虾汤、绿茶番茄汤、乌鱼茶汤、银毫清汤燕窝等。粥，有红茶紫米粥、糯米绿茶粥、乌龙戏珠粥等。点，是指的小点和冷盘，是主食和主菜的辅助，也是中国膳食的一大特点，茶点有茶元宵、茶叶羊羹、玉叶淇淋等。酒，是指的酒水，是任何宴席中不可少的，茶宴也如此。它包括酒类和饮料，如乌龙茶酒、红茶酒、龙井茶酒等。茶饮料目前市场上很多，如冰红茶、青梅绿茶等。

　　总之，茶膳是中餐中的特殊膳食、保健膳食，它有如下四大特点：第一，讲求精巧，清淡。茶膳饭菜不油腻，不过甜或过咸，口味多酥脆型、滑爽型，每道茶菜都加以点饰。第二，有益健康。茶膳多选用春茶入菜入饭，配以不少山野菜。春茶和山野菜都是绿色食品，没施用过化肥，而且富含多种对人体有益的维生素等。第三，融餐饮、文化于一体，使民族传统与现代气息相结合。现代配套茶膳着意从饭菜的色、香、味、名称、餐具、环境、设备、服务等多方面表现出自己的特色。第四，雅俗共赏，老少咸宜，发展潜力大。

祁糖红藕

原料：祁门红茶 20 克，藕 1 千克，糯米 200 克，冰糖 250 克，砂糖 100 克。

做法：

1. 祁门红茶取汁。

2. 糯米淘净，藕取较直的部分，切去一头。

3. 糯米、砂糖拌均匀，灌入藕孔，拍实。

4. 藕段入锅，以水淹没上火，煮至开锅，改文火余煮 3—4 小时，放入茶叶、冰糖，再煮 2—3 小时，即可。

5. 取出藕段待凉，切片，入盘，浇汁。

特点：藕茶相染、色气双馥、咬口弹性、甜而不腻；兼红茶养胃、莲藕富含营养，相得益彰，为小吃、佐酒之佳品。

红茶鸡丁

原料：红条茶 3 克，童子鸡脯肉 300 克，红干辣椒 30 克，淀粉、精盐等调料适量。

做法：

1. 沸水冲泡茶叶，沥去汁，取茶叶待用。

2. 红干辣椒洗净，切菱形片。

3. 鸡脯肉切丁，用少量湿淀粉、精盐腌制一下。

4. 开油锅，油温至 50℃左右，鸡丁入锅过油至熟取出，将茶叶与干椒入锅煸炒，再将熟鸡丁入锅，与茶叶、干椒拌匀，即可。

特点：此菜以红火取胜，红茶、红椒色浓味重，菜形清朗、暖意融融，是一道开胃助兴的"风景菜"。

花丛鱼影

原料：安徽大别山小兰花茶叶 10 克，新鲜太湖银鱼 100 克，盐、太白粉适量。

做法：

1. 兰花茶用沸水冲泡，去其汁 1—2 次，沥干待用。

2. 银鱼用太白粉及盐少量拌和、抓匀。

3. 锅内食油中量，烧至四成专业后放入银鱼烹炸，至色微黄即起锅，仔细堆于盘中央。

4. 兰花茶叶入油锅轻炸，至色变墨绿起锅，略洒精盐（或绵白糖）

少许，拌匀后入盘围边，即可。

特点：

1. 银鱼为湖鲜极品，色形俱佳；兰花茶为安徽名茶，产自山区无污染，茶质纯正，鱼茶相配，滋味清香鲜美、营养丰富、相得益彰。

2. 兰花茶炒制少揉碾，芽叶整齐，观感好，炸制后入口酥脆、香气馥郁；银鱼辅以粉浆炸制，形态完整、入口外脆里软，鱼如雪、茶如墨，有强烈的视觉美感，以"花丛鱼影"的诗情画意，赏玩品尝、意味无穷。

注：如宴席之用，此菜肴可取"一茶两吃"法：兰花茶冲泡后先供客人饮用，得其雅趣，三开之后，收取茶叶做菜，现烹现食。

龙井虾仁

原料：鲜河虾 500 克，新龙井茶 5 克，蛋清半只，绍酒 8 克，精盐、味精各 1.5 克，湿淀粉 20 克，熟菜油 500 克（约耗 40 克）。

做法：

1. 取河虾，去壳挤出虾肉，将虾肉放入小竹箩里，洗几遍，再放进碗内，加盐和蛋清，用筷子搅拌至起粘，加湿淀粉、味精搅拌匀。净置 1 小时，浸渍入味。

2. 茶叶置透明玻璃杯中，用沸水冲开，即滗出茶水，茶叶、茶水分置备用。

3. 炒锅烧热，先下少量油滑一下锅，放虾仁再下熟菜油 500 克，至油四成热时，即端锅，倒漏勺中沥油。再将虾仁倒锅中，再将茶叶茶水入锅烹酒，放入火上颠翻、炒熟、入盘。

特点：虾仁白嫩、茶叶碧绿、清香味美，相传此菜品受到乾隆皇帝青睐。

注：另可在玻璃杯中放 1/2 中高档龙井茶水，倒置盘中央，然后正盘、盛菜、上菜，由主宾适当用力拔起杯子，将茶与菜拌匀后分赠客人品尝。

雨花盘蛇

原料：大王蛇或菜花蛇 1 条（500 克），南京雨花茶 5 克，精盐、味精少许，酱油、太白粉适量，姜葱、料酒等调料若干。

做法：

1. 沸水冲泡雨花茶，待用。

2. 蛇去皮、头、内脏，切成 6 厘米段，约十二三段，置于高压锅，取二开茶汁浸泡蛇块约 30 分钟后，上火压煮约 10 分钟，起锅摊凉。

3. 以酱油、精盐、味精、姜葱、料酒等调料搅拌和沥干茶叶，太白粉匀薄缠裹摊凉蛇块。

4. 裹粉蛇块入热油锅烹炸，炸至深褐色即可，起锅、入盘、围边。

特点：

1. 雨花茶香型清冽、蛇肉质地细嫩，以茶汁浸入、茶叶粘附，改其腥膻、溢其鲜香、别添风味；浸泡、缠裹以及铺排围边等做法扣一个"盘"字，凸显"雨花"及蛇形意趣。

2. 茶、蛇均属凉性，去火祛毒，使全菜具有清热败火的药膳价值。

注：蛇皮可以沸水烫熟，切丝凉拌；蛇胆、蛇血与酒调和饮用，谓一蛇三吃。

金鸡报晓

原料：嫩鸡 1 只，六安瓜片茶叶 15 克。葱段、姜片、酱油、盐、料酒、红糖、花椒、饭锅巴、香油各适量。

做法：

1. 将鸡宰杀，流尽血水，烫去毛，从脊背开刀，去内脏、鸡素，洗净沥干水，鸡身扒开，皮向下放在碗里，上放葱段、姜片加料酒、酱油，上笼蒸至八成烂取出，拣出葱姜。

2. 将饭锅巴弄碎放入锅中，撒上茶叶、红糖，上放铁箅子，将鸡皮向上摆放在箅子上，用中火熏至刚闻到茶叶香味时，换旺火再熏到浓烟四起时，将锅端离火口，取出鸡，淋上香油，先剁下鸡头、翅，再剁成 1 寸见方的块，按原鸡形装盘即成。

特点：

鸡色金黄悦目、肉质鲜美，有茶叶的香味。

银针献宝（鲍）

原料：新鲜鲍鱼 2 个，君山银针茶 5 克，精盐、味精少许，姜葱、料酒等调料若干。

做法：

1. 鲍鱼剖开，切片，入精盐（稍咸之量）、味精、姜葱、料酒等抓调后，入锅。

2. 鲍鱼起锅前，沸水冲泡银针茶于透明玻璃杯，倒扣于平盘中央（先以盘紧密盖住杯口，再整体倒过来），使杯口与盘以空气压差吸附，茶会不外溢，茶中成悬浮状。

3. 鲍鱼起锅，围绕茶杯铺于盘中，精巧围边，即可。

特点：

此菜肴意趣为先：菜盘中初泡之银针茶悬浮于倒扣之杯，上下起落，恍若水中精灵之舞，为餐桌平添动感情趣，此为观赏之妙；而鲍鱼略咸的口感，俟食者察觉，主人在略将茶杯掀起，溢出少许清香茶汁释之，化咸为鲜，鲍鱼之绝鲜，始得真味，此为品尝之妙。

茶杞炒蛋

原料：鸡蛋3个，松针茶（或龙井茶）3克，枸杞、料酒、盐、味精、菜油各适量。

做法：

枸杞用酒泡发，茶叶第二泡后将酒控干，与鸡蛋和调料搅拌在一起。铁锅置旺火上，入油烧至八成热炒菜，菜熟后将发好的枸杞撒在上面即可。

兰花松子鲜贝串

原料：安徽岳西大别山小兰花茶3克，冲泡后取嫩芽，鲜贝100克，松子50克，芡粉、精盐、蛋清、味精等调料若干。

做法：

1. 将鲜贝用竹签串好。

2. 将芡粉用水、蛋清调匀。放入兰花茶嫩芽、味精、盐。然后将鲜贝串在调匀的芡粉糊中，裹一下，再粘满松子。

3. 开油锅，抓住竹签的尾部，反复浸在油里炸。待色变黄起酥即可。

特点：茶香、松子香扑鼻，酥软可口。

茶香四季豆

原料：四季豆200克，碧螺春茶10克，虾仁250克，料酒、盐、淀粉、胡椒、油各适量。

做法：

1. 虾仁加酒、盐腌15分钟，沥干汁液，加淀粉拌匀。

2. 四季豆去筋、切段，放入沸水汆烫即捞出，碧螺春茶用沸水泡开，沥干。

3. 热锅后，放油加热，放入虾仁，炒至变色即取出。

4. 锅内放油加热，炒碧螺春和四季豆，再倒入虾仁拌炒，加盐、胡椒炒熟后，即可盛盘。

翠螺炖生敲

原料：新鲜鳝鱼350克，翠螺茶5克，马铃薯200克，精盐、盖、蒜瓣、料酒、糖、酱油等适量。

做法：

1. 沸水冲泡茶叶，取汁待用。

2. 鳝鱼活杀，去骨、头尾、内脏，以6厘米为度切片。

3. 马铃薯去皮，滚刀切块，置入沙锅，上火炖至七成熟。

4. 开油锅，烹炸膳片至八成熟起锅，铺于沙锅马铃薯之上，放入调料，倾入茶汁，文火炖10分钟，即可。

特点：此菜宜烫热食用，膳片酥软、薯块棉润，均有浓郁茶香扑鼻，口感极佳。

甘露豆腐

原料：四川蒙顶甘露茶5克，冻豆腐4块，香菇20克，冬笋30克，鸡汁一盅，葱、料酒等适量。

做法：

1. 甘露茶冲泡后取嫩芽，冬笋切片、香菇水发后切瓣。

2. 将茶叶、冬笋、香菇下锅略炒，起锅。

3. 用沙锅将鸡汁、豆腐微火炖约15分钟，将冬笋、茶叶、香菇覆在沙锅上，即可。

茶马相伴（拌）

原料：马兰头（一种野菜）200克，香干（豆腐干亦可）2块，雨花茶5克，精盐、味精、麻油等调料适量。

做法：

1. 沸水冲泡茶叶，沥去汁，取茶叶待用。

2. 马兰头以沸水略烫，捞起后拌入茶叶切碎。

3. 香干切丁。

4. 三种碎丁与调料拌匀，即可。

特点：此菜菜名典出古代"茶马交易"的经济文化交流现象，意在发展茶文化。菜肴茶香菜美，叶绿素含量极高，马兰头清火败毒、异香爽口，是下酒好菜。

碧螺春水饺

原料：饺子粉 1 千克，高档碧螺春茶 50 克，三鲜饺子馅 400 克（猪肉 200 克、虾仁 100 克、鸡蛋 100 克，加调料拌匀）。

做法：

1. 和好面，醒面。

2. 茶叶用热水润发、剁碎，拌于三鲜馅中。

3. 煮饺、蒸饺均可。

特点：鲜香适口、风味独特。

注：和面时可加菠菜汁或芹菜汁，以增加视觉效果。

鸡丝茶面

原料：龙须面 250 克，高档绿茶 10 克，青椒 50 克，胡萝卜丝 50 克，绿豆芽 50 克，花椒油、盐少许。

做法：

1. 青椒、胡萝卜、绿豆芽用热水焯过并加盐。前二者切成细丝。

2. 茶叶润发、去汤。

3. 煮好面，分盛纯白小碗内，拌好上述菜码即可。

特点：色彩鲜明、口感好。

雨花麻饼

原料：南京雨花茶 2 克，面粉 150 克，芝麻少许，白糖 20 克，发酵粉适量。

做法：

1. 雨花茶研钵磨碎，掺入面粉中。

2. 将掺入茶叶的面粉、水、发酵粉、白糖拌和，做成饼状，并沾满芝麻。

3. 上蒸笼 20 分钟后起锅。略凉后，开油锅，油温不易高，氽得两面酥黄起锅，切成丁状即可。

特点：有茶香、芝麻香，松软酥口，老少皆宜。

蛾蕊竹筒饭

原料：四川蛾蕊茶 3 克（冲泡后汁、叶皆用），粳米 200 克，笋丁 20 克，肉丁 20 克，香菇 20 克，白果 20 克。

做法：

1. 将粳米洗净后，浸泡 10 分钟，装入竹筒内，浇上茶汁，上蒸笼蒸熟。

2. 锅内略加些油，烧熟后，将茶叶、肉丁、笋丁、香菇丁、白果下锅炒翻数次，再加入盐、味精、酱油等调料，浓淡相宜即起锅，盖在竹筒饭上面即可（也可以将菜与饭拌匀，放入竹筒内）。

特点：竹筒饭类似盖浇饭，是一种经济实惠的简餐。伴有茶香，饶有趣味。

龙井捶虾汤

原料：青虾500克，龙井茶15克，鸡蛋1个，清鸡汤1500克，料酒、盐、味精、葱、姜各调味料适量。

做法：

1. 茶叶用开水泡发，留茶汤备用。

2. 葱切段；鸡蛋用清；虾剥壳，留尾洗净，控出水分，用料酒、盐、味精腌30分钟左右。

3. 姜切片，用刀拍一下，放入虾仁与肉，案板撒上干淀粉，两面托上干淀粉，用擀面杖将虾慢慢捶成薄片。锅内放入清水烧沸，将虾片下锅氽透，捞出用凉水过凉，去掉虾尾，使虾尾呈现出一点红色。

4. 清汤注入锅内烧开，放盐、味精、料酒调味，先盛一点清汤将虾片烫透捞入汤碗内，再把茶汤适量入清汤内，烧开，倒入碗内即成。

特点：虾片白嫩透明、汤清味鲜。

龙井豆腐汤

原料：豆腐250克，龙井茶5克，精盐、味精、料酒、胡椒粉、鸡汤各适量。

做法：

1. 将豆腐切成边长3厘米的三角形片，用开水焯一遍，待用。

2. 龙井茶用开水泡好待用。

3. 锅上火，放入鸡汤，下豆腐稍煮，放入精盐、味精、料酒、胡椒粉、尝好味，倒入沏好的茶水和茶叶即可。

红茶八宝粥

原料：红茶、白木耳各5克，红豆、杏仁各20克，红枣、核桃仁各10克，粟米30克，糯米50克。

做法：

1. 红茶冲泡后取汁。

2. 红豆等煨至八成熟，再放红枣、糯米、红茶汁。再煮 20 分钟即可。

3. 白糖可根据客人的需求。

特点：冬令大补，适合老人、小孩食用。

梅龙汤圆

原料：取江苏梅龙茶 5 克，用研钵磨成茶粉，或购现成茶粉；糯米粉 250 克，肉糜 150 克，虾仁 20 克；酱油、精盐、味精若干。

做法：

1. 茶粉、糯米粉掺在一起，温水揉合。

2. 肉糜及剁碎的虾仁、葱、姜末等加调料拌匀做馅。

3. 糯米粉捏成饼状，放入馅，搓成汤圆。

4. 沸水煮 10 分钟左右，视汤圆飘浮即可。

特点：汤圆呈绿色、茶香扑鼻，令人食欲大增。

红绿茶冻

原料：红豆、绿豆各 100 克，分别熬为豆沙，果冻粉 20 克，红茶、绿茶各 5 克，白砂糖适量，猪油少许。

做法：

1. 沸水冲泡茶叶，分别取汁待用。

2. 红、绿豆沙分别相应用红、绿茶汁和果冻粉、白糖、猪油调匀后，文火煮至滚沸，置入容器，略凉后放入冰箱，速冻成型，切块即可食用。

特点：似糕非糕、似冻非冻、有弹性、有茶香、红绿相间、色香味俱佳，可为茶宴中点心，受老人、女士喜爱。

茶香沙拉

原料：胡萝卜、莴笋、雪花梨各 100 克，高档碧螺春茶 3 克，蛋清型沙拉酱、松子仁、盐各适量。

做法：

1. 洗净胡萝卜、莴笋、雪花梨，切 8 毫米方丁，置纯白盘中，备用。

2. 在玻璃杯中注入七成 80℃ 左右的热水，将去掉杂梗、杂叶的茶叶放入杯中，茶叶舒展开即倒掉茶汤，留茶叶备用。

3. 临上菜前，用沙拉酱拌菜即可。

注：如就餐者中孩子多，可用火腿代替胡萝卜。

茶卤肉

原料：五花肉1千克，信阳毛尖茶15克，大料、花椒、精盐、料酒各调味料适量。

做法：

1. 将肉洗净，放入盛凉水的高压锅内。

2. 茶叶用纱布包好，投入锅内，并加入大料、花椒、精盐、料酒。

3. 盖好锅盖，用大火烧至限气阀鸣响，改用文火煮60分钟，即可。

特点：色泽红亮、清香爽口、茶香味较浓，下酒佐餐均宜，为茶膳冷盘菜。

碧螺春卷

原料：春卷皮10张，碧螺春茶叶3克，猪肉100克，韭黄100克，调味料若干。

做法：

1. 碧螺春冲泡后，取嫩叶，用水冲净，待用。

2. 韭黄洗净，切成3厘米长短待用。

3. 猪肉洗净切成丝状待用。

4. 锅热后，略放些油，将肉丝先入锅。尔后，茶叶、韭黄再入锅，略炒一下，即出锅。

5. 春卷皮展开，将炒在一起的茶叶、肉丝、韭黄包起来。接口处可用面糊或蛋清粘一下。

6. 开油锅，煎炸春卷至色深黄起锅装盘即可。

茶叶粥

茶叶粥具有健脾和胃、消积利湿、提神醒脑的功效，对消化不良等症状有很好的疗效。

原料：茶叶6克，大米100克。

做法：将茶叶用沸水冲泡6分钟，去渣取汁，备用；将大米淘洗干净，放入锅内加水适量，再将茶汁倒入锅内与大米共煮成粥，即成。

用法：每日1剂，温服，睡前不宜吃。

茶饭粥

茶饭粥能利胃提神，使胆汁分泌流畅，保护胆囊、肝脏的正常机能，治疗和预防消化不良，又能促进血液循环以及新陈代谢的功能，对治疗感冒有显著的疗效。

原料：绿茶 5—10 克，冷饭 300—500 克，盐少许。

做法：将绿茶与冷饭加适量清水共煮成粥，再调入食盐少许，即成。

用法：随意作膳食用之，一般不同荤菜配食，而常以素菜类佐餐。

香茶莲子羹

香茶莲子羹味道鲜甜、细腻，十分可口。

原料：袋泡绿茶 3 包，去心莲子 50 克，水淀粉、白砂糖各适量。

做法：将莲子加水泡涨，置锅中加热水煮烂并捣碎，再加入由袋泡绿茶泡出的茶汁和少量水淀粉煮沸，并加入适量白砂糖，装碗即成。

龙眼杏仁茶

龙眼杏仁茶汁水色泽红亮，杏仁色白漂浮在上面，味甜而浓、质地糯烂、营养丰富、风味独特、美味可口。

原料：杏仁 100 克，龙眼肉 40 克，乌龙茶 15 克，白砂糖 100 克，食用碱 2 克。

做法：取杏仁用沸水浸泡 5 分钟，剥去皮，洗净，放入大碗中，加入食用碱，以及清水 250 毫升，上笼蒸 40 分钟取出，然后放入清水中漂去碱味，再用沸水浸泡；将龙眼肉洗净，放在大碗中，加入清水 150 毫升，上笼蒸 20 分钟；另取不锈钢锅，加入清水 1500 毫升烧开，然后放入乌龙茶、白糖烧开，取小碗 1 个，放入杏仁、龙眼肉和龙眼汁，再冲入茶水，即成，随饮随冲。

茶叶熏鸡

茶叶熏鸡是采用名茶六安瓜片为原料制成的一道安徽传统民间菜肴，它色泽油光金黄、质地皮酥肉嫩、味道香郁鲜美。

原料：嫩净仔鸡 1 只（约 750 克），瓜片茶 15 克，葱 15 克，姜片 10 克，酱油 25 克，精盐 15 克，料酒 20 克，红糖 25 克，花椒 3 克，饭锅巴 100 克，香油 15 克。

做法：

1. 将小葱 10 克切成段，另 5 克小葱与花椒、精盐一起制成细末，做成葱椒盐备用。

2. 将鸡洗净、沥干水分，用葱椒盐将鸡身内外擦匀，腌渍 20 分钟，然后将鸡身扒开，皮朝下放在碗里，上放葱段、姜片，加酱油、料酒，上笼蒸至八九成熟，取出，拣去葱、姜。

3. 将饭锅巴掰碎放入炒锅中，撒上茶叶、红糖，架上铁箅子，将鸡皮朝上摆在箅子上，盖严锅盖，先用中火熏出茶香，稍熏片刻改旺火至浓烟四起时离火，待烟散尽，掀开锅盖，取鸡刷上香油。剁下鸡头、鸡翅、鸡腿爪，鸡身切成长 5 厘米、宽 3 厘米的块，鸡骨、鸡胫拍松垫底，鸡块按原形装盘，鸡头放于前，鸡腿爪放两边即成。

太极碧螺春

太极碧螺春不仅味道鲜美、口感爽滑，而且它的绿、白相间的太极图案更是美不胜收，极富艺术感。

原料：鸡脯肉 50 克，鱼脯肉 50 克，干贝 15 克，蛋清 1 个，菜泥 50 克，碧螺春茶粉 1 克，高汤、黄酒、盐、鸡精各适量。

做法：

1. 将鸡脯肉、鱼脯肉、干贝分别用粉碎机打成蓉，适量高汤煮沸加入黄酒、鸡精和盐，再加入打好的鸡蓉、鱼蓉、干贝蓉、少许蛋清和生粉煮成肉羹，倒入汤碗。

2. 将菜泥、茶粉拌匀，加入适量高汤煮沸，再加少许盐，煮成绿色茶羹，浇在肉羹碗里一边，勾勒出一幅极美的太极图案。

樟茶鸭

樟茶鸭是川菜宴席的一道名菜，它皮酥肉嫩、色泽红润、味道鲜美、具有特殊的樟茶香味。

原料：肥公鸭 1 只（约 1500 克），精盐 10 克，大花椒 20 粒，胡椒粉 5 克，味精 1 克，料酒 50 克，醪糟 50 克，植物油 1000 克，甜酱 15 克，葱白 125 克，香油 25 克，熏料 500 克（香樟树叶、花茶各 50 克，柏枝、锯末各 200 克），木炭适量。

做法：

1. 将鸭子宰杀去毛、洗净，取出内脏，在鸭腹腔内先抹花椒、精盐、胡椒粉等味料，鸭皮则涂醪糟、料酒等味料，并将剩余的醪糟、料酒再抹在腹腔中，静置，腌制半天取出味料颗粒，晾干。

2. 将熏料和匀后均分 3 份，用木盆 1 个高约 13 厘米，放在地上；

将熏料一份放入一大碗中，将一段烧红的木炭放入，再将碗置入木盆中央。在木盆口上放上铁丝网，将鸭子放在上面。另用一大盆扣上烟熏。10分钟后揭开取出大碗，再加入熏料一份，依前法熏7分钟，最后再依此方法将鸭色浅的一面朝下熏5分钟即可。每熏一次，都要换一次熏料，同时翻动鸭身，以便使熏色均匀。

3. 将熏成深黄色的鸭子取出，放入大蒸碗中，上笼蒸3小时，出笼晾凉待用。

4. 将锅置火上，下植物油烧至六成热，将鸭子入锅炸至皮酥且色泽呈棕红色时捞出，斩切，摆拼入盘，再刷些香油即成。

5. 用5克香油与甜酱拌均匀，分成两份置盘两端，葱白切段，放在甜酱边，供蘸食，配荷叶饼一同食用。

三潭印月

三潭印月取名自杭州八景之一，它是一款色香味形俱佳的菜肴。

原料：鲤鱼250克，黄瓜2根，鸡蛋1个，发菜、芹菜丝适量，红樱桃3粒，生粉25克，碧螺春茶粉1克，菜泥200克，碎樱桃、精盐、味精各适量。

做法：

1. 将鲤鱼去除鱼刺和表皮，打成蓉状，再用力不断地摔打鱼蓉，使其黏性增强，然后加少许生粉拌匀，做成鱼球投入沸水中煮熟。

2. 将黄瓜去皮切成1.5厘米长的小段，挖去瓤，取3段黄瓜呈"品"字形立放在一起，用牙签穿牢，然后在每段黄瓜上放1个鱼球，再在3个鱼球顶上面放一段黄瓜，上面再放1个鱼球，并在鱼球上放1粒红樱桃。仿此制法做同样的3组，即为"三潭"。

3. 将鸡蛋打在小圆碟上，在蛋黄周围的蛋白上放上发菜、碎樱桃、芹菜丝来点缀"月亮"的周边，然后放在蒸笼里蒸熟做成"月亮"。

4. 将茶粉和菜泥色勾芡，再放入少许精盐和味精做成"湖水"，再将3组鱼球置于盘子边上，把"月亮"摆在中间即成。

龙井虾仁

龙井虾仁是受苏东坡"休对故人思故国，且将新火试新茶，诗酒趁年华"的启发，利用龙井茶"色绿、香郁、味甘、形美"之四绝，与入时鲜活河虾仁相匹配，而创制出的一道杭州特色名菜。它色泽雅丽，虾仁玉白、鲜嫩，茶叶碧绿、清馨，既可作美味佳肴食用，又可以作为药膳食疗，具有补肾、清热、消食、利尿的功效。

原料：新鲜活河虾1千克，龙井新茶（特级）1.5克或鲜茶叶（一芽二叶）6克，鸡蛋1个，味精2.5克，料酒15克，精盐3克，水淀粉45克，熟猪油1千克，葱适量。

做法：

1. 将河虾去皮，挤出虾肉。

2. 将虾肉盛入小竹笋，用清水反复漂洗至虾仁雪白，再放入碗内，加入精盐和鸡蛋清，用筷子轻轻搅拌至有黏性时，再加入水淀粉和味精，拌匀，静置1小时，使调料渗入虾仁，入味，待用。

3. 将龙井茶用60毫升沸水冲泡，1分钟后，滗出茶汤30毫升，余汁及茶叶待用。

4. 将炒锅置于中火上烧热，滑锅后下猪油，至三四成热时倒入虾仁，迅速用筷子划散，待虾仁呈玉白色，倒入漏勺沥去油。

5. 原锅内留余油少许，用葱炝锅，炒出葱香后将葱取出，再将虾仁倒入油锅，迅速把茶叶及汁一同倒入，同时烹入料酒，拌动几下，出锅装盘即成。

信阳毛尖氽双脆

信阳毛尖是产自河南的名茶，用它作为原料的这道菜清香四溢、鲜美爽口、风味独特。

原料：鸡胗150克，肚头200克，信阳毛尖茶5克，味精1.5克，精盐3.5克，料酒25克，清汤适量。

做法：

1. 将鸡胗撕净筋皮，用刀刻成十字花纹，肚头也去净皮、筋，刻上十字花纹，切约2.5厘米大菱形块丁，用清水淘几次，取出沥干，待用。

2. 取茶杯放入毛尖茶叶，冲入开水100毫升，略泡片刻滗去水复加开水，泡好备用。

3. 坐锅添水，烧至水沸将鸡胗和肚头下锅，用勺子搅匀，见花纹爆开捞出。

4. 另将锅放火上添入清汤适量，加味精、盐水、料酒，至汤沸时撇去浮沫，即起锅盛在碗内，然后将鸡胗、肚头和发好茶叶撒在清汤内即成。

乌龙炖牛肉

乌龙炖牛肉，牛肉肉质酥烂、味道鲜美，且带有乌龙茶的清香。

原料：牛肉 500 克，白萝卜 250 克，乌龙茶 25 克，葱末、姜片各 10 克，料酒 10 克，精盐 1.5 克，酱油 10 克，味精 1 克。

做法：

1. 将牛肉洗净切成大小适中的块丁，萝卜洗净切片，乌龙茶用沸水泡开，茶汤备用。

2. 将牛肉丁、萝卜片加作料一起放入烧锅中炖烂，再加入乌龙茶汤烧煮片刻即成。

冻顶肉末豆腐

冻顶肉末豆腐采用台湾特产冻顶乌龙茶为原料，它色泽为雪白、翠绿、玛瑙红形成和谐的三色一体，煞是雅观，加之茶香馥郁、豆腐爽口，使其成为一道于台湾地区十分流行的特色风味菜肴。

原料：豆腐 350 克，肉末 100 克，香菇丁 10 克，笋丁 20 克，冻顶茶末 10 克，精盐 1.5 克，味精 0.5 克，葱姜丝 10 克，料酒 15 克，香油 15 克。

做法：将肉末加精盐、味精、葱姜丝、料酒、香油等调料与香菇丁、笋丁等一同爆炒熟，待稍凉后铺在豆腐上，再撒上研磨成末状的冻顶茶末即成。

五香熏鱼

五香熏鱼是京菜烹调中的一款传统菜肴，它色泽暗红、五香味浓。

原料：草鱼 2.5 千克，酱油 75 克，精盐 10 克，味精 3 克，米醋、料酒、白糖各 50 克，五香粉 10 克，植物油 1 千克，葱段、姜片各 10 克，茶叶 2.5 克，锯末 100 克，香油 100 克。

做法：

1. 将新鲜草鱼去鳞、鳃及内脏，用清水冲净后劈成两片，改刀成厚块形，用酱油、精盐、料酒以及葱姜先腌渍 2 小时入味。

2. 炒锅上火，放入植物油，烧至七成热，放入腌好的鱼块，炸成金黄色捞出控净油。

3. 炒锅再上火，先放底油，热后放葱段、姜末煸出香味，再烹入料酒、酱油、清水、精盐、味精、白糖、五香粉、米醋以及炸好的鱼块，开锅后改用微火烧约 30 分钟，待汤汁即干取出鱼块。

4. 取熏锅 1 只，放入茶叶、白糖、锯末及屉，把鱼块码于屉上，锅上火烧热，待冒浓烟时盖上锅盖，熏约 15 分钟即可，取出鱼块，刷上香油，凉后即可食用。

茶香骨

茶香骨茶香浓郁、味道可口，别有一番风味。

原料：排骨 500 克，浓茶 1 杯，料酒、生抽、老抽、白糖各 20 克，葱 2 棵，姜 2 片，油 25 克。

做法：将排骨斩成 5 厘米长，洗净控干水；炒锅坐火上，添入食油，下葱、姜爆香，然后放入排骨炒匀，加清水适量再加入各种调味料煮滚，最后用慢火煮约 1 小时后，捞出上碟即成。

云雾肉

云雾肉是八大菜系中安徽菜的一道传统风味菜肴，它成品色泽光亮、黄中透红、质地酥烂、肥而不腻、醇厚可口，茶香味十分浓郁、颇有特色。

原料：猪五花肉 750 克，茶叶 15 克，饭锅巴 100 克，肉汤 500 克，米醋 20 克，小葱结、姜片各 10 克，精盐 5 克，酱油 40 克，八角 4 个，小茴香 10 粒，花椒 10 粒，红糖 15 克，香油少许。

做法：

1. 将铁叉平叉入四方形猪五花肉的瘦肉层中，放在炉火上将皮面烧焦，至起泡时取下，然后置淘米水中浸泡约 20 分钟，用刀刮净焦皮糊皮层，再用清水洗净。

2. 将肉放入炒锅加肉汤后用旺火烧开，撇去浮沫。将八角、小茴香、花椒装入布袋扎紧口，再和精盐、小葱结、姜片一起下锅，换小火炖至用筷子能穿透肉时将其捞出待用。

3. 另置铁锅放入饭锅巴、茶叶、红糖拌和，再放上铁丝算子，把肉皮朝上放在算子上，盖严锅盖置旺火上烧，至锅中冒出浓烟，熏出香味时离火，焖到烟散完取出肉，切成 4 块，每块再切成 0.6 厘米厚的片，整齐地码在盘中，浇上酱油、醋适量，再淋少许香油即成。

红茶炒鸡丁

红茶炒鸡丁色泽青红相衬、外形雅观、肉质鲜嫩、味道十分可口，是台湾流行的茶菜之一。

原料：鸡胸肉 200 克，红茶 30 克，红辣椒 1 个，青椒 4 个，酱油、味精、淀粉适量。

做法：将鸡胸肉切成小块后，浸泡于含有酱油、味精及淀粉的小碗中；红茶入锅爆香后，放入鸡胸肉一起炒至七分熟，铲起备用；将青椒、红辣椒切片后略炒一下即铲起；将鸡胸肉炒至九分熟后，再倒入青椒及红辣椒同炒至熟即成。

何首乌茶蛋

何首乌茶蛋为茶馔药膳，可以防治白发。

原料：何首乌 100 克，鸡蛋 2 个，茶叶 2 克，精盐 1 克，清水 600 毫升。

做法：将鸡蛋洗净，再与何首乌加水共煎煮，至蛋熟时把鸡蛋捞入冷水中，然后剥去蛋壳重新放入汤汁中，并加入茶叶和精盐，稍煮沸片刻即成。

用法：食用时可吃蛋、喝汤，每日 1 次。

绿茶沙拉

绿茶沙拉是一款味道清鲜可口，制作方法简便，富有营养的家常茶馔美味佳肴。

原料：土豆 500 克，熟肉 200 克，各种蔬菜 300 克，沙拉酱 100 克，绿茶末 10 克，泡开的绿茶嫩芽叶 10—20 片。

做法：将土豆洗净，上笼蒸熟，剥去皮，然后与熟肉、蔬菜切碎，拌上沙拉酱，最后再均匀地撒上茶末，装盘时配以清新的绿茶嫩芽叶即成。

龙井鲍鱼汤

龙井鲍鱼汤采用高级绿茶制成，外观色泽碧清淡绿、茶香扑鼻、汤鲜味浓醇、独具特色，是京邦的著名珍馐佳肴。

原料：罐装鲍鱼 1 听，高级龙井茶 10 克，精盐、味精各半匙，黄酒 3 匙，鸡汤或高汤 850 克，白糖适量。

做法：

1. 将鸡汤 700 克放入锅内烧沸后，撇去浮沫，倒入大汤碗内，再放入茶叶，加盖闷出茶香味；

2. 将鲍鱼劈成极薄片，在锅内放入鸡汤 150 克、黄酒、烧沸，再放入鲍鱼片汆烫，立即捞出，装入大汤碗中，将碗中鲜汤倒入大锅中，加精盐、味精及适量白糖烧沸，撇去浮沫，重新倒入碗内即成。

绿茶鲫鱼汤

绿茶鲫鱼汤是一道茶疗药膳，制作方法极为简便，有补脾肾、生津止渴的功效，适用于脾肾虚弱所致的烦渴不止等病症。

原料：活鲫鱼250克，绿茶10克，无盐酱油10克，味精0.5克，香油6克。

做法：将鲫鱼去鳞、鳃，取出内脏并洗净，与绿茶一起同煮汤并加入调料即成。

第 六 章
茶 情 物 语

第一节 历代茶书

自唐陆羽撰写世界上第一部茶书《茶经》以来到清末，这期间中国出了许多茶书。古代茶书按其内容分类，大体可分为综合类、专题类、地域类和汇编类四类。

综合类：综合类茶书主要是记述论说茶树植物形态特征、花名汇考、茶树生态环境条件，茶的栽种、采制、烹煮技艺，以及其具茶器、饮茶风俗、茶史茶事等。如陆羽的《茶经》、赵佶的《大观茶论》、朱权的《茶谱》、许次纾的《茶疏》和罗廪的《茶解》等。

地域类：地域类茶书主要是记述福建建安的北苑茶区和宜兴与长兴交界的罗茶区，北苑茶区有丁谓的《北苑茶录》、宋子安的《东溪试茶录》、赵汝砺的《北苑别录》和熊蕃的《宣和北苑贡茶录》等；罗茶区有熊明遇的《罗茶记》、周高起的《洞山茶系》、冯可宾的《茶笺》等。

专题类：专题类茶书有专门介绍咏赞碾茶、煮水、点茶用具的审安老人的《花具图赞》；有杂录茶诗、茶话和典故的夏树芳的《茶董》、陈继儒的《茶话》和陶谷的《茗荈录》等；有记述各地宜茶之水，并品评其高下的如张又新的《煎茶水记》、田艺蘅的《煮泉小品》和徐献忠的《水品》等；有专讲煎茶、烹茶技艺，述说饮茶人品、茶品、环境等的蔡襄的《茶录》、苏庆的《十六汤品》、陆树声的《茶寮记》和徐渭的《煎茶七类》等；有主要讨论茶叶采制搀杂弊病的黄儒的《品茶要录》；还有关于茶技、茶叶专卖和整饬茶叶品质的专著，如沈立的《茶法易览》、沈括的《本朝茶法》和程雨亭的《整饬皖茶文牍》等。

汇编类：汇编类的茶书，有把多种茶书合为一集的，如喻政的《茶书全集》；有摘录散见于史籍、笔记、杂考、字书、类书以及诗词、散文中茶事资料，作分类编辑的，如刘源长的《茶史》和陆廷灿的《续茶经》等。

一、唐代茶书

唐代陆羽所著的《茶经》首次开创编著茶书之先河，全面总结记录了唐及其以前的茶事。全书分一之源、二之具、三之造、四之器、五之煮、六之饮、七之事、八之出、九之略、十之图共十章。

一之源：开篇说"茶者，南方之嘉木也"，概述茶的产地和特性。该章介绍了"茶"字的构造及其同义字、茶树生长的自然条件和栽培方法、鲜叶品质的鉴别方法以及茶的效用等。

二之具："具"是指采制饼茶的工具，包括采茶工具、蒸茶工具、捣茶工具、拍茶工具、焙茶工具、穿茶工具和封藏工具等 19 种。

三之造：该章记述的是饼茶的采摘和制作方法，以及对茶的品质鉴别方法。从采摘到封藏有采、蒸、捣、拍、焙、穿和封七道工序。

四之器："器"是指煮茶和饮茶用具，分为生火用具，煮茶用具，烤茶、碾茶和量茶用具，盛水、滤水和取水用具，盛盐、取盐用具、饮茶用具，盛器和摆设用具，清洁用具等，共 8 类计 28 种。

五之煮：该章介绍茶汤的调制步骤。先是用火烤茶，再捣成末，然后烹煮，包括煮茶的水，以及如何煮茶。

六之饮：该章记述了饮茶的现实意义、饮茶的沿革和饮茶的方式方法。而且还就茶之造、之器、之煮以及茶之饮中的"九难"即：一曰造、二曰别、三曰器、四曰火、五曰水、六曰炙、七曰末、八曰煮、九曰饮进行了记述。

七之事：该章全面收集了从上古至唐代有关茶的历史资料，共有 48 条，具体内容涉及医药、史料、神异、注释、诗词歌赋、地理和其他等 7 类。

八之出：该章记述了唐代的茶叶产地，遍及山南、江南、浙东、浙西、淮南、剑南、岭南、黔中 8 个道的 43 个州郡和 44 个县。

九之略："略"是指"二之具"所列的 19 种制茶工具和"四之器"所列的 28 种器具，在一定的条件下，有的可以省略。

十之图：是把《茶经》全文在白绢上抄录下来，挂在室内，便于观看和经常阅读。

《茶经》很系统地总结了自古至唐朝的茶叶生产经验，很详细地搜集历代的茶叶史料，并认真地记述亲身调查和实践的结果，成为中国古代最完备的一部茶书。直至在今天，其内容还是值得学习与借鉴的。

唐代的茶书除陆羽的《茶经》外，还有以下一些相关著述：

《茶述》：作者裴汶，裴汶曾任湖州刺史，原书已佚，现仅从清陆廷灿《续茶经》卷上看到一些辑录的文字。

《采茶录》：作者温庭筠，此书在北宋时期即已佚失。现仅从《说郛》和《古今图书集成》的食货典中可看到该书包含辨、嗜、易、苦和致五类六则。

《茶酒论》：作者王敷，该书中茶与酒各执一词，从多种角度夸耀己功。此书曾失传多时，直到敦煌壁文及其他唐人的写古籍被发现后，人们才重新得以认识。

《煎茶水记》：是唐宪宗元和九年（814年）时，张又新所作。

《煎茶水记》：原称为《水经》（据《太平广记》），但又怕和北魏郦道元所著的《水经注》相混，所以改成《煎茶水记》。这本书的内容系根据唐陆羽《茶经》"五之煮"这一部分略加发挥，而注重水品。他采取各论的方式加以展开，先批评刘伯温将各地适于煮茶的水分为七等："扬子江南灵之水第一，无锡惠山寺之石泉水第二，苏州虎丘寺之石泉水第三，丹阳观音寺之石泉水第四，扬州大明寺之石泉水第五，吴淞江之水第六，淮水为最下第七。"并力主陆羽的一煮茶之水，用山水者上等，用江水者，井水者下等。一不够考究，于是张又新将各地的茶水扩大为二十种，重新品评为："庆山康王谷之水兼第一，无锡惠山泉水第二，蕲州兰溪之石下水第三，峡州扇子山下方桥之潭水第六，扬子江之南灵水第七，洪州西山之西东瀑布水第八，唐州桐柏县之淮之源第九，庆山龙池山之顾水第十，丹阳观音寺水第十一，扬州大明寺水第十二，汉江金州上游之中零水第十三，贵州王虚洞之香溪水第十四，商州武关西之洛水第十五，吴淞江水第十六，天台山西南峰之千丈瀑布第十七，郴州之加图泉水第十八，桐庆之严厉陵滩水第十九，雪水第二十。"

综观《煎茶水记》之论，北宋欧阳修在《大明水记》中曾大加批评；认为《煎茶水记》是不正确的，又批评他将各地的茶水也按一、二、三分成等级，是一种错误的举动。

《十六汤品》一书，为唐代苏庆所折，仅一卷。

苏庆的传记不明，书中内容是因陆羽《茶经》五之煮，将茶水煮沸的情况分为"第一沸（鱼目），第二沸（涌泉连珠）、第三沸（腾波鼓浪）"，所以也分为十六汤品，认为决定茶味的就在汤之增减。

苏庆说："所谓十六汤品，根据开水滚沸的情况，可分为三品；由于灌注开水的缓急，也分三品；由于沸汤器的种类不同，可分五品，一共是十六品。"苏庆对这"十六品"各给予一个美称："第一品得一汤，第二品婴汤，第三品百寿汤，第四品中汤，第五品肠脉汤，第六品大壮汤，第七品宝贵汤，第八品秀碧汤，第九品压一汤，第十品缠口汤，第十一品减价汤，第十二品法律汤，第十三品一面汤，第十四品宵人汤，第十五品贼汤，第十六品大魔汤。"

《十六汤品》与《煎茶水记》在唐、宋时颇为流行；到元、明时，由于淘汰固型茶，水与汤既失它的神秘性，也就没有任何价值了。

二、宋元茶书

宋代茶书地域性的如《北苑茶录》和《东溪试茶录》；一类是专题性的，或专述烹试之艺、或专访化采制弊病、或专介烹试器具、或专记税赋茶法等；另一类是综合性的，如《大观茶论》《补茶经》等。

宋徽宗是北宋的第八任皇帝，他虽然治国无方，却多才多艺，于琴、棋、书、画颇有造诣。同时，他精于茶艺，亲自编著了《大观茶论》一书。《大观茶论》对茶的产制、烹试品鉴方面叙述甚详。主要内容分为天时、地产、采择、蒸压、制造、鉴辩、白茶、罗、碾、筅、杓、盏、瓶、水、味、点、香色、品名、藏焙、外焙二十目。对点茶及罗、碾、盏、筅的选择与应用都十分讲究入理，认为"撷茶以黎明，见日则止。用爪断芽，不以指揉"。对茶的制造要"茶之美恶，尤系于蒸芽压黄之得失……蒸芽欲及熟而香，压黄欲膏尽呕止"。对茶的品尝要"茶以味为上，甘香重滑，为味之全……卓绝之品，真香灵味，自然不同"。

（一）宋代地域类茶书

宋代贡茶产地从浙江湖州的顾渚移到了福建建安的北苑，由此记述北苑贡茶的著作颇多，而这些茶书的作者大多数是参与制造贡茶的官员。

《北苑茶录》：作者丁谓，字谓之，苏州长州（今江苏苏州）人，曾任福建路转运使，主持北苑官焙贡茶。《北苑茶录》已佚，如今只能从《事物纪源》《东溪试茶录》和《宣和北苑贡茶录》中看到辑存的数条佚文。

《北苑别录》：作者赵汝励，曾是一位福建路转运司的主管账司，同时也是北苑贡茶的亲历者。该书是为补充熊蕃的《宣和北苑贡茶录》而作，他认为"是书（指《宣和北苑贡茶录》）纪贡事之原委，与制作之更沿，固要且备矣。惟水数有赢缩、火候有淹亟、纲次有先后、品色有多寡，亦不可以或阙"。

《东溪试茶录》：作者宋子安。该书称是"集拾丁蔡之遗"，即补丁谓《北苑茶录》和蔡襄《茶录》所没有的。该书的主要内容分为总叙焙名、北苑、佛岭、沙溪、壑源、茶名、采茶、茶病八目。"茶名"篇指出白叶茶、柑叶茶、细味茶、稽茶、早茶、晚茶、丛茶七种茶的区别；"采茶"篇叙述采叶的时间和方法；"茶病"篇记述采制方法和采制不得法会怎样损害茶的品质。

《宣和北苑贡茶录》：作者熊蕃，字叔茂，建阳（今属福建）人。他在书中详细叙述了北苑茶的沿革和贡茶的种类。其子熊克，在他书中绘上38幅图附人，又将其父的《御苑采茶歌》十首也附在篇末。此书录下的北苑贡茶茶模图案，还有大小尺寸，是目前可以考证当时贡茶形制的唯一书籍。

（二）宋代专题类茶书

《茶录》：作者蔡襄，福建仙游人，字君漠，在19岁时考中进士，是仁宗、英宗时代的第一流政治家。因为"陆羽的《茶经》不第建安之品，丁谓的《茶图》独论采造之本，至于烹试，曾未有用"，遂著《茶录》，大都是论述烹试方法和所用器具。该书不足800字，分上下两篇，上篇论茶，分色、香、味、藏茶、炙茶、碾茶、罗茶、候汤、点茶等等十目；下篇论器，分茶焙、茶笼、砧椎、茶钤、茶碾、茶罗、茶盏、茶匙、汤瓶等十目。在《茶录》一书里，除强调茶的色、香、味，还弥补了陆羽《茶经》的不足之处。同时，到宋代，饮茶不仅被普及化，甚至人们开始追求品茗的艺术境界了。

《品茶要录》：作者黄儒，字道辅，北宋建安人。他所著《品茶要录》约 1900 字，前有总论、后有后论各一篇，中间主要叙述茶叶在采制过程中的弊病，分为采造过时、白合盗叶、蒸不熟、过熟、入杂、压黄、焦釜、渍膏、伤焙、辨壑源沙溪十目。书后有苏轼的《书黄道辅〈品茶要录〉后》一篇，并评黄儒"作《品茶要录》十篇，委曲微妙，皆陆鸿渐以来论茶者所未及……今道辅无所发其辩而寓之于茶，为世外淡泊之好，以此高韵辅精理者"。

《茶具图赞》：作者审安老人，其姓名和生平事迹不详。该书记录了宋代 12 种茶具的形制，并各为图赞，借以职官名代称，对于考证古代茶具的形制演变有很高的价值。

《本朝茶法》：作者沈括，字存中，浙江钱塘（今浙江杭州）人，学识广博，著有《梦溪笔谈》《长兴集》《苏沈良方》等。其中《本朝茶法》属于《梦溪笔谈》卷一二中的第八、第九两条，记述了宋代茶税和榷茶的情况。

三、明代茶书

《茶疏》：作者许次纾，明代浙江钱塘（今浙江杭州）人，其诗文清丽、好蓄奇石，一生喜欢品泉烹茶。《茶疏》的主要内容分为产茶、采摘、炒茶、齐中制法、今古制法、置顿、收藏、取用、包裹、日用置顿、择水、舀水、贮水、煮水器、火候、烹点、秤量、汤候、瓯注、荡涤、饮啜、论客、茶所、洗茶、童子、饮时、宜辍、不宜用、不宜近、良友、出游、权宜、虎林水、宜节、辨讹和考本等 36 则。"产茶"这一项，完全摒弃前代的文献，而专门陈述当时的事；"今古制法"这一项，则批评宋代的团茶，反对茶叶混入香料以图抬高茶价，以致丧失茶的真味；"采摘"这一项，对于几种为人喜好的茶书里所没有的，在其中都有详细的记述。可见，《茶疏》不但是明代茶书中最好的一本，而且也可说是超出历来的一本茶书。

《茶录》：作者张源，字伯渊，江苏包山（江苏洞庭西山）人。《茶录》全书约 1500 字，内容分为采茶、辨茶、造茶、藏茶、火候、汤辨、泡法、投茶、汤用老嫩、饮茶、色、香、味、点染失真、茶变不可用、品泉、井水不宜茶、贮水、拭盏布、茶盏、茶具、分茶盒、茶道等。

《制茶新谱》：从元代到明代，饮茶的方法有很大转变，固型茶逐渐没落，继之而起的是流行喝末或以茶叶冲泡，通称散型茶。所以《制茶新谱》也就应运而生。《制茶新谱》是明钱椿年于明考宗弘治间（1488—1505 年）所编著的，主要内容分为茶略、茶品、艺茶、采茶、藏茶、制茶诸法、煎茶四要（即择茶、洗茶、候汤、择品）和点茶三要（即涤器、烙盏、择果）和茶效共九目，全书约 1200 字。这一本书主要根据陆羽的《茶经》、蔡襄的《茶录》两本书，期间夹杂一些其他的著作，并没有新的内容；但在"制茶诸法"项下，提供了不少新的见解和主张，侧重在末茶和叶茶的制法。如"烹茶时，先用热汤洗茶叶，去除其茶叶的尘垢、冷气，然后烹之"。是相当现代化的说法。

《茶寮记》：作者陆树声，字与吉，号平泉，华亭（今上海松江）人。《茶寮记》全书约 500 字，首为引言，漫笔记录他与适园的无诤居士、五台僧演镇、终南僧明亮在茶寮中的烹茶情况。次为煎茶七类，有人品、品泉、烹点、尝茶、茶候、茶侣和茶勋七目，主要叙述了烹茶的方法以及饮茶的人品和兴致。

《茶说》：作者屠隆，字长卿，浙江郭县人，明万历时进士，曾任颖上知县、礼部主事等职，后因遭谗言而罢归。《茶说》本名《茶笺》，是其所著《考磐余事》中的一章，记述了茶的品类、采制、收藏以及如何择水和烹茶等。

《茶解》：作者罗廪，字高君，浙江慈溪人。他在书前的总论中说："余自儿时，性喜茶，顾名品不易得，得亦不常有。乃周游产茶之地，采其法制，参互考订，深有所会。遂于中隐山阳，栽植培灌，兹且十年。春夏之交，手为摘制，聊是供斋头烹嗓。"表明书中所记的都是亲身经验。《茶解》全书约 3000 字，在总论后的内为原（产地）、品（茶的色、香、味）、艺（栽茶）、采（采茶）、制（制茶）、烹（沏泡）、藏（收藏）、水（择水）、禁（在采制藏烹中不宜有的事）和器（采制藏烹中所用器具）等。

四、清代茶书

清代的茶书大多是摘抄汇编性质的，共有茶书 17 种，现存 8 种。其中规模最大的茶书是陆廷灿的《续茶经》。陆廷灿，字秋昭，一字幔亭，江苏嘉定（今嘉定属上海）人。《续茶经》近 10 万字，分为上、中、下三卷，目次依照《茶经》，附茶法一卷。清代的茶书除此之外，主要还有：

《龙井访茶记》：作者程淯，字白葭，江苏吴县人。《龙井访茶记》为清末宣统三年所撰，全书分为土性、栽植、培养、采摘、焙制、烹瀹、香味、收藏、产额、特色十目。以"焙制"所述龙井茶的炒法看，当时的龙井茶已是扁形。这是最早记述龙井茶扁形制法的文字。

《茶史》：作者刘源长，字介祉，淮安（今属江苏）人。《茶史》卷一分茶之原始、茶之名产、茶之分产、茶之近品、陆鸿渐品茶之出、唐宋诸名家品茶、袁宏道《龙井记》、采茶、焙茶、藏茶、制茶；卷二分品水、名泉、古今名家品水、贮水、候汤、茶具、茶事、茶之隽赏、茶之辨论、茶之高致、茶癖、茶效、古今名家茶咏、杂录、志地等共三十目。

《虎丘茶经注补》：作者陈鉴，字子明，广东人。全书约3600字，仿陆羽《茶经》分为十目，每目摘录《茶经》原文话题，在下面加注有关虎丘的茶事。该书记茶的产地、采、鉴别、烹饮等。

五、当代茶书

现代茶书的特征分工明确，大体可分三类：一类是关于茶业经济研究的，如吴觉农和胡浩川合撰的《中国茶叶复兴计划》、赵烈撰写的《中国茶业问题》等；一类是关于种茶、制茶的，如吴觉农撰写的《茶树栽培法》和程天绶撰写的《种茶法》等；一类是关于茶叶文史的，如胡山源编的《古今茶事》和王云五编的《茶录》等。

由陈宗懋主编的《中国茶经》是一部集茶叶科技与茶文化之大成的茶业百科全书，全书分为茶史、茶性、茶类、茶技、饮茶、茶文化六大篇章，后有附录，共140余万字：

茶史篇：主要记述了我国各个主要历史时期茶叶生产技术和茶文化的发生、发展过程；

茶性篇：叙述了茶的属性、品种、栽培、加工、贮运、饮茶，以及茶与健康的关系；

茶类篇：介绍了中国六大茶类的形成和演变，详尽说明了名优茶、特种茶的历史渊源和品质特点；

茶技篇：包括茶树选种、育种、栽培、采摘和加工技术，以及茶叶品质的审评检验、茶业机械、茶的综合利用等；

饮茶篇：具体而生动描述了各类茶的饮用方式，特别是具有浓郁地方和民族特色的品饮方法和礼仪；

茶文化篇：记述了茶与民俗、名人与茶、茶事掌故、茶的传说等。

第二节　茶文化与宗教哲学

中国茶文化的形成有着丰厚的思想基础，它融合了儒家、道家思想和道教、佛教的精华。儒家的"中庸和谐"学说、道家的"天人合一"思想与道教长生观、养生观以及佛教的普度众生、修心养性精神，互相渗透、互相统一，共同培育了茶文化这朵传统文化百花园中光彩夺目的花朵。因此，我们有必要深入地探究茶文化与儒家、道家思想的联系，追寻道教和佛教对茶文化形成的影响，进而深入了解中国茶文化的思想基础和茶文化形成的轨迹，更好地弘扬祖国的传统文化。

一、茶文化与儒家学术

（一）"中庸和谐"与中国茶文化中的"和"之美

在世界民族之林中，在几千年历史发展的进程中，中华民族是一个十分强调和谐统一的民族，而最早奠定这一特性的就是儒家的代表人物孔子。处在春秋时期的孔子在社会生活实践中体会到"和"的作用。所谓"和"就是恰到好处、中庸之道，可用于自然、社会、人生各个方面。物物和、事事和，才能风调雨顺、国泰民安。和是理性的节制，和是两端之间的平衡和是对自然的保护，和是一种气度、一种胸襟。

讲究个人的和谐、个人与社会的和谐，这一儒家思想经过秦汉和宋明时代不断强化，已经深入了国民的骨髓而成为国民性的一部分。中国茶文化就是在中庸和谐的环境中，由具有中庸和谐特性的中国国民培育、浇灌而成的，因而讲究和谐已成为中国茶文化应有的内在特质。被誉为茶圣的陆羽所创立的中国茶道，无论形式还是器物都体现了和谐统一。如煮茶用具风炉的设计，就采用了《周易》中的象数原理，风炉用钢铁铸之，如古鼎形。风炉的一足上铸有"坎上巽下离于中"的铭文。

茶本身也是一种中正平和之物——通过煮茶品茶能平和人的心情，提升对茶的审美境界有助于消除烦恼。唐人斐汶对茶性的体验为"其性精清，其味淡洁，其用涤烦，其功致和"。即饮茶能平和人的心情，并能产生冲淡、简洁、高尚、雅清的韵致。宋徽宗《大观茶论》则说，茶因禀有山川之灵气，因而能"祛襟涤滞，导清致和"。

儒家认为：要达到中庸、和谐，礼的作用不可忽视。孔子就说过："礼之用，和为贵。"礼是中国古代调整人际关系的根本和行为规范，是一种理想的人生状态。礼包括两个方面：一是对自身的要求；二是如何对待别人。如果每个人都能按照礼的精神自律与待人，整个社会就会处于非常和谐融洽的状态。这就是中国人之所以重视礼的原因。那礼的基本精神有哪些？《礼记》云："夫礼者，自卑而尊人。"由此可见，礼就是要人以谦让的精神处理自己与别人的关系，把自己放低一些，对别人尊重一些。这样，"虽负贩者，必有尊也，而况富贵乎？富贵而知好礼，则不骄不淫。贫贱而知好礼，则志不慑"。礼是对人的尊重，而不是对等级或贫富的尊重。所以，负贩之人，要尊重他；富贵之人，一样要尊重他。富贵时要好礼，贫贱时也要好礼。好礼一方面在于处理人与人的关系，同时也能调节自己的心情，做到不卑不亢、坦荡磊落、大大方方。

由于儒家的重视和倡导，中国人特别看重礼，言行举止都希望并力图讲礼、合礼。人们总是自觉地以礼来要求或规范自己的行为，并在日常生活中有意识或无意识地体现其礼仪教化，力图通过礼达到一种和谐的境界，因此中国被世界公认为是"文明古国""礼仪之邦"。

礼所追求的是和谐，而茶的属性所能产生的效果就是和谐，因而讲究茶礼便成了中国茶文化的一个重要内容。据有关专家考证：过去敬茶有一定的规矩，讲究所谓的"三道茶"，即一道不饮，只以之迎客、敬客；二道则用来畅饮、深谈；三道茶上来即表示送客之意。这其中很有讲究：客初至，谈未深，茶尚淡，故仅以其示敬意而并非真饮；谈既洽，情益笃，茶亦浓，故细斟慢品，畅饮以尽其谊。谈既已尽兴，茶亦渐薄，罢饮送客，也自在情理之中。而以茶交友也是一种追求和谐的方式。几位知交好友相遇品茗而谈茶艺、茶品，真是一种难得的和谐状态，故被人称为淡如水的"君子之交"，用以与俗不可耐的"小人之交"相区别。而一般平民百姓也用茶来相互请托、互致问候，以表示和睦相处之情，因而以茶待客是传统的茶俗茶礼。若客至未设茶，则有轻怠之意。

此外，茶还被普遍用于婚礼、丧葬和祭祀礼仪中。可见，在我国古代，无论对人、对神或是对鬼都有要"尊礼"而行。

以上分析说明：在中国人的民俗生活中，处处有茶、处处用茶，有礼仪的地方就有茶，茶已成为礼仪的一个组成因素。究其原因在于：生活中礼仪最终要达到目的是和谐人际关系，而这一点正与茶的特性相吻合。

（二）儒家的人格思想与茶文化精神

儒家的人格思想奠定于孔子的"仁"，"仁"的一大特性就是突出对个体人格完善的追求。儒家的这种人格思想也是中国茶文化的基础。当代茶圣吴觉农先生曾说过："君子爱茶，因为茶性无邪。"林语堂先生也说过："茶象征着尘世的纯洁。"茶是一种文明的饮料，被人们认为是"饮中君子"。而茶的"君子性"有各种表现：首先，茶的本性决定了茶的"君子性"。如前所述，茶性温，喝茶使人清醒，喝茶可以祛病健身，茶对人可谓有百利而无一弊，故茶自古已有君子之誉。其次，茶的诸种属性无一不体现它的"君子性"。茶的属性之一是其形貌风范为人景仰；属性之二是茶被看作人间纯洁的象征。茶从采摘烘焙到烹煮取饮，均须十分洁净。正因为如此，人们历来总是将茶品与人品相关联，说茶德似人德。长期以来，大多数正直文人极力推崇不向恶势力屈服，为正义事业献身的高风亮节，热情赞颂清正廉洁等优良品德，这种对君子之风的崇尚心理与饮茶的天然物性一旦偶遇，赏爱之情便浸润滋生。文人雅士在细细品啜，徐徐体察之余，在美妙的色、香、味的品赏之中，移情于物、托物寄情，从而感情受到了陶冶、灵魂得到了净化，人格在潜移默化中自然得以升华。

（三）儒家积极乐观的人生观与中国的茶德思想

儒家的人生观是积极、乐观的。在这种人生观的影响下，中国人总是充满信心地展望未来，也更加积极地重视现实人生，且往往能从日常生活中找到乐趣。

古人常云：人生一世，得一知己足矣。这个"足"字一方面说明真正的朋友是何等珍贵，另一方面也说明要选择一个真正的朋友又何等艰难。也正因为如此，2000多年前的孔子就说过："有朋自远方来，不亦乐乎？"有益的朋友能激起人"见贤思齐"的渴望，能与你作铭诸心腑的心灵对话，与你共享两人世界的欢乐，得此一友自然是人生的一大快乐。

这其中的快乐不是与物质环境挂钩的乐，而是与精神因素相关的乐。儒家这种积极、乐观的人生观被孟子发展为与民同乐。与民同乐，说到底就是一种爱心的博施，是排忧解难抢在前、享受快乐留在后。范仲淹"先天下之忧而忧，后天下之乐而乐"的千古名言，可作为孟子与民同乐思想最好的注解。

在我国的茶文化中也蕴含着积极、济世的乐观主义的精神。我国古代，嗜茶者比比皆是。苏东坡因自己嗜茶，故想不通当年晋人刘伶何以长期沉湎于酒中。唐代一位天性嗜茶的兵部员外郎李约则以亲自煎茶为乐，煮茶不限瓯数，整日手持茶器而无倦意。

文人雅士在修身治国平天下时，不仅以茶励志、以茶修性，从而获得怡情悦志的愉快，而且在失意或经历坎坷时也将茶作为安慰人生、平衡心灵的重要手段。他们往往能从品茶的境界中寻得心灵的安慰和人生的满足。唐代韦应物评茶是"为饮涤尘烦"，即饮茶可以消除人间的烦恼。中国台湾紫藤庐茶艺中心的周渝先生说得好："有的人心里很烦，你要他去面壁，去思考，那更烦，更可怕。如果你专心把茶泡好，你自然进去了，就静了……我们在享受一壶茶，我们在享受代表天地宇宙的茶，同时我们又与我们的好朋友在一起享受，多么快乐啊！"著名的茶学家庄晚芳先生在其所撰的文章中也多次地提到茶文化中所体现的积极、乐观的人生观："像饮一杯茶，精神饱满，如神仙一样快乐"，"客来敬一杯清茶……啜茗清淡，无限欢乐……如系同行，边品茶边论茶经，更为有趣"，"泡在玻璃杯中的一杯龙井茶、千岛玉叶或顾渚紫笋，朵朵芽叶浮在水中而不散，增进欢感乐趣"。

古人品饮还讲求环境的幽雅，主张饮茶可以伴明月、花香、琴韵、自然山水，以求得怡然雅兴。而民间的茶坊、茶楼、茶馆中更洋溢着一种欢乐、祥和的气氛。所有这些都使得中国茶文化呈现出欢快、积极、乐观的主格调，使中国茶文化与禅宗隐逸遁世的消极精神区别开来。

二、茶文化与道教思想

(一) 道教的生长观及对中国茶文化的影响

对生命或长寿的思考是人类文明一项最具普遍意义的课题，是中国传统文化中一个最为悠久而光辉的主题，道教的思想家和养生家们也为此付出了艰辛的努力。道家思想从一开始就有着长生不死的概念。老子在承认万物产生的总根源"道"永恒的同时，也暗示了生命可以不死。庄子则将一个"登高不栗，入水不濡，入火不热"，"其寝不梦，其觉无忧，其食不甘，其息深深"的逍遥之人作为重生恶死、追求生命之树常青的旗帜，以此表达了对长寿思想的向往和追求。

人们如何才能得道而长生不老、羽化成仙呢？道士们的答案之一就是服用某种含有"生力"的食物，藉以收到特殊的效果。茶文化正是在这一点上与道教发生了原始的结合。西汉壶居士在《食忌》中说："苦茶，久食成仙。"陶宏景在《茶录》中指出："茶茶轻身换骨，丹丘子黄君服之。"可见，茶的轻身换骨之功效早已被道教所了解，饮茶与道教的得道成仙、羽化成仙的观念也联系到一起了。因此，一些道士为了达到长寿成仙的目的，视茶为甘露。

因为道士饮茶，古书中经常有皇帝向得宠道士赐茶的记载。《太平广记》中就写到这样一件事：开元中，道士申元之为玄宗宠幸，玄宗便"命宫嫔为申元之侍茶、药"。《南部新书》亦记载：唐肃宗赐道士张志和奴、婢各一，"使苏兰薪桂，竹里煎茶"。因为道士嗜茶，道士中也不乏优秀的茶人，如唐代著名的道家茶人吕喦，这位咸通初考中进士，后却"浩然发栖隐之志，携家归终南，自放迹江湖"，被人们传为八仙之一。吕洞宾能诗、善饮、嗜茶，曾作有《大云寺茶诗》，盛赞僧人的制茶工艺。诗的最后两句"幽丛自落溪岩外，不肯移根入上都"，以茶为喻，自许清高，宁做山人不做朝士。由此诗我们不难窥见吕洞宾对茶的钟爱。此外，道士张志和和女道士李季兰也都嗜茶成癖。可见，道家羽化成仙、长生不老的观念对茶文化的形成有着直接的影响。

(二) 道教清静无为的养生观与中国茶文化

道教追求人生长寿，为了达到这一目的，道教的养生家们多把生命健康和长寿归结于人们自身的身心运动，主张以积极的养生姿态改变天生体质，从而把生命寿夭尽可能地控制在自己手里。道教的第一养生要旨是清静无为，这与春秋战国时期道家的创始人老子、庄子的思想是相通的。

从本质上说，清静无为的养生思想乃是一种消极避世的政治态度和人生观，不过我们若从养生角度看，则又是可取的。它与儒家以德润身观可谓殊途同归。老庄认为养生的关键是把生死看破、薄名利、洗宠辱，保持心地纯朴专一。老庄的"清心寡欲""与世无争"是一种符合自然法则的养生之道，只有"比上不足，比下有余"，自得其乐，才会使内心恬静。道家思想发展为道教，在指导思想上追求精行俭德、消除奢念、澹泊自守、不出人头地、不逞强称霸、谦虚柔弱、祈求人寿年丰、世事和平，以达到清静之境。道教历来认为：心者，一身之主，百神之师，静则生慧，动则生昏。虚静可以推天地，通万物。因此，"静"成为道教的特征。

所以，能与道教精神相辅相成者，非茶莫属。茶清静淡泊、朴素天然、无味乃至味也。茶耐阴湿、蒙雾气、自守无欲、与清静相依。茶须静品，只有在宁静的意境下才能品出茶的真味、才能感悟出品茶的要义、才能获得品饮的愉悦、才能使人安详平和、才能实现人与自然的完美结合、才能进入超凡忘我的仙境。

道教和茶文化正是在"静"这个契合点上达到了高度一致，且茶文化的本质在道教文化的精神中日益弘扬光大。不论是宫观道士的品茶礼仪，还是民间以茶祭祖、以茶祭天的习俗，无论是明代朱权《茶谱》中茶道的主要精神，还是近年来国内兴起的"无我茶会"，乃至日本"和、敬、清、寂"的茶道文化，无一不体现着清静自然的哲学思想。

因此，从历代文人的煎茶、咏茶的高雅意境中我们不难悟出：他们清静无为的追求品饮中所蕴含的"超凡脱俗"的神韵，自觉地遵循返璞归真的茶艺茶规，这一切无不洋溢着道家的气韵、无不闪烁着道教文化的色彩。这正是文人雅士受道教文化深远的影响和潜移默化的熏陶所致。

（三）"天人合一"的哲学思想与中国茶文化

中国传统文化一向强调人与自然的协调统一、和谐一致。中国古代的道家主张"天人合一"。"天"代表大自然以及自然规律。古人认为"道"出于"自然"，即"道法自然"，不把人和自然物质与精神分离，认为物与精神、自然与人是一互相包容和联系的整体，强调物我、情景的合一。这一学说在一定程度上反映了古人对自然规律的认同、对自然美的爱慕和追求。因此，古人常把大自然中的山水景物当作感情的栽体，寄情于自然，顺应人与自然的和谐，受道家"天人合一"哲学思想的影响，中国历代茶人名家都强调人与自然的统一、传统的茶文化正是自然主义与人文主义精神高度结合的文化形态。

陆羽的《茶经》首次把茶事提炼为一种艺术，从而把人文精神与自然境界统一起来。为了更好地达到"天人合一"，文人雅士在品饮时非常注重环境幽雅。自唐代以来，许多有识之士对品饮环境的选择发表了自己的真知灼见。

人们在幽雅环境中的品饮过程，就是与恬静的大自然"润物细无声"交流的过程，从中我们可以获得一种深静超越的舒畅和轻柔体贴的慰藉。

道家"天人合一"的哲学思想对茶文化的影响还表现在：中国茶人接受了老庄思想，在品饮的同时以茶的清苦、淡泊、虚吸百蕙、气吞万象的品性自励、自勉，不计一己之失，而以寻求自然与人的和谐相合为目标。历史上，许多文人雅士如欧阳修、苏轼、陆游等人的品饮就已达到了"天人合一"的极辉煌的境界。苏轼一生，坎坷多难，但茗事是他得以从苦难中自我解脱而至旷达泰然的精神慰藉，他将人生理想与美学追求并行不悖地融入品茗雅事之中。

我国传统茶文化还认为：茶道即人道，因而茶品与人品总是不可或缺地联系在一起，人性中清虚和穆、简淡恬静的一面就与茶之清淡和雅之品性和谐地统一到一起。这种自然和人事的高度契合，彰显出人类对真、善、美的精神追求，开启了自然与心灵交融的通途。人们通过品饮来探求"静""和"等茶的精神，并以此来完善茶人的自身人格。茶道与人道、茶品与人品的对应统一，与"天人合一"哲学思想的影响不无关系。

三、茶文化与佛教文化

（一）茶禅一味

禅宗是佛教传入中国后，综合本土文化而形成的一种宗教流派。相传：禅宗是释迦牟尼心传的第二十八祖达摩东渡入华而创，后来传给了二祖慧可等人。六祖慧能乃是一字不识的樵夫，以"菩提本无树，明镜亦非台"的彻底虚空和本性即佛，"顿悟"而继承了五祖弘忍的衣钵，遂宣告了禅宗的最后确立。禅宗讲究坐禅和禅定。其实际上包括三方面的内容：坐、禅、定。对一切外在事物构成的环境不起任何念头、对外事不想不问，这就是坐，是坐禅的第一步。坐的任务是脱离外物世界。在坐的基础上进一步达到内心不乱而见本性的境界，这就是禅。禅的任务是使内心清静不乱。定，则是在禅的基础上保持思想和精神的绝对平静安定，没有一丝一毫的妄想和杂念。禅宗使用的是静坐思维的方法，通过坐禅修行将自己心中的错觉和妄念祛除出去，让自己的内心恢复清静、充满光明。禅宗还要求僧人坐禅时静坐敛心、集中思想、专注一境，以期达到身心"轻安"、观照"明净"的状态。其坐态要求跏趺而坐、头正背直、不动不摇、不委不倚。如此长时间的坐禅，势必产生疲劳困倦，需要醒脑提神，方能坚持。再者，僧人还有"过午不食"的戒律。因此，具有提神益思、破睡驱眠、生津止渴、消除疲劳等功效的茶，自然成了僧人们所必须而又不违反教义教规的最理想饮料了。

据《景德传灯录》载：达摩禅师在少林寺面壁参禅，天赐给他茶，参禅的同时饮茶，为他驱除睡魔。祖师口嚼茶叶，顿消倦意，而茶味甘苦、苦而回甘、鲜爽纯厚，使他悟出了玄机，九年后他终于化去。从这则材料可以看出：佛教禅宗饮茶无非是利用茶作为兴奋剂来刺激僧人的肌体，促使其提神醒脑、振作精神，集中精力完成佛事活动中的坐禅而已。再者，佛教戒杀生、戒淫，而饮茶能抑制情感冲动。坐禅是目的，饮茶是手段，饮茶为坐禅服务。其次，禅宗与茶两者内在精神本质上有着惊人的相似之处。尽管茶文化和僧侣的人生观和价值观是相矛盾的，但是茶道精神主张以茶修德，强调内省的思想，与禅宗主张"静心""自悟"是一致的。于清淡隽永之中完成自身人性升华的茶，和于"净心自悟"中求得对尘世超越的禅，在特定的文化氛围中契合了，这是茶的品性和禅的理趣的天然交融，是茶与禅在内在精神上高度契合的一个方面。同时，茶道与坐禅的心境也是一样的。茶道讲究井然有序的喝茶，追求环境和心境的宁静、清静；禅宗的修行常以"法令无亲，三思为戒"，也是追求清寂。茶道和禅心各自的情趣虽不一样，却有着异曲同工之妙。

佛教的传播还促使了种茶、制茶和饮茶知识的传播。唐宋以来，我国佛教兴盛，僧人遍天下，他们将茶叶的饮用、焙制和栽种技术带往全国各地，促使了饮茶之风在全国的盛行。同时，一些来自国外的留学僧，他们一面在寺院学习佛教，一面又从寺院里学到茶的知识，学成回国后，他们将茶种带回本国种植，茶也因此传到了国外。

（二）佛门茶礼

几乎在陆羽写《茶经》的同一时期，新吴大雄山（即今天的江西奉新百丈山）的禅师怀海和尚制定了一部《百丈清规》，又称《禅门规式》，对佛门的各种礼仪做了详细的规定，其中对佛门的茶事活动也有严格的限制。现加以简单的介绍：

第一，应酬茶。茶不但是佛教徒日常的饮料，而且是佛门待客的佳品。寺院设有茶头（负责烧水、点茶）和知客（负责接待来访的客人），如果有香客来到，知客便以香茶招待来客。禅门的应酬茶因客人的地位高低有别。

第二，佛事茶。茶是禅门佛事活动中不可或缺的供品，佛降诞日、佛成道涅槃日、达摩祭日等均要烧香行礼供茶，以达摩祭日最为隆重："住持上香礼拜，上汤上粥……粥罢，住持上香上茶……半斋，鸣僧堂钟集众，向祖排立，住持上香三拜，不收坐……仍进前烧香，亲毕，三拜收生具，鸣鼓讲经为茶。"佛门结、解、冬、年四节及楞严会礼佛仪式中均要举行茶礼，端千节点菖蒲茶、重阳节点茱萸茶，其中以楞严茶会上的茶礼最为讲究："鸣堂前大板三下，鸣大钟……住持至佛前烧香上茶汤毕，归位……"

第三，僧侣死后火化前，在寿堂立牌位，每日由知事"三时上茶汤"。化亡后还有一个"茶毗"（梵语，意思为焚尸火化）礼："丧堂涅槃台，知事烧香上茶。"寺中住持圆寂，每日奠茶汤。

第四，议事茶。由于茶性不可移易，茶叶清淡又能迎合佛教修行的要旨，禅门议事，多用茶来进行。寺中的住持圆寂丧事毕，寺中管事僧众请附近各寺有名望的僧人来寺会茶。新方丈上任，山门有"新命茶汤礼"，通过茶礼让各寺僧众与新任住持见面，并使他们承认其合法地位。住持遇大事，亦采取茶会的形式招集大家共同商议。

《百丈清规》是我国第一部佛门茶事文书，它以法典的形式规范了佛门茶事、茶礼及其制度，从而使茶与禅门结缘更深。

第三节　茶与文艺

茶与文艺也有着密切的关系。茶性恬淡、提神益思，古往今来文人雅士无不嗜茶，并将茶作为表达对象，予以热情的歌颂。于是，茶几乎涉入了诗、词、歌、舞等一切文学艺术领域。我国古代和现代文学作品中与茶有关的茶诗、茶词、茶画比比皆是，这些作品大都已成为我国文学宝库中的奇葩。

一、茶诗

茶诗在韵文类茶文化作品中数量最多。最早提及茶叶的诗篇，按陆羽《茶经》所辑，有孙楚的《出歌》、张载的《登成都楼诗》、左思的《娇女诗》和王微的《杂诗》四首，它们都是汉代以后唐代以前的作品。这四首诗中的一些诗句，如"姜桂茶荈出巴蜀，椒橘木兰出高山"（《出歌》），"芳茶冠六清，溢味播九区"（《登成都楼诗》）等，在一定程度上折射出茶事入诗的萌芽状况。唐代茶文化生机勃勃、茶诗异彩纷呈。其中：在茶诗创作中成就较大的应推白居易、卢仝、皎然。三人中最值得称道的是白居易，他总共创作传世茶诗60多首，既有专门咏茶的诗篇，又有叙及茶事、茶趣之作。宋代苏东坡、杨万里、陆游等人的茶诗创作颇丰、贡献较大。陆游一生共写茶诗300余首，是历代所作茶诗最多的作家。宋、元、明、清至近代，内容、艺术性俱佳的茶诗也不胜枚举。

我国茶诗体裁广泛、形式多样，其中形式最为奇特的要数唐代元稹的《宝塔诗》或曰《一言至七言诗》：

茶

香叶，嫩芽。

慕诗客，爱僧家。

碾雕白玉，罗织红纱。

铫煎黄蕊色，碗转曲尘花。

夜后邀陪明月，晨前命对朝霞。

洗尽古今人不倦，将知醉后岂堪夸！

　　诗人元稹的这首宝塔诗别开生面，把茶的品质、茶具艺术、品饮意境以及茶的功用都描写得清幽淡雅、淋漓尽致，堪称千古绝唱。

　　在古人的咏茶诗中，影响最大的要数卢仝的《走笔谢孟谏议寄新茶》，或曰《饮茶歌》。在这首诗中，作者极道饮茶之乐，淋漓尽致地抒发了连续喝七碗茶的不同感受和七碗茶入腹后飘飘欲仙的绝妙境界。

《走笔谢孟谏议寄新茶》

唐·卢仝

日高丈五睡正浓，军将打门惊周公。

口云谏议送书信，白绢斜封三道印。

开缄宛见谏议面，手阅月团三百片。

闻道新年入山里，蛰虫惊动春风起。

天子须尝阳羡茶，百草不敢先开花。

仁风暗结珠琲瓃，先春抽出黄金芽。

摘鲜焙芳旋封裹，至精至好且不奢。

至尊之余合王公，何事便到山人家。

柴门反关无俗客，纱帽笼头自煎吃。

碧云引风吹不断，白花浮光凝碗面。

一碗喉吻润，二碗破孤闷。

三碗搜枯肠，唯有文字五千卷。

四碗发轻汗，平生不平事，尽向毛孔散。

五碗肌骨清，六碗通仙灵。

七碗吃不得也，唯觉两腋习习清风生。

蓬莱山，在何处？

玉川子，乘此清风欲归去。

山上群仙司下土，地位清高隔风雨。

安得知百万亿苍生命，堕在巅崖受辛苦。

便为谏议问苍生，到头还得苏息否？

最早的咏茶诗要数诗仙李白的《答族侄僧中孚赠玉泉山仙人掌茶诗》了。

> 尝闻玉泉山，山洞多乳窟；仙鼠如白鸦，倒悬清溪月。
> 茗生此中石，玉泉流不歇；根柯洒芳津，采服润肌骨。
> 丛老卷绿叶，枝枝相连接；曝成仙人掌，以拍洪崖肩。
> 举世未见之，其名定谁传；宗英乃禅伯，投赠有佳篇。
> 清镜烛无盐，顾惭西子妍；朝坐有馀兴，长吟播诸天。

诗中作者以夸张的笔触出神入化地描绘了仙人掌茶生长之地的险要、自然环境的神奇，以神来之笔生动、形象地勾画了仙人掌茶的外形，使人们倍增对仙人掌茶的倾慕和向往。

二、茶词

词是中国文学的重要形式之一，又称长短句。因为大多数词是为适应演唱需要的，所以其句子参差不齐。宋代是词鼎盛时期，以茶为内容的词也应运而生。著名的词人黄庭坚、苏轼、陈师道、秦观等，都有茶词问世。宋人的茶词多以茶作为歌咏对象，如苏轼的《行香子·茶词》："绮席才终，观意犹浓。酒阑时、高兴无穷。共夸君赐，初拆臣封。看分香饼，黄金缕，密云龙。斗赢一水，功敌千钟。觉凉生、两腋生清风。暂留红袖，少却纱笼。放笙歌散，庭馆静，略从容。"这首词笔法细腻、感情酣畅，词中惟妙惟肖地刻画了作者酒后煎茶、品茶时的从容神态，淋漓尽致地抒发了轻松、飘逸、"两腋清风"的神奇感受。

江西诗派的代表人物黄庭坚嗜茶咏茶，多有茶词问世。如《西江月·茶》《看花回·茶词》《阮郎归·茶词二首》《满庭芳·茶》等等，都是宋代茶词中质量极高、影响极大的。这些茶词抒发了黄庭坚在饮茶品茗过程中的深切感受和淡淡雅兴。其中，他的《阮郎归·茶词二首》其二最为脍炙人口。这首词的上阕描绘了制茶、烹茶的情景："摘山初制小龙团。色和香味全。碾声初断夜将阑。烹时鹤避烟。"制茶时的一夜忙碌，色香味俱全的小龙团制成后的欣喜、烹茶时袅袅茶香对人和物的引诱和刺激，均通过精炼优美的文字被描摹出来。下阕则出神入化地叙述出饮茶时的情景和感受："消滞思，解尘烦。金瓯雪浪翻。只愁啜罢水流天。余清搅夜眠。"其中"金瓯雪浪翻"一句可谓神来之笔，活画出茶叶在金瓯中如凌霄仙子翩翩起舞的优美姿态和雪浪翻滚的诱人汤色，作者喜好品饮的欢愉之意跃然纸上。

元代佚名氏所作的《瑶台第一层·咏茶》以粗犷、豪迈的笔触，生动形象地描写了采茶、制茶的过程以及饮茶的神奇功效："一气才交，雷震动一声，吐黄芽。玉人采得，收归鼎内，制造无差。铁轮万转，罗撼渐急，千遍无查（渣）。妙如法用，工夫了毕，随处生涯。堪夸。仙童手巧，泛瓯春雪妙难加。睡魔赶退，分开道眼，识破浮华。赵州知味，虑全达此，总到仙家。这盏茶，愿人人早悟，同赴烟霞。"读罢词篇，人们眼前仿佛呈现了一派热火朝天的采茶、制茶的生动场景。精美的词篇将人们自然而然地带入了饮茶时睡意顿消、亲临仙境的美妙意境。

三、茶画

翻开我国历代艺术家的画册，我们会惊喜地发现茶画作品的丰富多彩、绚烂夺目。这些作品不仅多方面、多层次、多角度地再现了我国古代种茶、制茶、茶具、茶楼、茶肆等与茶相关的各种活动、器具和场景，还蕴含着丰富、高深的哲理。茶画在反映历史、再现生活的同时，给人以美的享受和深刻的启迪，因而历来受到茶文化爱好者的交口称赞。

茶事入画在我国由来已久。目前，我们所能见到的最早的茶画是初唐名画家阎立本的《萧翼赚兰亭图》（中国台湾故宫博物院收藏）。该画描绘的是唐太宗李世民派遣谋士萧翼假扮书生，从高僧辩才手中骗取"书圣"王羲之的旷世杰作《兰亭集序》的故事。画中共五人，年已八旬的高僧辩才面目清癯、手执拂尘，坐在正中的禅椅上侃侃而谈。萧翼长须飘洒，袖手躬身坐于长方木凳上凝神静听。两人中间，端坐一高僧，正在聆听他们的谈话。上述三人构成画面的主体，人物的神态被勾画得栩栩如生。此外，辩才的背后还清楚地描绘了另一番情景：一老仆蹲在风炉旁，炉上置一锅，锅中水已煮沸，茶末刚刚放入，老仆人在搅动汤花；另一边有一童子弯腰，持茶托盏，小心翼翼地准备分茶。在小童脚旁，还放着一方形的茶盘，上面摆放着茶碗、茶罐等用具。作品不仅反映了烹饮本身的场面，同时也表达了儒佛两家一边品茶，一边鉴赏兰亭书法精品的人情世态。

宋代是中国茶文化高度发展、迅速走向成熟的重要时期，茶画所反映的内容更加丰富，艺术造诣也日趋成熟。宋徽宗赵佶的《文会图》是开宋代茶画先河之佳作。作品描绘了文人会集的盛大场面：在一树木繁茂、郁郁葱葱、山石喷泉错杂点缀的幽雅庭院中设一巨榻，榻上陈列着各种丰盛的菜肴、果品、杯盏等，九文士围坐其旁，个个神采奕奕、潇洒自如。他们或三三两两进行交谈、或凝坐深思、或举杯交欢。在宴席的左侧，分设茶桌和酒桌。茶桌与风炉安置在酒桌左边，桌上摆着茶盒和茶碗、侍者们或分茶注水、或端杯捧盘，往来其间，分别向来宾奉茶。整个画面宏大而雅致、气氛活跃而斯文。这幅画通过惟妙惟肖的人物形象和优雅的茶宴背景有力地向人们昭示：至宋，人们的品饮活动已逐渐走向雅化。

四、茶联

在茶文化的百花园中，茶联更是一朵绚丽的奇葩。茶联字数多少不限，但要求对仗工整、平仄协调，是诗词形式的演变。从某种意义上说，茶联是茶艺的升华、是茶文化的瑰宝、是文学艺术与社会生活的有机结合。大凡茶馆、茶庄、庭院、书斋，茶联无处不在、无处不有。人们在清谈品茗之余，欣赏联语、评论文字，确实能使茶客兴味盎然，使悬联之所蓬荜生辉。

在茶文化宝藏中，茶联是一颗璀璨的明珠，那洗炼精巧的茶联含蓄蕴藉，或吟茶以遣兴，富有诗情画意；或唱茶以见趣，充满幽默机趣；或咏茶以言理，饱含生活哲理，无不给人带来思想和艺术美的享受。

茶联不但可增添品茶情趣，还能招揽茶客。据说：从前成都附近一个小场上有个茶馆兼酒店的铺子，老板姓张，名为"富才"。由于他的铺子简陋、生意箫条，最后只好由他儿子接手经营。他儿子请了一位叫高必文的知识分子写了一副对联，联语是："为名忙为利忙忙里偷闲且喝一杯茶去；劳心苦劳力苦苦中作乐再倒一碗酒来"。联语幽默机趣、生动贴切，朗朗上口、雅俗共赏引得过路人停步观看之余，都想"偷闲、作乐"一番。主人张贴对联后，生意就日益兴隆。

茶联独出心裁地将多音字镶嵌其中，使得出句和对句对仗更为精巧，其高超的艺术功力令人拍案叫绝。有这样一幅在民间广为流传的茶联："一杯香茶，解解解解元之渴；两曲清歌，乐乐乐乐师之心。"相传：从前有一个解（jiè）元（明清科举考试时，乡试的第一名为解元），姓解（xiè），盛夏的一天，他外出归来，又热又渴，侍女见状急忙端来一杯香茶，并风趣地说出一联（见上联）。解元一听，竟忘了喝茶，连声赞叹道："妙对！妙对！"此上联妙在何处？妙就妙在巧妙地运用了多音字。出句共用了四个"解"字，前两个"解"是解渴之"解"（jiě）；第三个"解"字是姓；第四个"解"字是"解元"之"解"。解学士绞尽脑汁，却无从相对，于是只好向诸生求对，但京城诸生也无一人能对出下联。从此，"绝对"之名传遍了京城。无独有偶，京城里有一个姓乐的乐师，一天从外边回来，不见妻子，只闻清唱之声，乐师心中不悦，就唤妻子到跟前，责备道："一个妇道人家，不理家事，唱什么？"妻子满脸堆笑以联语作答（见下联）。乐师一听，不快之情顿消，对妻子的联语大大称奇："妙哉，此联！"原来，乐师的妻子不经意中竟对上了那绝对。这下联中也用了四个多音字，前两个"乐"字是快乐之乐；第三个"乐"字是姓（yuè）；第四个"乐"字则是"乐师"之"乐"（yuè）。上下联对仗极其工整，尤其是四个多音字竟对得精妙绝伦、天衣无缝，使人叹为观止。

五、茶歌

在以茶为主题的喜闻乐见的民间文艺形式中，悦耳动听的茶歌是最基础、最常见、最朴实、最富有生活气息的。茶歌又称"采茶歌"，最早兴于茶叶采摘之时。每当阳春三月，茶林片片葱绿，一首首优美的采茶歌就会在东山上飘荡，令人心旷神怡。

茶乡人民的生活是清苦的，但采茶姑娘的歌声却使清苦的生活涂上了一层甜蜜蜜、美滋滋的味道。如流传于陕西阳山一带的茶歌，歌词为："云在天上浮，水在山下流；采茶姑娘上山哟，茶歌飞上白云头！鱼儿荡清波，山雀离了窝，獐子蹦出了芽草坡，要听高山采茶歌。"这首民歌用拟人反衬的手法，表现了采茶姑娘对生活浓烈、纯朴的热爱。

龙井茶乡人有首《采茶舞曲》其歌词是："溪水清清溪水长，溪水两岸好风光。春天呀，满山新茶吐芬芳。社员呀，个个喜把春色迎。采呀，采呀，快采茶，采茶姑娘学先进，采呀，采呀，快采茶呀，东山西山歌不停，你追我赶争先进哎，你追我赶争呀么争先进。左采茶来右采茶，两手采茶一齐下，一手先来一手后，好比那两只公鸡争米上又下。两个茶篓两边挂，两手采茶要分家，摘了一会停一下，头不晕来眼不花，多又多来快又快，年年丰收龙井茶。"这首茶歌充分表露了她们对新生活的无限热爱。

六、茶舞

茶舞是综合的艺术形式，比较著名的茶舞是流行于中国南方地区如广东、广西、福建、浙江、江苏、安徽、湖南、湖北、云南、贵州等汉族地区的"采茶"，亦称"茶歌""采茶灯"等。我国少数民族盛行的盘舞、打歌往往以敬茶和茶事为内容，从一定角度来说也可以看作一种舞蹈。如彝族打歌时，客人坐下后，主办打歌的村庄或家庭，老老少少，恭恭敬敬，在大锣和唢呐的伴奏下，手端茶盘或酒盘，边舞边走，把茶酒献给每一位客人，然后边舞边退。云南洱源白族打歌时，人们手中端着茶或酒，在领歌者的带领下弯着膝，绕着火堆转圈圈，边转边抖动和扭动上身，以歌纵舞、以舞狂歌。

采茶歌的通常表演形式为一男一女或一男二女舞，后发展为数人或十多人集体歌舞。表演者身着彩服，腰系彩带，男的手拿钱尺（鞭）以做扁担、锄头、撑杆等道具；女的或手拿花扇，以做竹篮、雨伞、茶器具，或擒着纸糊的各种灯具，载歌载舞。表演内容为种茶的全部过程，如《桂南采茶》中有"恭茶、参拜"，预祝茶叶的丰收；"十二月采茶""摘茶""炒茶""卖茶"等，表现从种茶到采摘加工等过程。采茶的舞蹈动作一般是摹拟采茶劳动中的正采、倒采、蹲采以及盘茶、送茶等动作，有时也摹仿生活中梳妆、上山以及表示男女爱慕之情的姿态。根据福建采茶灯改编的《采茶扑蝶舞》是茶舞中最著名的，其歌词清新、动作优美。

茶舞《月夜茶香》表现的是：一群村姑劳动之余在月夜竹影下细品慢尝香茗的情景。这情景如诗似画、美不胜收，正如舞曲歌词所唱的那样："红泥炉，紫砂壶，羽扇轻摇徐徐煮。借问谁家茶最好，回味三日忆不足。一叶留住四季春，细品农家丰乐图。"舞蹈具有浓郁的吴越文化特色，反映了江南特有的茶风、茶俗，具有一种娴雅超俗的审美意蕴。舞蹈中茶乡姑娘缓缓的小幅度动作，以胸腰带动胯的曲线立姿和出胯伏地的跪态形成了柔美的外形，透出一股江浙妇女特有的含蓄和雅韵。生活之美，形象之美，融于富有水乡茶文化特色的舞风中。舞蹈中九位姑娘身着彩绘的真丝服装，以洁白的羽毛扇、古朴的石泥炉和九只造型各异的紫砂壶作为道具，其娴雅的舞姿与月夜竹景和优美的江南田歌相伴，使得"月夜茶香"的舞蹈始终萦绕着一种淡淡的、雅雅的抒情氛围，从而使人们深切感受到茶文化所特有的高雅、深沉、平和的意境。

七、茶戏

茶戏联姻由来已久，我国古代戏曲中就有不少剧目表现了茶事活动的内容。如：宋元南戏《寻亲记》中有一出"茶访"、元代王实甫有《苏小卿月夜贩茶船》的剧目、无名氏的《鸣凤记》中有一出"吃茶"、明代计自昌《水浒记》中有一出"借茶"、高濂的《玉簪记》中有一出"茶叙"、清代洪昇的《四婵娟》第三折为《斗茗》。此外，元代马致远的杂剧《陈抟高卧》、清代孔尚任《桃花扇》、明代汤显祖的《牡丹亭》中"劝农"一出，均在一定程度上涉及到茶事。

近现代戏剧中，也有一些涉及到茶事的内容。如20世纪20年代初，我国著名剧作家田汉创作的《环璘与蔷薇》中，就有不少煮水、泡茶、斟茶的场面。50年代，我国出现老舍先生创作的著名话剧《茶馆》。全剧以旧时北京裕泰茶馆为场地，通过茶馆在先后不同的三个时代的兴衰及剧中人物的遭遇，揭露了旧中国的腐败和黑暗。同时，《茶馆》还重现了旧北京茶馆的习俗：茶馆中既卖茶，又卖简单的点心与菜饭。玩鸟的在这里歇歇腿、喝喝茶，并让鸟儿表演歌唱。商议事情的、说媒拉纤的，也到这里来。茶馆在当时是非常重要的地方。

地方剧种中也有许多优秀的茶戏剧目。深受广大群众欢迎的黄梅戏原名就为黄梅采茶戏，它是由黄梅县流行的山歌、采茶小调等与民间歌舞和说唱文学结合而形成的一种民间小戏，其中有不少是反映茶文化的传统剧目，较著名的有《姑娘望郎》《送茶香》《金莲送茶》《陈妙嫦送茶》等。《姑娘望郎》中的嫂嫂名何氏是张德和之妻，姑娘叫张德英，是张德和之妹。何氏在采茶时张望，企盼在南京卖茶的丈夫早日归来。德英是尚未出嫁的少女，尽管她在心中日夜牵挂远在汉口做买卖的未婚夫叶五，希望早日被有情人迎娶，但却装作在茶园中盼望哥哥的样子。这出戏载歌载舞，演唱形式活泼，是一出具有田园风味、表现青年男女真挚爱情的精彩剧目。

赣南茶戏中亦有一些以种茶、采茶、茶业贸易、茶农爱情生活以及茶山人民与茶商的斗争为题材的剧目。其中以茶取名的就有《姐妹摘茶》《送哥卖茶》《小摘茶》《九龙山摘茶》等。剧中人物的名称也多与茶有关，如"茶童""茶妹""茶姐""茶娘""茶公""茶婆""茶仙姐""茶郎子""茶老板"等。

第四节　我国不同民族的饮茶习俗

茶叶原产我国，历史悠久。俗话说："开门见山七件事：柴米油盐酱醋茶。"百姓自古以来就有饮茶的习惯，并有一套饮茶方法，茶已成为我国人民日常生活必备的健康饮料。

一、汉族饮茶

汉族饮茶历史最为悠久、茶类花色最为繁多、茶具品种最为丰富、泡茶技术最为考究、饮茶之风最为普遍，对茶叶在全国、全世界的传播作出了卓越的贡献。

汉族饮茶用茶壶，或用有盖的茶杯冲泡而饮之，一般都是清饮，不加白糖或牛奶。城镇较农村的消费量大些，但人人都喜欢饮茶，无论在办公室里、商店里、工厂或田间，几乎人人都备有茶杯、茶缸或茶碗，全天不断饮茶。同时，在社会交际上，也以茶为主要应酬品，诸如各种茶话会、欢迎会、欢送会以及结婚典礼等社交场合，主人都备有茶点款待客人。一般家中都备有茶叶，凡有客来至，立即泡茶敬客。现在全国各个大小城镇都设有茶馆、茶楼，是群众消闲休息叙谈之地。

汉族大多数喜欢饮绿茶，但不同省区、不同自然条件，形成了南北各地、城市和农村饮茶的不同习惯。北方地区以销花茶为主，黑龙江、辽宁等省饮茶的销售量占其茶叶总消费量的80%以上；山东除销花茶外，内陆地区也喜欢黄大茶；吉林除喜欢花茶外，红茶也有较多的销售。江苏、浙江、安徽、江西等省主要消费绿茶，也有部分红茶。上海、杭州、南京以销龙井、瓜片、碧螺春、雨花茶等名茶为主，福建喜欢乌龙茶，广东红茶有较大的消费。近些年来，随着花卉生产的发展，全国爱饮花茶的人也不断增多，市场供不应求。

二、藏族饮茶

据史书记载：从唐代开始茶叶就运销西藏，距今已有1000余年的历史。青藏高原气候干燥、寒冷，种植业以青稞为主，畜牧业发达，藏族以肉和奶制品为主食，饮茶可以分解脂肪、帮助消化。同时，高原氧气稀薄，易引起高原反应、疲劳和头晕，饮茶不仅能大量补充水分，还能刺激胃液分泌、增进食欲、止渴生津、减轻疲乏、镇静去痛，故茶叶成为最理想的饮料。此外，高原地区少新鲜蔬菜和水果，人们从饮茶中可以补充到大量的维生素 C。有趣的是：藏族所吃的糌粑是用青稞炒熟后磨细面粉，加茶汤用手捏成团来食用，俗称糌粑坨坨。藏民通常是一边吃糌粑，一边饮茶。由于长期生活习惯及自然条件的影响，茶叶已成为藏族群众生活的必需品。

藏族将茶叶视为很贵重的东西，还作为一种象征。男婚女嫁习惯用茶叶作为聘礼，举行婚礼时要熬大量茶叶待客，且熬好的茶汁要红艳，象征婚姻美满幸福、婚后夫妻感情百年好合。生下儿女时也要熬茶，颜色同样要红艳，以示生下儿女一定会出人头地。亲友来祝贺新生孩子，也是说些小孩长大后能背茶、运茶之类的祝福话。如遇丧事也要熬茶，但茶汤要暗，表示不祥之兆。藏族相互馈赠礼物也以茶叶为贵，敬奉酥油茶是非常隆重的礼节。另外，酥油茶也是招待客人的珍贵饮料。藏族同胞非常好客，对宾客总是很热情地请客人进屋，让其在卡垫上就坐，然后斟满一碗酥油茶双手捧给客人。

藏族对酥油茶的配制和饮茶习俗十分讲究，其方法是：先将砖茶弄碎放在盛有冷水的平铝锅中，加火熬煮，煮开后适量加几次冷水，并搅动几次以充分熬煮，然后用竹制过滤器滤去茶渣。茶汤倒入圆形的木质桶内，并加入酥油和少量盐，用脚踩住木桶外的皮绳以固定茶桶，用双手提动桶内的一木柄并上下有节奏地搅动，充分搅动一两分钟，使酥油与茶水完全交融为一体，酥油茶即告做成。若再加入鸡蛋或奶粉，则更添其美味。打酥油茶喜欢放入红盐，更可增添茶汤美色。打好的酥油茶要立即倒入壶内，并煨在微火边，以保持一定的茶温，但切忌用明火将酥油茶烧开，一经滚沸，油与茶水就会产生分离，破坏其酥油茶味。此外，盛酥油茶的茶具也极为讲究，通常使用木碗，有的用青瓷碗，但都是属于小型碗。倒茶时，将茶壶用右手提起并轻轻摇动几下，目的是将茶再次摇匀。喝茶时要慢饮，仔细品尝酥油茶味，一次只喝一口，放下茶杯后随即倒满，始终保持满杯，将茶喝尽是要起身离去不再饮茶的表示。

藏族茶叶消费水平很高，平均每年每人七八斤。主要是饮用砖茶，其次是沱茶、饼茶，拉萨有少量红茶销售。在青藏高原，茶叶对人体有显著的功效，而且茶渣也是喂养牲畜的上等饲料。

三、云南少数民族饮茶

苗族、彝族、怒族、纳西族、傈僳族、普米族等普遍饮用的是一种盐巴茶。由于地处高寒地带，缺少蔬菜，茶叶成为这些民族不可缺少的生活必需品。当地有首歌曰："早上一盅，一天威风；午茶一盅，劳动轻松；晚茶一盅，提神去痛；一日三盅，雷打不动。"同时，茶叶也是青年订婚时不可或缺的彩礼之一，当地民族称之为"敬茶"。

盐巴茶的制作方法是：将茶饼放入特制的小瓦罐内，经微火烤香，将沸水加入罐中，煨上几分钟，再将块盐放在瓦罐茶水中浸几下，然后将罐中的浓茶倒入瓷杯中，适当加开水冲淡，即可饮用，边煨边饮，一直到茶罐中茶味消失为止，剩下的茶渣可喂马、牛，能增进牲畜的食欲。

四、蒙古族饮茶

蒙古族以经营畜牧业为主，主食肉食和乳酪，气候干燥、寒冷，茶叶在生活中占有重要地位。每日三餐都用奶子茶和馒头等当饭吃，而且还要用茶来医疗牲畜的疾病。

饮茶习俗是先将砖茶捣碎，放在铜壶或铁锅内加沸水熬煮，也可以用冷水直接烧开，然后加进奶子和盐，即成为奶子茶。每天早晨煮好一壶，乘热饮用，一边喝奶子茶，一边吃炒米或酪蛋子。除了每日三餐饮茶外，劳动休息时和晚上睡觉前也要饮茶。蒙古族也有客来敬奶子茶的习惯。

全民族茶叶消费量很大，平均每人消费量在六斤以上。

五、维吾尔族和哈萨克族饮茶

这两个民族都有长期的饮茶习惯，茶也是日常生活中的重要饮料，饮茶方式同蒙古族基本一样，不同的是用奶茶，喜欢将茶与牛奶一同煮饮。

六、傣族和佤族饮茶

　　傣族、佤族习惯饮用烧茶。其方法是将一芽五六叶的新梢采下来后直接在明火上烘至焦黄，再放入茶壶内烹煮。茶叶没有经过揉制，茶味较淡，略带苦涩味，带青气。此法饮茶主要是在茶叶产区，多数在茶园附近现采现烘现饮。

参考文献

1. 高旭晖、刘桂华:《茶文化学概论》,安徽美术出版社 2003 年版。
2. 柯秋先编著:《茶书》,中国建材工业出版社 2003 年版。
3. 严英怀、林杰主编:《茶文化与品茶艺术》,四川科学技术出版社 2003 年版。
4. 秦浩编著:《茶缘》,内蒙古人民出版社 1999 年版。
5. 舒惠国、陈志勇、刘梅:《茶享》,中国农业出版社 2004 年版。
6. 余悦:《中国茶韵》,中央民族大学出版社 2002 年版。
7. 朱笃、朱湘辉:《茶鉴赏手册》,上海科学技术出版社 2003 年版。
8. 〔日〕高野健次著,詹龙骧译:《亲手泡杯好红茶》,中国建材工业出版社 2005 年版。
9. 〔法〕克里斯蒂安·马尼尔、玛丽·兹班登著,袁粮钢译:《品茶》,上海科学技术出版社,2003 年版。
10. 〔日〕伊腾古鉴著,冬至译:《茶和禅》,百花文艺出版社 2005 年版。
11. 龚建华:《中国茶典》,中央民族大学出版社 2002 年版。
12. 王晶编著:《品味清清茶香》,中国轻工业出版社 2003 年版。
13. 王建荣、郭丹英、陈云飞编著:《中国茶艺百科大全》,山东科学技术出版社 2005 年版。
14. 余悦:《家庭茶知识手册》,中国人口出版社 2004 年版。
15. 叶羽编著:《茶道与茶技》,延边大学出版社 2004 年版。
16. 靳飞:《茶禅一味》,百花文艺出版社 2004 年版。
17. 蓝永强编著:《西式茶》,广东省出版集团·广东经济出版社 2005 年版。
18. 〔日〕矶渊猛著,坤国华、王蔚译:《咖啡与红茶》,山东科技出版社 2005 年版。
19. 简芝妍编著:《健康万能茶》,辽宁科技技术出版社 2005 年版。
20. 〔日〕冈仓天心著,张唤民译:《说茶》,百花文艺出版社 2003 年版。

21. 阮浩耕、王建荣、吴胜天编著：《中国名茶品鉴》，山东科技技术出版社 2002 年版。

22. 徐传宏编著：《茶坊》，农村读物出版社 2004 年版。

23. 黄美瑛：《天天有好茶》，中国纺织出版社 2005 年版。

24. 《茶马古道》编辑部：《茶马古道》，陕西师范大学出版社 2003 年版。

25. ［日］工藤佳治主编，王玮译：《轻松泡茶茶更香——家庭茶艺》，中国轻工出版社 2005 年版。

26. （唐）陆羽、（清）陆迁灿：《茶经·续茶经》，兰州大学出版社 2004 年版。

27. 杨钧凯、张小郁编著：《茶道》，河南科学技术出版社 2001 年版。

28. 池宗宪：《普洱茶》，中国友谊出版公司 2005 年版。

29. 池宗宪：《一杯茶的生活哲学》，中国友谊出版公司 2005 年版。

30. 唐存才主编：《茶与茶艺鉴赏》，上海科学技术出版社 2005 年版。

31. 阮浩耕、王建荣、吴胜天编著：《中国茶艺》，山东科学技术出版社 2005 年版。

32. 李伟、李学昌主编：《学茶艺》，中原农民出版社 2003 年版。

33. （唐）陆羽等撰，鲍思陶纂注：《茶典》，山东画报出版社 2004 年版。

34. 三采文化编著：《茶饮养生事典》，汕头大学出版社 2005 年版。

35. ［日］千鹤大师著，张桂华编译：《茶与悟》，中国长安出版社 2004 年版。

36. ［日］千玄室监修：《日本茶道论》，中国社会科学出版社 2004 年版。

37. 云峰编著：《品茶地图》，农村读物出版社 2004 年版。

38. 叶学益编著：《茶苑》，人民武警出版社 2004 年版。

39. 任亚琴编著：《茶之书》，中国轻工业出版社 2004 年版。

40. 鸿宇编著：《悠悠茶香》，甘肃文化出版社 2004 年版。

41. 陈宗懋主编：《中国茶叶大辞典》，中国轻工业出版社 2000 年版。